全国本科院校机械类创新型应用人才培养规划教材

数控技术与编程

主　编　程广振　卢建湘

副主编　葛守峰　李　兵　方明辉

北京大学出版社

PEKING UNIVERSITY PRESS

内 容 简 介

本书以数控机床为研究对象,主要内容包括数控技术简介、数控插补原理与控制、CNC 装置、位置检测技术、数控机床的机械结构与传动、数控机床的伺服系统、数控程序编制基本知识、镗铣类数控机床与加工中心编程、数控车床程序编制、Mastercam X 数控编程基础。全书共 10 章,各章既相对独立,又相互联系,注重理论联系实际。

本书可作为高等院校机械类和机电类专业本科教材,也可供机械工程领域设计研究单位、机械制造企业从事数控技术开发应用工作的工程技术人员参考使用。

图书在版编目(CIP)数据

数控技术与编程/程广振,卢建湘主编. —北京:北京大学出版社,2015.8
(全国本科院校机械类创新型应用人才培养规划教材)
ISBN 978-7-301-26028-9

Ⅰ. ①数… Ⅱ. ①程… ②卢… Ⅲ. ①数控机床—程序设计—高等学校—教材 Ⅳ. ①TG659

中国版本图书馆 CIP 数据核字(2015)第 152902 号

书　　　　名	数控技术与编程
著作责任者	程广振　卢建湘　主编
策 划 编 辑	童君鑫
责 任 编 辑	黄红珍
标 准 书 号	ISBN 978-7-301-26028-9
出 版 发 行	北京大学出版社
地　　　　址	北京市海淀区成府路 205 号　100871
网　　　　址	http://www.pup.cn　新浪微博:@北京大学出版社
电 子 信 箱	pup_6@163.com
电　　　　话	邮购部 62752015　发行部 62750672　编辑部 62750667
印 刷 者	北京大学印刷厂
经 销 者	新华书店
	787 毫米×1092 毫米　16 开本　16.5 印张　380 千字
	2015 年 8 月第 1 版　2017 年 6 月第 2 次印刷
定　　　　价	36.00 元

前　言

随着计算机技术、自动控制技术、传感器技术、精密机械技术的快速发展，数控技术已广泛应用于工业控制的各个领域，尤其是机械制造业，普通机床正逐步被高度自动化的数控机床取代，计算机辅助设计与制造、柔性制造单元、柔性制造系统、计算机集成制造系统突飞猛进向前发展。数控技术的发展水平，数控机床的拥有量和普及率已成为衡量一个国家综合国力和工业现代化水平的重要标志。近年来我国经济高速发展，对机械专业人才的需求逐年递增，尤其是有一定理论基础、实践能力强的数控技术人才的需求缺口很大，故需要培养大量具有数控专业技术知识的工程技术人员。

本书针对高等学校机械类创新型应用人才培养要求，充分体现应用型本科课程教学基本要求，具有如下特点：

（1）突出应用型本科特色，面向机械制造企业，着力培养具有一定理论基础、实践能力强的数控技术应用型人才。以必需、够用为尺度，以掌握基本概念、基本原理为重点，做到理论少而精，理论与实际应用相统一。

（2）精选教材内容，把数控技术基础和数控加工编程两方面的内容整合在一门课程内讲授。突出数控加工编程能力，强化数控技术最新科技成果应用，增加 Mastercam X 内容，利用三维模型自动生成数控加工程序。精简理论推导，适当缩减插补与数控装置的理论分析。

（3）突出案例教学，数控系统以国内应用最广泛的 FANUC 系列数控装置为主，紧贴生产实际，手工编程、自动编程通过案例教学讲授编程方法，通俗易懂。

（4）面向生产一线，着重于应用，教材中的插图与实物相一致，所分析的案例也大多来源于生产实际，使课程更接近于工程背景，突出工程能力的培养。

本书由程广振、卢建湘担任主编，葛守峰、李兵、方明辉担任副主编，具体编写分工如下：湖州师范学院方明辉编写第 1、8 章，李兵编写第 2、3 章，程广振编写第 4、5 章，河南职业技术学院葛守峰编写第 6、9 章，龙岩学院卢建湘编写第 7、10 章。全书由程广振统稿定稿。

在本书的编写过程中，我们得到了湖州师范学院工学院和龙岩学院物理与机电工程学院领导的大力支持，在此表示诚挚的谢意；同时参阅了大量的文献资料，使本书内容丰富充实，在此一并向诸位原作者致以衷心感谢。

由于编者水平有限，书中难免有不妥之处，敬请读者批评指正。

编　者

2015 年 3 月

目　录

第1章
数控技术简介

 本章教学要点

知识要点	掌握程度	相关知识
概述	了解数控机床的产生； 掌握数控技术的特点； 了解数控技术的发展趋势	空间曲面加工； 集成电路与计算机的发展； FMC、FMS、CIMS
数控技术的基本原理	掌握数控机床的组成； 掌握数控基本原理和工作过程	硬件数控； 软件数控； 插补运算
数控机床的分类	了解按工艺用途分类； 熟悉按伺服控制方式分类； 掌握按轨迹运动方式分类； 了解按功能水平分类	金属切削机床分类方法； 伺服原理； 机床精度； 计算机分类

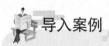

第一台数控机床的诞生

20世纪40年代，由于航空航天技术的飞速发展，人们对于各种飞行器的加工提出了更高的要求，这些零件大多形状非常复杂，材料多为难加工的合金。用传统的机床和工艺方法进行加工，不能保证精度，也很难提高生产效率。为了解决零件复杂形状表面的加工问题，1952年，美国帕森斯(Parsons)公司和麻省理工学院(MIT)研制成功了世界上第一台数控机床。

制造业是一个国家国民经济的支柱产业。工业化国家70%～80%的物质财富来自制造业，约有1/4的人口从事各种形式的制造活动，制造业对一个国家的经济地位和政治地位具有至关重要的影响。由于现代科学技术的迅猛发展，机电产品日趋精密和复杂，且更新换代速度加快，改型频繁，用户的需求也日趋多样化和个性化，中小批量的零件生产越来越多。这对制造业的高精度、高效率和高柔性提出了更高的要求，希望市场能提供满足不同加工需求、迅速高效、低成本地构筑面向用户的生产制造系统，并大幅度地降低维护和使用的成本。同时还要求新一代制造系统具有方便的网络功能，以适应未来车间面向任务和订单的生产组织及管理模式。

图1.01　数控机床

基于上述原因，半个世纪以来，数控技术得到了迅猛的发展，加工精度和生产效率不断提高。数控机床(图1.01)的发展至今已经历了两个阶段和六代产品。

1952—1970年的NC数控机床，1952年的第一代电子管数控机床，1959年的第二代晶体管数控机床，1965年的第三代集成电路数控机床。1970年至今的CNC数控机床，1970年，通用小型计算机已出现并投入成批生产，人们将它移植过来作为数控系统的核心部件，从此数控系统进入计算机数控阶段，1970年的第四代小型计算机数控机床，1974年的第五代微型计算机数控机床，1990年的第六代基于PC的数控机床。

随着微电子技术和计算机技术的不断发展，数控技术也随之不断更新，发展非常迅速，几乎每5年更新换代一次。数控系统方面，目前世界上几个著名的数控装置生产厂家，如日本的FANUC、德国的SIEMENS和美国的AB公司产品都在向系列化、模块化、高性能和成套性方向发展。它们的数控系统都采用了16位、32位甚至64位微处理器、标准总线及软件模块和硬件模块结构，内存容量扩大到了数十兆字节以上，机床分辨率可达$0.1\mu m$，高速进给可达$100m/min$以上，一般控制轴数在3～15轴，最多可达24轴，并采用先进的电装工艺。驱动系统方面，交流驱动系统发展迅速。交流传动系统已由模拟式向数字式方向发展，以运算放大器等模拟器件为主的控制器正在被以微处理器为主的数字集成元件所取代，从而克服了零点漂移、温度漂移等弱点。

1.1 概　　述

1.1.1 数控机床的产生

数控机床是在机械制造技术和控制技术基础上发展起来的。第一台电子计算机叫作 ENIAC（电子数字积分计算机的简称，英文全称为 Electronic Numerical Integrator and Computer），于 1946 年 2 月 15 日在美国宣告诞生。计算机的研制成功为产品制造由刚性自动化朝着柔性自动化方向发展奠定了基础。自 20 世纪 40 年代以来，航空航天技术的发展对各种飞行器的加工提出了更高的要求，这类零件形状复杂，材料多为难加工合金。为了提高强度、减轻质量，通常将整体材料铣成蜂窝式结构，这用传统的机床和工艺方法加工不能保证精度，也很难提高生产率。1948 年，美国帕森斯公司在研制加工直升机叶片轮廓检查用样板的机床时，提出了数控机床的初始设想。后来，受美国空军的委托，与麻省理工学院合作，在 1952 年研制成功了世界上第一台三坐标数控铣床，其控制装置由 2000 多个电子管组成，伺服驱动采用一台控制用的小型伺服电动机改变液压马达斜盘角度，以控制液动机速度，插补装置采用脉冲乘法器。这台数控机床的诞生，标志着机械制造数字控制时代的开始。

数控系统的发展历程见表 1-1，由最初的电子管式起步，经历了分离式晶体管式、小规模集成电路式、大规模集成电路式、小型计算机式、超大规模集成电路、微机式的数控系统等几个发展阶段。

表 1-1　数控系统的发展历程

数控装置	发展阶段	国际	国内
硬件数控	第一代电子管数控系统	1952 年	1958 年
	第二代晶体管数控系统	1961 年	1964 年
	第三代集成电路数控系统	1965 年	1972 年
软件数控	第四代小型计算机数控系统	1968 年	1978 年
	第五代微处理器数控系统	1974 年	1981 年
	第六代基于工控 PC 的通用 CNC 数控系统	1990 年	1992 年

1952 年，第一代数控机床的数控装置采用了电子管、继电器等元件构成模拟电路。1959 年，出现了晶体管，数控装置中广泛采用晶体管和印制电路板，构成晶体管数字电路，使体积缩小，进入第二代。1965 年，出现了小规模集成电路，用它构成集成数字电路作为数控装置，使体积更小，功率更低，系统可靠性进一步提高，发展到第三代。以上三代数控系统主要是由硬件和连接电路组成，所以称为接线逻辑数控系统或硬数控系统，简称 NC 系统。它的特点是硬件电路和连接结点多，电路复杂，可靠性不高，这是数控系统发展的第一阶段。

20 世纪 60 年代末，小型计算机逐渐普及并被应用于数控系统，数控系统中的许多功能可由软件实现，简化了系统设计，并增加了系统的灵活性和可靠性，CNC 技术从此问世，数控系统发展到第四代。1974 年，以微处理器为基础的 CNC 系统问世，标志着数控系统进入第五代。1977 年，麦道飞机公司推出了多处理器的分布式 CNC 系统。到 1981

年，CNC 达到全功能的技术待征，其体系结构朝着柔性模块化方向发展。1986 年以后，32 位 CPU 在 CNC 中得到应用，CNC 系统进入面向高速、高精度、柔性制造系统和自动化工厂的发展阶段。20 世纪 90 年代以来，受通用微机技术高速发展的影响，数控系统朝着以通用微机为基础、体系结构开放和智能化的方向发展。1994 年基于 PC 的 NC 控制器首先出现在美国市场，此后得到迅速发展。由于可以充分利用通用微机丰富的硬件、软件资源和适用于通用微机的各种先进技术，基于 PC 的开放式数控系统已经成为数控技术发展的潮流和趋势。后两代数控系统是数控系统发展的第二阶段，其数控系统主要由计算机硬件和软件组成，称为 CNC 系统。其最大特点是利用存储在存储器里的软件控制系统工作，因此也被称为软数控系统，这种系统容易扩大功能，柔性好，可靠性高。

数控技术的发展极大地推动了数控机床的发展。数控系统经过 60 多年的不断发展，从控制单机到生产线以至整个车间和整个工厂。近年来，微电子和计算机技术日益成熟，其成果正在不断地渗透到机械制造的各个领域中，先后出现了计算机直接数控系统、柔性制造系统和计算机集成制造系统。这些高级的自动化生产系统均是以数控机床为基础，它们代表着数控机床今后的发展趋势。目前，CNC 的故障率已达 0.01 次/(月×台)，即平均无故障时间为 100 个月，数控性能大大提高。

1.1.2 数控技术的特点

数控机床综合了微电子技术、计算机应用技术、自动控制技术及精密机床设计与制造技术，具有专用机床的高效率、精密机床的高精度和通用机床的高柔性等显著特点，适合多变、复杂、精密零件的高效、自动化加工。具体可以概括为以下几个方面。

（1）柔性自动化，具有广泛的适应性。由于采用数控程序控制，加工中多采用通用型工装，只要改变数控程序，便可以实现对新零件的自动化加工，能适应当前市场竞争中对产品不断更新换代的要求，解决了多品种中、小批量生产自动化问题。

（2）加工精度高，质量稳定。数控机床集中采用了提高加工精度和保证质量稳定性的多种技术措施。

① 数控机床由数控程序自动控制进行加工，在工作过程中，一般不需要人工干预，这就消除了操作者人为产生的失误或误差。

② 数控机床的机械结构是按照精密机床的要求进行设计和制造的，采用了滚珠丝杠、滚动导轨等高精度传动部件，而且刚度大、热稳定性和抗振性能好。

③ 伺服传动系统的脉冲当量可以达到 $10\sim0.5\mu m$，同时，工作中还大多采用具有检测反馈的闭环或半闭环控制，具有误差修正或补偿功能，可以进一步提高刚度和稳定性。

④ 数控加工中心具有刀库和自动换刀装置，可以在一次装夹中，完成工件的多面和多工序加工，最大限度地减少了装夹误差的影响。

（3）生产效率高。数控机床能最大限度地减少零件加工所需的机动时间与辅助时间，显著提高生产效率。

① 数控机床的进给运动和多数主运动都采用无级调速，而且调速范围大，因此，每一道工序都能选择最佳的切削速度和进给速度。

② 良好的结构刚度和抗振性允许机床采用大切削用量和进行强力切削。

③ 一般不需要停机对工件进行检测，从而有效地减少了机床加工中的停机时间。

④ 机床移动部件在定位中都采用自动加减速措施，因此可以选用很高的空行程运动速度，大大节约了辅助运动时间。

⑤ 加工中心可以采用自动换刀和自动交换工作台等措施，工件一次装夹，可以进行多面和多工序加工，大大减少了工件装夹、对刀等辅助时间。

⑥ 加工工序集中，可以减少零件的周转，减少了设备台数及厂房面积，给生产调度管理带来极大方便。

（4）能实现复杂零件的加工。由于数控机床采用计算机插补和多坐标联动控制技术，所以可以实现任意的轨迹运动和加工出任何复杂形状的空间曲面，可以方便地完成如螺旋桨、汽轮机叶片、汽车外形冲压用模具等具有各种复杂曲面类零件的加工。

（5）减轻劳动强度，改善劳动条件。由于数控机床的操作者主要利用操作面板对机床的自动加工进行操作，因此，大大减轻了操作者的劳动强度，改善了生产条件，并且可以一个人轻松地管理多台机床。

（6）有利于现代化生产与管理。采用数控机床进行加工，能够方便、精确计算出零件的加工工时或进行自动加工统计，能够精确计算生产和加工费用，有利于生产过程的科学管理。数控机床是计算机辅助设计与制造、群控或分布式控制、柔性制造系统、计算机集成制造系统等先进制造系统的基础。但是，与普通机床相比，数控机床的初始投资及维护费用较高，对操作人员与管理人员的素质要求较高。所以只有从生产实际出发，合理地选择与使用数控机床，并且要循序渐进，培养人才，积累经验，才能达到降低生产成本、提高企业经济效益和市场竞争能力的目的。

1.1.3 数控技术的发展趋势

1. 高精度化

现代科学技术的发展、新材料及新零件的出现，对精密加工技术不断提出新的要求。提高加工精度，发展新型超精密加工机床，完善精密加工技术，以适应现代科学技术的发展，是现代数控机床的发展方向之一。其精度已经从微米级发展到亚微米级乃至纳米级。提高数控机床的加工精度，一般可以通过减少数控系统的误差和采用机床误差补偿技术来实现。在减少 CNC 系统控制误差方面，通常采取提高数控系统的分辨率、提高位置检测精度、在位置伺服系统中采用前馈控制与非线性控制等方法。在机床误差补偿技术方面，除采用齿轮间隙补偿、丝杠螺距误差补偿和刀具补偿等技术外，还可以对设备热变形进行误差补偿。近十多年来，普通级数控机床的加工精度已经由 $\pm10\mu m$ 提高到 $\pm5\mu m$，精密级加工中心的加工精度则从 $\pm(3\sim5)\mu m$ 提高到 $\pm(1\sim1.5)\mu m$。

2. 高速化

提高生产率是机床技术追求的基本目标之一。数控机床高速化可以充分发挥现代刀具材料的性能，不但可以大幅度提高加工效率、降低加工成本，而且可以提高零件的表面加工质量和精度，对制造业实现高效、优质、低成本生产，具有广泛的适用性。要实现数控设备高速化，首先要求数控系统能对由微小程序段构成的加工程序进行高速处理，以计算出伺服电动机的移动量。同时要求伺服电动机能高速度地做出反应，采用 32 位及 64 位微处理器，是提高数控系统高速处理能力的有效手段。

实现数控设备高速化的关键是提高切削速度、进给速度和减少辅助时间。高速数控加工源于 20 世纪 90 年代初期，以电主轴（实现主轴高转速）和直线电动机（实现直线移动高速度）的应用为特征，使得主轴转速大大提高，进给速度可达 60～120m/min。车削和铣削的切削速度已经达到 5000～8000m/min 甚至更高；主轴转速达到 30000～100000r/min；工作台的移动速度，当分辨率为 1μm 时，可以达到 100m/min 以上，当分辨率为 0.1μm 时，可以达到 24m/min；自动换刀时间在 1s 以内；小线段插补进给速度可达 12m/min。例如，日本生产的某型超高速数控立式铣床主轴最高转速高达 100000r/min，中等规格加工中心的快速进给速度从过去的 8～12m/min 提高到 60m/min。加工中心换刀时间从 5～10s 减少到小于 1s，而工作台交换时间也由过去的 12～20s 减少到 2.5s 以内。

3. 高柔性化

采用柔性自动化设备或系统，是提高加工精度和效率、缩短生产周期、适应市场变化需求和提高竞争能力的有效手段。数控机床在提高单机柔性化的同时，朝着单元柔性化和系统柔性化方向发展。如出现了可编程控制器控制的可调组合机床、数控多轴加工中心、换刀换箱式加工中心、数控三坐标动力单元等具有柔性的高效加工设备、柔性加工单元、柔性制造系统及介于传统自动线与柔性制造系统之间的柔性制造线。

4. 高自动化

高自动化是指在全部加工过程中，尽量减少人的介入，自动地完成规定的任务。它包括物料流和信息流的自动化。自 20 世纪 80 年代中期以来，以数控机床为主体的加工自动化已经从"点"（数控单机、加工中心和数控复合加工机床）、"线"（FMC、FMS、柔性加工线、柔性自动线）向"面"（工段车间独立制造岛、自动化工厂）、"体"（CIMS、分布式网络集成制造系统）的方向发展。数控机床的自动化除了进一步提高其自动编程、上下料、加工等自动化程度外，还要在自动检索、监控、诊断等方面进一步发展。

5. 智能化

为适应制造业生产柔性化、自动化的发展需要，智能化正成为数控设备研究及发展的热点。它不仅贯穿在生产加工的全过程（如智能编程、智能数据库和智能监控），而且贯穿在产品的售后服务和维修中。目前采取的主要技术措施包括以下几个方面。

（1）自适应控制技术。自适应控制可以根据切削条件的变化，自动调节工作参数，使加工过程中能够保持最佳工作状态，从而得到较高的加工精度和较小的表面粗糙度，同时也能提高刀具的使用寿命和设备的生产效率，达到改进系统运行状态的目的。如通过监控切削过程中的刀具磨损、破损、切屑形态、切削力及零件的加工质量等，向制造系统反馈信息，通过将过程控制、过程监控、过程优化结合在一起，实现自适应调节。

（2）专家系统技术。将专家经验和切削加工一般规律与特殊规律存入计算机中，以加工工艺参数数据库为支撑，建立具有人工智能的专家系统，提供经过优化的切削参数，使加工系统始终处于最优和最经济的工作状态，从而提高编程效率和降低对操作人员的技术要求，缩短生产准备时间。例如，日本牧野公司在电火花数控系统 MAKINO - MCE20 中，用带自学习功能的神经网络专家系统代替操作人员进行加工监视。

（3）故障自诊断、自修复技术。在整个工作状态中，系统要随时对 CNC 系统本身及与其相连的各种设备进行诊断、检查，一旦出现故障，立即采取停机等措施，进行故障报警，提示发生故障的部位、原因等，并利用"冗余"技术，使故障模块自动脱机，而接通备用模块，以确保无人化工作环境的要求。

（4）智能化交流伺服驱动技术。目前已开始研究能自动识别负载并自动调整参数的智能化伺服系统，包括智能主轴交流驱动装置和智能化进给伺服装置，使驱动系统获得最佳运行。

（5）模式识别技术。应用图像识别和声控技术，使机器自己辨认图样，按照自然语音命令进行加工。

6. 复合化

复合化包含工序复合化和功能复合化。数控机床的发展已经模糊了粗、精加工工序的概念。加工中心的出现，又把车、铣、镗等工序集中到一台机床来完成，打破了传统的工序界限和分开加工的工艺规程，可以最大限度地提高设备利用率。为了进一步提高加工效率，现代数控机床采用多主轴、多面体切削，即同时对一个零件的不同部位进行不同方式的切削加工，如各类五面体加工中心。

另外，现代数控系统的控制轴数也在不断增加，其同时联动的轴数已达 6 轴。沈阳机床股份有限公司开发的五轴车铣中心(图 1.1)，刀库容量 16 把，可以控制 X、Y、Z、B、C 五个轴，具有车削中心和铣削中心的特点；上海重型机床厂开发的双主轴倒顺式立式车削中心，第一主轴正置、第二主轴倒置，具有 C 轴功能，采用 12 工位动力刀架，具有自动上下料装置和全封闭等多道防护装置，可以一次上料完成零件的正反面加工，包括车削、镗孔、钻孔、攻螺纹等多道工序，适用于大批量轮毂、盘类零件的加工。

图 1.1　沈阳机床 HTM63150iy 五轴车铣复合机床

7. 高可靠性

数控机床的可靠性一直是用户最关心的指标。数控系统将采用更高集成度的电路芯片，利用大规模或超大规模的专用及混合式集成电路，以减少元器件的数量，提高可靠性。通过硬件功能软件化，以适应各种控制功能的要求，同时采用机床本体的模块化、标准化、通用化和系列化，使得既提高生产批量，又便于组织生产和质量把关。还通过自动运行启动诊断、在线诊断、离线诊断等多种诊断程序，实现对系统内硬件、软件和各种外部设备进行故障诊断与报警。利用报警提示，及时排除故障；利用容错技术，对重要部件采用"冗余"设计，以实现故障功能的自恢复；利用各种测试、监控技术，当发生超程、刀具磨损、干扰、断电等各种意外时，自动进行相应的保护。

8. 网络化

为了适应 FMC、FMS 及进一步联网组成 CIMS 的要求，先进的 CNC 系统为用户提供了强大的联网能力，除带有 RS232 串行接口、RS422 等接口外，还带有远程缓冲功能的DNC 接口，可以实现几台数控机床之间的数据通信和直接对几台数控机床进行控制。为了适应自动化技术的进一步发展和工厂自动化规模越来越大的要求，满足不同厂家不同类型数控机床联网的需要，现代数控机床已经配备与工业局域网通信的功能及制造自动化协议（Manufacturing Automation Protocol，MAP）接口，为现代数控机床进入 FMS 及 CIMS

创造了条件,促进了系统集成化和信息综合化,使远程操作和监控、遥控及远程故障诊断成为可能。这不仅有利于数控系统生产厂对其产品的监控和维修,而且适用于大规模现代化生产的无人化车间实行网络管理,还适用于在操作人员不宜到现场的环境(如对环境要求很高的超精密加工和对人体有害的环境)中工作。

9. 开放式体系结构

20世纪90年代以后,计算机技术的飞速发展推动了数控机床技术更快地更新换代,世界上许多数控系统生产厂家利用PC机丰富的硬件、软件资源开发了开放式体系结构的新一代数控系统。

开放式体系结构可以大量采用通用微机的先进技术,如多媒体技术,实现声控自动编程、图形扫描自动编程等。新一代数控系统的硬件、软件和总线规范都是对外开放的,由于有充足的硬件、软件资源可供利用。这不仅使数控系统制造商和用户进行系统集成得到有力的支持,而且为用户的二次开发带来极大方便,促进了数控系统多档次、多品种的开发和广泛应用。既可以通过升档或剪裁构成各种档次的数控系统,也可以通过扩展构成不同类型数控机床的数控系统,大大缩短了开发生产周期。这种数控系统可以随着CPU升级而升级,结构上不必变动,使数控系统有更好的通用性、柔性、适应性和扩展性,并朝着智能化、网络化方向发展。许多国家纷纷研究、开发这种系统,如美国科学制造中心与空军共同领导的"下一代工作站机床控制器体系结构"、欧共体的"自动化系统中开放式体系结构"、日本的OSEC计划等,开发、研究成果已经得到应用,如Cincinnati Milacron公司从1995年开始在其生产的加工中心、数控铣床、数控车床等产品中采用开放式体系结构的A2100系统。

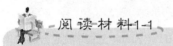

并 行 工 程

并行工程(Concurrent Engineering,CE)产生之前,产品功能设计、生产工艺设计、生产准备等步骤以串行生产方式进行。串行生产方式的缺陷在于后面的工序是在前一道工序结束后才参与到生产链中,它对前一道工序的反馈信息具有滞后性。一旦发现前面的工作中含有较大的失误,就需要对设计进行重新修改、对半成品进行重新加工,于是会延长产品的生产周期,增加产品的生产成本,造成不必要的浪费。产品的质量也不可避免地受到影响。1986年,美国国防工程系统首次提出了"并行工程"的概念,初衷是为了改进国防武器和军用产品的生产,缩短生产周期,降低成本。由于该方法的有效性,各国的企业界和学术界都纷纷研究它,并行工程方法也从军用品生产领域扩展到民用品生产领域。并行工程有很多定义,至今得到公认的是1986年美国国防分析研究所在其R-338研究报告中提出的定义:并行工程是对产品及其相关过程(包括制造过程和支持过程)进行并行的一体化设计的一种系统化的工作模式。这种工作模式力图使开发者们从一开始就考虑到产品全生命周期(从概念形成到产品报废)中的所有因素,包括质量、成本、进度和用户需求。简单来讲,并行工程是集成地、并行地设计产品及其零、部件和相关各种过程(包括制造过程和相关过程)的一种系统方法。换句话说,就是融合公司的一切资源,在设计新产品时,就前瞻性地考虑和设计与产品的全生命周期有关的过程。在设计阶段就预见到产品的制造、装配、质量检测、可靠性、成本等各种因素。

1.2 数控技术的基本原理

1.2.1 数控机床的组成

数控系统一般由控制介质、输入装置、数控装置、伺服系统、执行部件和测量反馈装置组成，如图1.2所示。

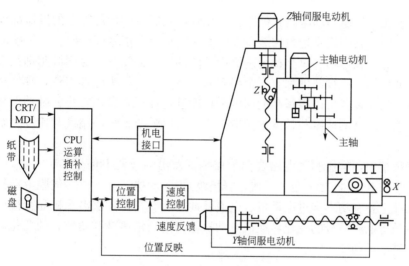

图 1.2 数控系统组成框图

1. 控制介质

数控设备工作时，不需要操作者直接进行手工加工，但设备必须按操作者的意图进行工作，这就必须在操作者与设备间建立某种联系，将这种联系的中间媒介物称为控制介质。控制介质也称为信息载体，它可以是穿孔带、穿孔卡、磁带、软磁盘等。控制介质上存储着加工零件所需要的全部操作信息，它是数控系统用来指挥和控制设备进行加工运动的唯一指令信息。

2. 输入装置

输入装置的作用是将控制介质上的程序代码变成相应的电脉冲信号，传送并存入数控装置中。根据不同的控制介质，输入装置可以是光电读带机、磁盘驱动器等。也可以将数控加工程序单上的内容通过数控装置上的键盘直接输入给数控装置，称为MDI方式。或者将数控加工程序由编程计算机用通信方式传送给数控装置。

3. 数控装置

数控装置是数控设备的核心，它接收输入装置送来的脉冲信号，经过数控装置的控制软件和逻辑电路进行编译、运算和逻辑处理，然后将各种信息指令输出给伺服系统，使设备各部分进行规范而有序的动作。这些指令主要是经插补运算决定的各坐标轴的进给速度、进给方向和位移量；主运动部件的变速、换向和启停信号；选择和交换刀具的指令信号；切削液的开停信号；工件的松夹、分度工作台的转位等辅助指令信号。

介于数控装置与被控设备之间的强电控制装置的主要作用是接收数控装置输出的主运动变速、刀具选择交换、辅助装置动作等指令信号，经过必要的编译、逻辑判断和功率放大后，直接驱动相应的电器、液压、气动和机械部件等，完成指令所规定的各种动作。

4. 伺服系统

伺服系统包括伺服驱动电路和伺服驱动元件，它们与执行部件上的机械部件组成数控设备的进给系统。其作用是把数控装置发来的速度和位移指令（脉冲信号）转换成执行部件的进给速度、方向和位移。每个执行进给运动的部件，都配有一套伺服驱动系统，而相对于每一个脉冲信号，执行部件都有一个相应的位移量，又称为脉冲当量，其值越小，加工精度就越高。数控装置可以以很高的速度和精度进行计算并发出很小的脉冲信号，关键在于伺服系统能以多高的速度与精度去响应执行。所以整个系统的精度与速度主要取决于伺服系统。

在伺服系统中，伺服驱动电路要把数控装置发出的微弱电信号（5V 左右，毫安级）放大成强电的驱动电信号（几十至上百伏，安培级）去驱动执行元件——伺服电动机。伺服系统的执行元件主要有功率步进电动机、电液脉冲马达、直流伺服电动机和交流伺服电动机等，其作用是将电控信号的变化转换成电动机输出轴的角速度和角位移的变化，从而带动执行部件作进给运动。

5. 执行部件

数控系统的执行部件是加工运动的实际执行部件，主要包括主运动部件、进给运动执行部件、工作台、拖板及其部件和床身立柱等支承部件，此外还有冷却、润滑和夹紧等辅助装置，存放刀具的刀架、刀库及交换刀具的自动换刀机构等。执行部件应有足够的刚度和抗振性，还要有足够的强度，传动系统结构要简单，便于实现自动控制。

6. 测量反馈装置

测量反馈装置是将运动部件的实际位移、速度及当时的环境（如温度、振动、摩擦和切削力等因素的变化）参数加以检测，转变为电信号后反馈给数控装置，通过比较，得出实际运动与指令运动的误差，并发出误差指令，纠正所产生的误差。测量反馈装置的引入，有效地改善了系统的动态特性，大大提高了零件的加工精度。

1.2.2 数控基本原理和工作过程

1. 数控基本原理

在传统的金属切削机床上，加工零件时，操作者根据图样的要求，通过不断改变刀具的运动轨迹和运动速度等参数，使刀具对工件进行切削加工，最终加工出合格零件。数控机床的加工，实质上是应用了"微分"原理，其工作原理如图 1.3 所示。

（1）数控装置根据加工程序要求的刀具轨迹，将轨迹按机床对应的坐标轴，以最小移动量(脉冲当量)进行微分(图 1.3 中的 X、Y),并计算出各轴需要移动的脉冲数。

(2)通过数控装置的插补软件或插补运算器,把要求的轨迹用以"最小移动单位"为单位的等效折线进行拟合,并找出最接近理论轨迹的拟合折线。

(3)数控装置根据拟合折线的轨迹,给相应的坐标轴连续不断地分配进给脉冲,并通过伺服驱动使机床坐标轴按分配的脉冲运动。

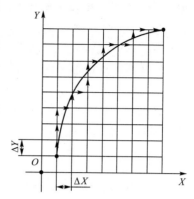

图 1.3 数控加工原理

由此可见:第一,只要数控机床的最小移动量(脉冲当量)足够小,所用的拟合折线就完全可以等效代替理论曲线;第二,只要改变坐标轴的脉冲分配方式,即可以改变拟合折线的形状,从而达到改变加工轨迹的目的;第三,只要改变分配脉冲的频率,即可改变坐标轴(刀具)的运动速度。这样就实现了数控机床控制刀具移动轨迹的根本目的。

以上根据给定的数学函数,在理想轨迹的已知点之间,通过数据点的密化,确定一些中间点的方法,称为插补。能同时参与插补的坐标轴数,称为联动轴数。显然,数控机床的联动轴数越多,机床加工轮廓的性能就越强。因此,联动轴的数量是衡量数控机床性能的重要技术指标之一。

2. 数控机床工作过程

数控机床加工零件是按照事先编制好的加工程序进行的。首先分析零件图样,根据图样中对材料和尺寸、形状、加工精度及热处理等的要求来确定工艺方案,进行工艺处理和数值计算。在此基础上,根据数控系统规定的功能指令代码和程序段格式编写数控加工程序单,将加工程序单内容输入数控装置,数控装置将输入的加工程序进行译码、寄存和运算后,向系统各个坐标轴的伺服系统发出指令信号,经驱动电路的放大处理,驱动伺服电动机输出角位移和角速度,通过执行部件的传动系统转换为工作台的直线位移,实现进给运动。

同时,数控装置通过强电控制装置——可编程序控制器(PLC)实现系统其他必要的辅助动作。如自动变速、冷却润滑液的自动开停、工件的自动松夹及刀具的自动更换等,配合进给运动完成零件的自动加工。

1.3 数控机床的分类

1.3.1 按工艺用途分类

数控机床按照工艺用途分类,可分为金属切削类数控机床、金属成型类数控机床和特种加工数控机床。

1. 金属切削类数控机床

金属切削类数控机床有数控车床、数控铣床、数控镗床、数控镗铣床、加工中心。加工中心是带有刀库和自动换刀装置的一机多工序的数控加工机床。它的出现打破了一台机床只能进行一种工序加工的传统观念，利用刀库中的多把刀具(一般为 20～120 把)和自动换刀装置，对一次装夹的工件进行铣、镗、钻、扩、铰和攻螺纹等多工序加工。它主要用来加工箱体零件或框形零件。近年来又出现了许多车削加工中心，几乎可以完成回转体零件的所有加工工序。加工中心机床实现了一次装夹、一机多工序的加工方式，有效地避免了零件多次装夹造成的定位误差，减少了机床台数和占地面积，大大提高了加工精度、生产效率和自动化程度。

2. 金属成型类数控机床

金属成型类数控机床有数控折弯机、数控弯管机和数控压力机等设备。

3. 特种加工数控机床

特种加工数控机床有数控线切割机床、数控电火花加工机床和数控激光加工机床等设备。

1.3.2 按伺服控制方式分类

按伺服系统有无反馈位置检测元件，并根据检测元件安装位置的不同，机床伺服系统通常可分为开环控制系统、闭环控制系统和半闭环控制系统(具体见第 4 章 4.1.1 节位置伺服控制分类)。

1.3.3 按轨迹运动方式分类

数控系统按运动方式分类，可分为点位控制系统、直线控制系统和轮廓控制系统。

1. 点位控制系统

点位控制系统如图 1.4(a)所示，其特点是加工移动部件只能实现从一个位置到另一个位置的精确移动，在移动和定位过程中不进行任何加工，而且移动部件的运动路线并不影响加工孔距的精度。数控系统只能精确控制行程终点的坐标值，而不控制点与点之间的运动轨迹。为了尽可能地减少移动部件的运动与定位时间，通常先以快速移动到接近终点坐标，然后减速准确移动到定位点，以保证良好的加工精度。采用点位控制系统的主要有数控坐标镗床、数控钻床、数控冲床、数控点焊机及数控弯管机等。

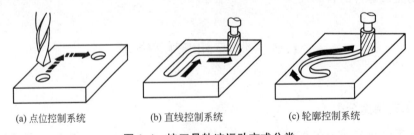

(a) 点位控制系统　　　　(b) 直线控制系统　　　　(c) 轮廓控制系统

图 1.4　按刀具轨迹运动方式分类

2. 直线控制系统

直线控制系统如图 1.4(b)所示，其特点是加工移动部件不仅要实现从一个位置到另一个位置的精确移动，而且能实现平行于坐标轴的直线切削加工运动，及沿与坐标轴成 $45°$ 的斜线进行切削加工，但不能沿任意斜率的直线进行切削加工。

3. 轮廓控制系统

轮廓控制系统如图 1.4(c)所示，其特点是可以使刀具和工件按平面直线、曲线或空间曲面轮廓进行相对运动，加工出任何形状的复杂零件，它可以同时控制 2～5 个坐标轴联动，功能较为齐全，在加工中需要不断进行插补运算，然后进行相应的速度与位移控制。数控铣床、数控凸轮磨床和功能完整的数控车床都采用了轮廓控制系统，此外，数控火焰切割机床、数控线切割机床及数控绘图机等也都采用了轮廓控制系统。

1.3.4 按功能水平分类

按功能水平分类，可以把数控系统分为高、中、低档。

1. 高档数控系统

高档数控系统是目前发展较完善的系统，其特点如下：
(1) 分辨率可达 $0.1\mu m$。
(2) 进给速度可达 $15～100$ m/min。
(3) 伺服系统采用闭环控制方式。
(4) 联动轴数能达到五轴以上。
(5) 具有 MAP(制造自动化协议)通信接口及其他接口。
(6) 具有二维图形显示。
(7) 有较强功能的内装 PLC，并具有轴控制的扩展功能。
(8) 选用 64 位 CPU 及具有精简指令集的中央处理单元。

2. 中档数控系统

中档数控系统的特点如下：
(1) 分辨率为 $1\mu m$。
(2) 进给速度为 $15～24m/min$。
(3) 伺服进给采用半闭环控制方式。
(4) 联动轴数可达四轴。
(5) 具有 RS‐232 或 DNC 通信接口。
(6) 有内装可编程序控制器 PLC。
(7) 具有较齐全的 CRT 显示，有图形、字符及人机对话。
(8) 中央处理单元采用 16 位或 32 位 CPU。

3. 低档数控系统

低档数控系统也称为经济型数控系统，其特点如下：
(1) 分辨率为 $10\mu m$。
(2) 进给速度为 $4～15m/min$。
(3) 伺服进给采用开环控制方式。
(4) 联动轴数不超过三轴。

（5）无通信功能，只有简单的数码管显示或 CRT 显示字符。

（6）无内装 PLC，数控装置采用 8 位 CPU 作为中央处理单元。

思考与练习

1. 数控机床加工有哪些特点？
2. 数控机床由哪几部分组成？各组成部分的主要作用是什么？
3. 数控系统按运动轨迹的特点可分为几类？它们的特点是什么？
4. 数控技术的主要发展方向是什么？

第 **2** 章
数控插补原理与控制

 本章教学要点

知识要点	掌握程度	相关知识
插补原理	掌握插补的基本概念； 掌握逐点比较法； 熟悉数字积分法； 了解数字增量插补	数字信号； 步进控制； 轮廓控制； 数字积分
进给速度与加减速控制	了解进给速度控制； 了解加减速控制	直流调速、交流调速； 主轴速度控制； 进给速度控制

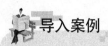导入案例

大型叶片型面加工六坐标联动数控砂带磨床

2011年5月14日，由东方电气集团东方汽轮机有限公司、北京胜为弘技数控装备有限公司、武汉华中数控股份有限公司和华中科技大学承担的"高档数控机床及基础制造装备"国家科技重大专项课题所研制的"大型叶片型面加工六坐标联动数控砂带磨床"，在四川省德阳市通过了由中国机械工业联合会组织的科技成果鉴定。

图 2.01　叶片加工

汽轮机叶片是发电装备的核心零件，其型面精度、表面质量、一致性影响到发电装备的能量转换效率。据悉，用于加工核电、火电等电站用汽轮机叶片形面加工(图2.01)的多轴联动数控机床是电力设备制造领域的高档关键设备。目前，我国一般采用手工抛磨方式加工大型叶片，叶面精度差，加工效率低，劳动条件非常恶劣。该大型叶片型面加工六坐标数控砂带磨床是用于大型叶片的磨削抛光精密加工的高端数控机床，能够满足以新一代核电大型汽轮机末级叶片、次末级叶片为代表的大型叶片的精密磨削抛光加工。

目前，该机床已经交付东方电气集团东方汽轮机有限公司9台，用于核电汽轮机末级和次末级叶片精密磨削抛光生产，累计生产叶片超过数千片，所加工叶片质量较以往手工打磨有本质的飞跃。数控机床和数控系统的使用稳定可靠。据东汽公司核电低压转子装机测试反映，新设备所制造的叶片一致性非常好，低压转子在不经配重调整的情况下，高速动平衡效果已经优于法国某知名公司制造的转子。该型号设备荣获了中国机床工具工业协会授予的CCMT2008国产数控机床"春燕奖"及国家能源局、工业和信息化部联合颁发的2010年度优秀合作项目奖。

该机床已批量用于核电叶片和大型汽轮机叶片的内弧、背弧、进汽边和出汽边的数控砂带磨削加工，保证了叶片的一致性和机组动平衡对叶片性能的要求，提高了表面质量，实现了复杂叶片的高效和高质量的磨削与抛光，替代了传统手工抛磨。该机床有以下3个创新点：

(1) 研制了中空C轴、BC双摆头结构、砂带浮动机构和砂带快换装置，提高了砂带磨削的刚性，实现了叶片随形抛磨和强力磨削一体化，形成了可移植的砂带磨削功能单元的模块化，在国际上具有独创性和先进性。

(2) 自主研制了六坐标联动数控砂带磨削国产专用高档数控系统。实现了三回转、三直线的六轴联动数控插补控制、小线段样条拟合、双驱同步控制和磨削压力控制技术，系统运行稳定可靠，满足了复杂叶片的多轴联动控制要求。

(3) 自主研发了叶片六坐标联动数控砂带磨削加工工艺编程软件，实现了六坐标联动双矢量编程算法、加工参数优化和仿真、后置处理等功能，提高了编程的智能化水平，实现了自动编程与自动加工。

2.1 插 补 原 理

2.1.1 插补的基本概念

在数控机床中，刀具(或机床的运动部件)的最小移动量是一个脉冲当量。直线和圆弧是简单的、基本的曲线，机床上进行轮廓加工的各种工件，大部分由直线和圆弧构成。刀具的运动轨迹是折线，而不是光滑的曲线。刀具不能严格地沿着要求加工的曲线运动，只能用折线轨迹逼近所要加工的曲线。在数控加工中，一般已知运动轨迹的起点坐标、终点坐标和曲线方程，如何使切削加工运动沿着预定轨迹运动呢？数控系统根据这些信息实时地计算出各个中间点坐标，通常把这个过程称为"插补"。插补实质上是根据有限的信息完成"数据点的密化"工作。

数控技术中常用的插补算法可归纳为两类：一类是脉冲增量插补，另一类是数据采样插补。

脉冲增量插补又称为基准脉冲插补。该方法的特点是每插补运算一次，只给出一个进给脉冲，产生一个基本长度单位的移动量，即脉冲当量，用 δ 表示。不同的数控机床，其脉冲当量可能不同，经济型数控机床一般 $\delta = 0.01\text{mm}$，较精密的数控机床一般 $\delta = 1\mu\text{m}$ 或 $0.1\mu\text{m}$。

数据采样插补又称为数字增量插补或时间标量插补。其特点是其位置伺服通过计算机及测量装置构成闭环，在每个插补运算周期输出的不是单个脉冲，而是数字量。计算机定时对反馈回路采样，得到采样数据与插补程序所产生的指令数据相比较后，输出误差信号控制驱动伺服电动机。

2.1.2 逐点比较法

所谓逐点比较法，就是每走一步都要和给定轨迹比较一次，根据比较结果来决定下一步的进给方向，使刀具向减小偏差的方向趋向终点移动，刀具所走的轨迹应该和给定轨迹非常相"像"。直线和圆弧是构成轮廓的基本几何元素，逐点比较法可以插补直线和圆弧，以折线逼近理论轨迹。

加工如图 2.1 所示的圆弧 AB，如果刀具在起始点 A 可以沿$-Y$ 或$+X$ 方向进给。假设刀具先从 A 点沿$-Y$ 方向走一步，刀具处在圆内1点。为使刀具逼近圆弧，同时又向终点移动，需沿$+X$ 方向走一步，刀具到达2点，仍位于圆弧内，需再沿$+X$ 方向走一步，到达圆弧外3点然后沿$-Y$ 方向走一步，如此继续移动，走到终点。

加工如图 2.2 所示的直线 OE 也一样，先从 O 点沿$+X$ 向进给一步，刀具到达直线下方的1点，为逼近直线，第二步应沿$+Y$ 方向移动，到达直线上方的2点，再沿$+X$ 向进给，直到终点。

一般来说，逐点比较法插补过程可按以下步骤进行。

(1) 偏差判别。根据刀具当前位置，确定进给方向。

(2) 坐标进给。使加工点向给定轨迹趋近，即向减少误差方向进给。

(3) 偏差计算。计算新加工点与给定轨迹之间的偏差，作为下一步判断依据。

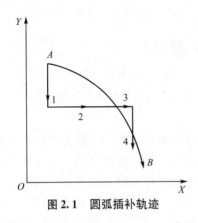

图 2.1 圆弧插补轨迹

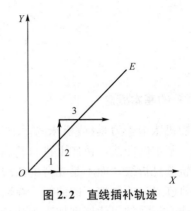

图 2.2 直线插补轨迹

（4）终点判别。判断是否到达终点，若到达，结束插补；否则，继续进行这 4 个步骤（图 2.3）。

逐点比较法的特点：运算简单，过程清晰，插补误差小于一个脉冲当量，输出脉冲均匀，输出脉冲速度变化小，调节方便，但不易实现两坐标以上的插补。

1. 逐点比较法直线插补

如图 2.4 所示，第一象限直线 OE，起点 O 为坐标原点，用户编程时，给出直线的终点坐标 $E(X_e，Y_e)$，直线方程为：

$$X_e Y - X Y_e = 0 \qquad (2-1)$$

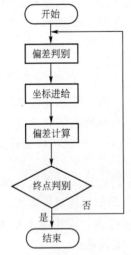

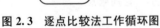

图 2.3 逐点比较法工作循环图

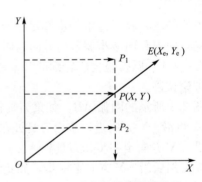

图 2.4 动点与直线位置关系

直线 OE 为给定轨迹，$P(X，Y)$ 为动点坐标，动点与直线的位置关系有 3 种情况，即动点在直线上方、直线上和直线下方。

若点在直线上方，则有

$$X_e Y - X Y_e > 0$$

若点在直线上，则有

$$X_e Y - X Y_e = 0$$

若点在直线下方，则有

$$X_e Y - X Y_e < 0$$

因此，可以构造函数偏差为

$$F = X_e Y - X Y_e \qquad (2-2)$$

对于第一象限直线，其偏差符号与进给方向之间的关系如下：

$F = 0$，表示动点在直线 OE 上，如点 P，可向 $+X$ 向进给，也可向 $+Y$ 方向进给；

$F > 0$，表示动点在直线 OE 上方，如点 P_1，向 $+X$ 向进给；

$F < 0$，表示动点在直线 OE 下方，如点 P_2，向 $+Y$ 向进给。

这里规定动点在直线上时，为了插补能继续进行，要从无偏差状态到有偏差状态，可归入 $F > 0$ 的情况一同考虑。

插补工作从起点开始，走一步，算一步，判别一次，再走一步，当沿两个坐标方向走的步数分别等于 X_e 和 Y_e 时，停止插补。

因为插补过程中，每走完一步都要算一次新的偏差，如果按式(2-2)计算，需进行两次乘法和一次减法计算，运算复杂，速度较慢，下面对 F 的运算采用递推算法予以简化。

动点 $P_i(X_i，Y_i)$ 的 F_i 值为

$$F_i = X_e Y_i - X_i Y_e$$

若 $F_i \geqslant 0$，表明点 $P_i(X_i，Y_i)$ 在直线 OE 上方或直线上，应沿 $+X$ 方向走一步，假设坐标值的单位为脉冲当量，走步后新的坐标值为 $(X_{i+1}，Y_{i+1})$，且 $X_{i+1} = X_i + 1$，$Y_{i+1} = Y_i$，新点偏差为

$$F_{i+1} = X_e Y_{i+1} - X_{i+1} Y_e = X_e Y_i - (X_i + 1) Y_e$$
$$= (X_e Y_i - X_i Y_e) - Y_e = F_i - Y_e$$

即

$$F_{i+1} = F_i - Y_e \qquad (2-3)$$

若 $F_i < 0$，表明点 $P_i(X_i，Y_i)$ 在直线 OE 的下方，应向 $+Y$ 方向进给一步，新点坐标值 $(X_{i+1}，Y_{i+1})$，且 $X_{i+1} = X_i$，$Y_{i+1} = Y_i + 1$，新点偏差为

$$F_{i+1} = X_e Y_{i+1} - X_{i+1} Y_e = X_e (Y_i + 1) - X_i Y_e$$
$$= (X_e Y_i - X_i Y_e) + X_e = F_i + X_e$$

即

$$F_{i+1} = F_i + X_e \qquad (2-4)$$

式(2-3)和式(2-4)是简化后的偏差计算公式。采用递推算法后，不用乘法，只用加减法，并且只需要终点坐标，不必计算和保存刀具中间点坐标，计算量和运算时间减少，插补速度提高。

当开始加工时，将刀具移到起点，刀具正好处在直线上，偏差为零，即 $F = 0$，根据这一点偏差可求出新一点偏差，随着加工的进行，每一新加工点的偏差都可由前一点偏差和终点坐标相加或相减得到，非常简便。

在插补计算、进给的同时还要进行终点判别。常用的终点判别法是设置一个长度计算器，从直线的起点走到终点，刀具沿 X 轴应走的步数为 X_e，沿 Y 轴应走的步数为 Y_e，计数器中存入 X 和 Y 量坐标进给数总和 $\sum = |X_e + Y_e|$。当 X 或 Y 坐标进给时，计数长度减 1，当计数长度减到零时，即 $\sum = 0$ 时，停止插补，到达终点。

【例 2 - 1】 加工第一象限直线 OE，如图 2.5 所示，起点 O 为坐标原点，终点坐标为 $E(4，3)$。试用逐点比较法对该段直线进行插补，并画出插补轨迹。

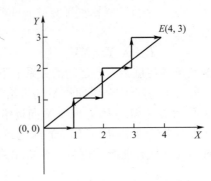

图 2.5　直线插补轨迹过程实例

直线插补运算过程见表 2 - 1，插补轨迹如图 2.5 所示。

表 2 - 1　直线插补轨迹运算过程

序号	偏差判别	坐标进给	偏差计算	终点判别
起点			$F_0=0$	$\sum=7$
1	$F_0=0$	$+X$	$F_1=F_0-Y_e=-3$	$\sum=6$
2	$F_1<0$	$+Y$	$F_2=F_1+X_e=1$	$\sum=5$
3	$F_2>0$	$+X$	$F_3=F_2-Y_e=-2$	$\sum=4$
4	$F_3<0$	$+Y$	$F_4=F_3+X_e=2$	$\sum=3$
5	$F_4>0$	$+X$	$F_5=F_4-Y_e=-1$	$\sum=2$
6	$F_5<0$	$+Y$	$F_6=F_5+X_e=3$	$\sum=1$
7	$F_6>0$	$+X$	$F_7=F_6-Y_e=0$	$\sum=0$

由直线插补例子可以看出，在起点和终点处，刀具都在直线上。通过逐点比较法，控制刀具走出一条尽量接近零件轮廓直线的轨迹。当脉冲当量很小时，刀具走出的折线非常接近直线轨迹，逼近误差的大小与脉冲当量的大小直接相关。

前面所述的为第一象限直线的插补方法。第一象限直线插补方法可做适当处理后推广到其余象限的直线插补。为适用不同象限的直线插补，在插补计算时，无论哪个象限的直线，都用其坐标绝对值计算。

假设有第三象限直线如图 2.6 所示。起点坐标在原点，终点坐标为 $(-X_e，-Y_e)$，在第一象限有一条和它对称于原点的直线，其终点坐标为 $(X_e，Y_e)$。按第一象限直线进行插补时，从 O 点开始把沿 X 轴正向进给改为沿 X 轴负向进给，沿 Y 轴正向进给改为沿 Y 轴负向进给，这时实际插补出的就是第三象限直线，其偏差计算公式与第一象限直线的偏差计算公式相同，不同在于坐标进给时的进给方向不同，输出驱动脉冲，应使 X 轴和 Y 轴电动机反向旋转。

4 个象限直线的偏差符号和插补进给方向如图 2.7 所示。由图看出，$F \geqslant 0$ 都是沿着 X 方向步进，不管 $+X$ 方向还是 $-X$ 方向，都是 X 的绝对值增大的方向，走 $+X$ 还是

－X,由象限标志控制：一、四象限走＋X；二、三象限走－X。同样，$F<0$ 总是走 Y 方向，不管＋Y 方向还是－Y 方向，都是 Y 的绝对值增大的方向，走＋Y 或－Y 也由象限标志控制：一、二象限走＋Y，三、四象限走－Y。

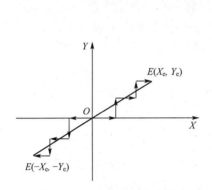

图 2.6　第三象限直线差补

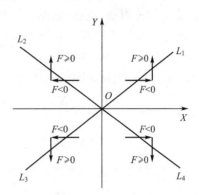

图 2.7　4 个象限直线的偏差符号和插补进给方向

2. 逐点比较法圆弧插补

在圆弧加工过程中，要描述刀具位置与被加工圆弧之间的关系，可用动点到圆心距离大小来反映。如图 2.8 所示，设圆弧圆心在坐标原点，已知圆弧起点 $A(X_a, Y_a)$，终点 $B(X_b, Y_b)$，圆弧半径为 R。加工点可能出现三种情况，即圆弧上、圆弧外、圆弧内。

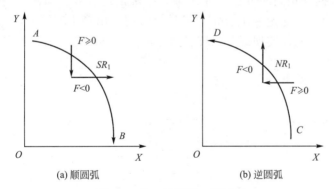

图 2.8　第一象限顺、逆圆弧

当动点 $P(X,Y)$ 位于圆弧上时有
$$X^2+Y^2-R^2=0$$
点 P 在圆弧外侧时，则 OP 大于圆弧半径 R，即
$$X^2+Y^2-R^2>0$$
点 P 在圆弧内侧时，则 OP 小于圆弧半径 R，即
$$X^2+Y^2-R^2<0$$
用 F 表示点 P 的偏差值，定义圆弧偏差函数判别式为
$$F=X^2+Y^2-R^2 \tag{2-5}$$
为使加工点逼近圆弧，动点位于圆弧外时，应向圆内进给，动点在圆弧内时，应向圆外走一步，当动点落在圆弧上时，为使加工进给继续下去，沿圆内或圆外均可，但一般约

定将其和 $F>0$ 一并考虑。

图 2.8(a) 中 AB 为第一象限顺圆弧 SR_1，若 $F \geqslant 0$，动点在圆弧上或圆弧外，向圆内走一步，即向 $-Y$ 向进给，然后计算出新点的偏差；若 $F<0$，则表明动点在圆内，应向 $+X$ 向进给，计算出新一点的偏差。如此走一步，算一步，直至终点。

由于偏差计算公式中有平方值计算，下面采用递推公式给予简化。对第一象限顺圆弧，$F_i \geqslant 0$，动点 $P_i(X_i, Y_i)$ 应向 $-Y$ 向进给，新的动点坐标为 (X_{i+1}, Y_{i+1})，且 $X_{i+1} = X_i$，$Y_{i+1} = Y_i - 1$，则新点的偏差值为

$$F_{i+1} = X_{i+1}^2 + Y_{i+1}^2 - R^2 = X_i^2 + (Y_i - 1)^2 - R^2$$

即

$$F_{i+1} = F_i - 2Y_i + 1 \tag{2-6}$$

若 $F_i < 0$，则沿 $+X$ 向前进一步，到达点 $(X_i + 1, Y_i)$，新点的偏差值为

$$F_{i+1} = X_{i+1}^2 + Y_{i+1}^2 - R^2 = (X_i + 1)^2 + Y_i^2 - R^2$$

即

$$F_{i+1} = F_i + 2X_i + 1 \tag{2-7}$$

进给后新点的偏差计算公式除与前一点偏差值有关外，还与动点坐标有关，动点坐标值随着插补的进行是变化的，所以在圆弧插补的同时，还必须修正新的动点坐标。

圆弧插补计算过程与直线插补过程基本相同，对于圆弧仅在一个象限内的情况，终点判别可采用与直线插补相同的方法，将 X 轴、Y 轴走的步数总和存入一个计数器，$\Sigma = |X_b - X_a| + |Y_b - Y_a|$，每走一步 Σ 减 1，当 $\Sigma = 0$ 时发出停止信号。

在 CNC 系统中用软件实现逐点比较法插补是比较方便的，第一象限顺圆弧软件插补流程如图 2.9 所示。

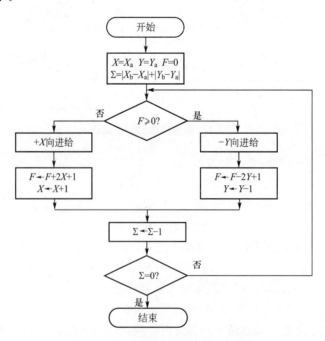

图 2.9　第一象限顺圆弧插补流程图

【**例 2－2**】 现加工第一象限顺圆弧 AB，如图 2.10 所示，起点 $A(0，4)$，终点 $B(4，0)$，试用逐点比较法进行插补。

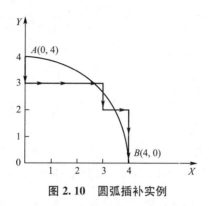

图 2.10 圆弧插补实例

圆弧插补运算过程见表 2－2，插补轨迹如图 2.10 所示。

表 2－2 圆弧插补过程

步数	偏差判别	坐标进给	偏差计算	坐标计算	终点判别
起点			$F_0=0$	$X_0=0，Y_0=4$	$\sum=8$
1	$F_0=0$	$-Y$	$F_1=F_0-2Y_0+1=-7$	$X_1=0，Y_1=3$	$\sum=7$
2	$F_1<0$	$+X$	$F_2=F_1+2X_1+1=-6$	$X_2=1，Y_2=3$	$\sum=6$
3	$F_2<0$	$+X$	$F_3=F_2+2X_2+1=-3$	$X_3=2，Y_3=3$	$\sum=5$
4	$F_3<0$	$+X$	$F_4=F_3+2X_3+1=2$	$X_4=3，Y_4=3$	$\sum=4$
5	$F_4>0$	$-Y$	$F_5=F_4-2Y_4+1=-3$	$X_5=3，Y_5=2$	$\sum=3$
6	$F_5<0$	$+X$	$F_6=F_5+2X_5+1=4$	$X_6=4，Y_6=2$	$\sum=2$
7	$F_6>0$	$-Y$	$F_7=F_6-2Y_6+1=1$	$X_7=4，Y_7=1$	$\sum=1$
8	$F_7>0$	$-Y$	$F_8=F_7-2Y_7+1=0$	$X_8=4，Y_8=0$	$\sum=0$

上面讨论的是第一象限顺圆弧插补方法，参照图 2.8(b)，第一象限逆圆弧 CD 的运算趋势是 X 轴绝对值减少，Y 轴绝对值增大。

当动点在圆弧上或圆弧外，即 $F_i \geq 0$ 时，X 轴沿负向进给，新动点的偏差函数为

$$F_{i+1}=F_i-2X_i+1 \tag{2-8}$$

$F_i<0$ 时，Y 轴沿正向进给，新动点的偏差函数为

$$F_{i+1}=F_i+2Y_i+1 \tag{2-9}$$

与直线插补相似，如果插补计算都用坐标的绝对值，将进给方向另做处理，4 个象限插补公式可以统一起来。针对第一象限顺圆插补情况，将 X 轴正向进给改为 X 轴负向进给，则走出的是第二象限逆圆，若将 X 轴沿负向、Y 轴沿正向进给，则走出的是第三象限顺圆，如图 2.11 所示，用 SR_1、SR_2、SR_3、SR_4 分别表示第一～四象限的顺时针圆弧，用 NR_1、NR_2、NR_3、NR_4 分别表示第一～四象限的逆时针圆弧，4 个象限圆弧的进给方向表示在图 2.11 中。

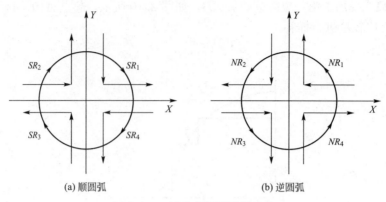

(a) 顺圆弧   (b) 逆圆弧

图 2.11　4 个象限圆弧进给方向

若用带符号的坐标值进行插补计算，动点坐标正好处于坐标轴上时，可按其运动趋势归入不同象限进行处理。对于逆圆弧来说，$+X$ 轴上的点归入 NR_1，$+Y$ 轴上的点归入 NR_2，$-X$ 轴上的点归入 NR_3，$-Y$ 轴上的点归入 NR_4。对于顺圆来说，$+X$ 轴上的点归入 SR_4，$+Y$ 轴上的点归入 SR_1，$-X$ 轴上的点归入 SR_2，$-Y$ 轴上的点归入 SR_3。在插补的同时，应比较动点坐标和终点坐标的代数值，若两者相等，则插补结束，其计算过程见表 2-3。

表 2-3　顺圆圆弧插补计算过程

坐标进给	坐标计算	偏差计算	终点判别
$+X$	$X_{i+1}=X_i+1$	$F_{i+1}=F_i+2X_i+1$	$X_e-X_{i+1}=0$
$-X$	$X_{i+1}=X_i-1$	$F_{i+1}=F_i-2X_i+1$	$X_e-X_{i+1}=0$
$+Y$	$Y_{i+1}=Y_i+1$	$F_{i+1}=F_i+2Y_i+1$	$Y_e-Y_{i+1}=0$
$-Y$	$Y_{i+1}=Y_i-1$	$F_{i+1}=F_i-2Y_i+1$	$Y_e-Y_{i+1}=0$

2.1.3　数字积分法

数字积分法又称为数字微分分析法（DDA）。采用该方法进行插补，具有运算速度快、逻辑功能强、脉冲分配均匀等特点，且只输入很少的数据，就能够加工出直线、圆弧等较复杂的曲线轨迹，精度也能满足要求；数字积分法插补的最大优点在于容易实现坐标轴的联动插补，能够描述空间直线及平面各种函数曲线。因此，本方法在数控系统中得到广泛的应用。

从几何角度看，积分运算就是求函数 $y=f(t)$ 曲线与坐标轴所围成的面积。如图 2.12 所示，从 $t=0$ 时刻到 t 时刻，函数 $y=f(t)$ 曲线所包围的面积可表示为 $S=\int_0^t f(t)\mathrm{d}t$，如果将时间划分为 Δt 的小时间间隔，当 Δt 满足足够小的条件的时候，可得

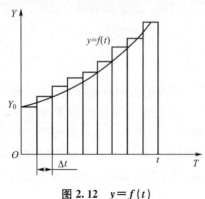

图 2.12　$y=f(t)$

累加公式

$$s = \int_0^t f(t)\,\mathrm{d}t = \sum_{i=0}^{n-1} Y_i \Delta t \qquad (2-10)$$

即积分运算可以用一系列小矩形面积累加求和来近似。在几何上的意义就是用一系列的小矩形面积之和来近似等同于曲线 $f(t)$ 与坐标轴所围的面积。如果将 Δt 视为一个单位"1",则可演化为

$$s = \sum_{i=0}^{n-1} Y_i \qquad (2-11)$$

由此可见,通过单位时间 $\Delta t =$ "1",就可以将积分运算转化为式(2-11)所示求纵坐标值的累加运算。在数控系统中,若累加器容量为一个单位面积,则在累加过程中累加器超过一个单位面积时立即产生一个溢出脉冲。这样,累加过程所产生的溢出脉冲总数就等于所求面积。

1. 数字积分法(DDA 法)直线插补

设要插补第一象限直线 OE,如图 2.13 所示,起点为坐标原点 $O(0,0)$,终点 $E(4,6)$,单位为脉冲当量。使用 DDA 法对其进行插补,并画出插补轨迹。

假设选取的寄存器位数为 3,即 $N=3$,则累加次数 $n=2^N=8$。

插补前,余数寄存器的初始值为 0,被积函数寄存器存放终点坐标,步数寄存器存放累计次数,即 $J_{RX} = J_{RY} = 0$,$J_{VX} = X_e = 4$,$J_{VY} = Y_e = 6$,$J_{\Sigma} = 2^N = 8$,该直线的插补运算过程见表 2-4,插补轨迹如图 2.13 中折线所示。

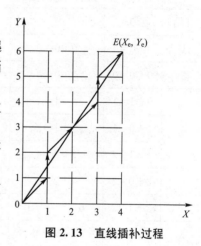

图 2.13 直线插补过程

表 2-4 DDA 直线插补运算过程

累加次数 n	X 积分器		Y 积分器		终点判别 J_{Σ}
	$J_{RX} = J_{RX} + J_{VX}$	$+\Delta X$	$J_{RY} = J_{RY} + J_{VY}$	$+\Delta Y$	
开始	0	0	0	0	8
1	$J_{RX} = 0+4 = 4$	0	$J_{RY} = 0+6 = 6$	0	$J_{\Sigma} = 8-1 = 7$
2	$J_{RX} = 4+4 = 8+0$	1	$J_{RY} = 6+6 = 8+4$	1	$J_{\Sigma} = 7-1 = 6$
3	$J_{RX} = 0+4 = 4$	0	$J_{RY} = 4+6 = 8+2$	1	$J_{\Sigma} = 6-1 = 5$
4	$J_{RX} = 4+4 = 8+0$	1	$J_{RY} = 2+6 = 8+0$	1	$J_{\Sigma} = 5-1 = 4$
5	$J_{RX} = 0+4 = 4$	0	$J_{RY} = 0+6 = 6$	0	$J_{\Sigma} = 4-1 = 3$
6	$J_{RX} = 4+4 = 8+0$	1	$J_{RY} = 6+6 = 8+4$	1	$J_{\Sigma} = 3-1 = 2$
7	$J_{RX} = 0+4 = 4$	0	$J_{RY} = 4+6 = 8+2$	1	$J_{\Sigma} = 2-1 = 1$
8	$J_{RX} = 4+4 = 8+0$	1	$J_{RY} = 2+6 = 8+0$	1	$J_{\Sigma} = 1-1 = 0$

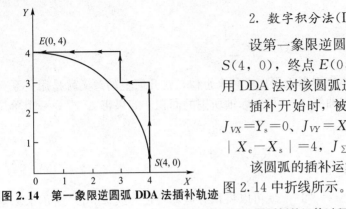

图 2.14 第一象限逆圆弧 DDA 法插补轨迹

2. 数字积分法(DDA 法)圆弧插补

设第一象限逆圆弧 SE，如图 2.14 所示，起点 $S(4，0)$，终点 $E(0，4)$，且寄存器位数 $N=3$。使用 DDA 法对该圆弧进行插补，并画出插补轨迹。

插补开始时，被积函数寄存器初始值分别为：$J_{VX}=Y_s=0$、$J_{VY}=X_s=4$，终点判别寄存器 $J_{\Sigma X}=|X_e-X_s|=4$，$J_{\Sigma Y}=|Y_e-Y_s|=4$。

该圆弧的插补运算过程见表 2-5，插补轨迹如图 2.14 中折线所示。

表 2-5 DDA 圆弧插补运算过程

累加次数 n	X 积分器				Y 积分器			
	J_{VX}	$J_{RX}=J_{RX}+J_{VX}$	ΔX	$J_{\Sigma X}$	J_{VY}	$J_{RY}=J_{RY}+J_{VY}$	ΔY	$J_{\Sigma Y}$
开始	0	0	0	4	4	0		4
1	0+0=0	0+0=0	0	4−0=4	4+0=4	0+4=4	0	4−0=4
2	0+0=0	0+0=0	0	4−0=4	4+0=4	4+4=8+0	+1	4−1=3
3	0+1=1	0+1=1	0	4−0=4	4+0=4	0+4=4	0	3−0=3
4	1+0=1	1+1=2	0	4−0=4	4+0=4	4+4=8+0	+1	3−1=2
5	1+1=2	2+2=4	0	4−0=4	4+0=4	0+4=4	0	2−0=2
6	2+0=2	4+2=6	0	4−0=4	4+0=4	4+4=8+0	+1	2−1=1
7	2+1=3	6+3=8+1	−1	4−1=3	4+0=4	0+4=4	0	1−0=1
8	3+0=3	1+3=4	0	3−0=3	4−1=3	4+3=7	0	1−0=1
9	3+0=3	4+3=7	0	3−0=3	3+0=3	7+3=8+2	+1	1−1=0
10	3+1=4	7+4=8+3	0	3−0=3	3+0=3	停止		
11	4+0=4	3+4=7	0	2−0=2	3−1=2			
12	4+0=4	7+4=8+3	−1	2−1=1	2+0=2			
13	4+0=4	3+4=7	0	1−0=1	2−1=1			
14	4+0=4	7+4=8+3	−1	1−1=0	1+0=1			
15	4+0=4	停止	0	0−0=0	1−1=0			

和逐点比较法插补一样，DDA 法在插补不同象限的直线和圆弧时，其算法也有所不同。当采用软件插补时，如果参与积分运算的寄存器均采用绝对值数据，则 DDA 法插补的积分累加过程完全相同，即 $J_R+J_Z \rightarrow J_R$ 只是进给脉冲的分配方向和圆弧插补点坐标的修正有所不同。DDA 法插补四象限直线和圆弧的进给和修正见表 2-6。

表 2-6　四象限直线和圆弧的进给与修正

		L_1	L_2	L_3	L_4	NR_1	NR_2	NR_3	NR_4	SR_1	SR_2	SR_3	SR_4
动点修正	J_{VX}					+1	−1	+1	−1	−1	+1	−1	+1
	J_{VY}					−1	+1	−1	+1	+1	−1	+1	−1
进给方向	ΔX	+	−	−	+	−	−	+	+	+	+	−	−
	ΔY	+	+	−	−	−	+	+	−	−	+	+	−

2.1.4　数字增量插补

数字增量插补即数据采样插补。数字增量插补是根据编程的进给速度将零件轮廓曲线按时间分割为采样周期的直线段，然后将这些微小直线段对应的位置增量数据进行输出，以伺服系统实现坐标轴的进给。

数字增量插补一般分粗、精插补两步完成。第一步是粗插补，它在给定的曲线起、终点之间插入若干个中间点，将曲线分割为若干个微小直线段，即用一系列直线段来逼近曲线。第二步是精插补，它是将粗插补中产生的微小直线段再进行数据点的密化工作，该步相当于对直线的脉冲增量插补。精插补可以由软件实现，也可以由硬件实现。

数字增量插补中的插补一般指粗插补，通常由软件实现，常用的有时间分割法、扩展DDA 法和双 DDA 法。

插补周期与插补运算时间、位置反馈采样、精度、速度都有一定的关系。

根据完成某种插补算法所需的最大指令条数，可以大致确定插补运算所占用的 CPU时间。通常插补周期 T 需大于 CPU 插补运算时间与执行其他实时任务(如精插补、显示和监控等)所需时间之和。一般插补周期为 8～20ms。

采样周期太短，计算机来不及处理；采样周期长，会损失信息而影响伺服精度。插补周期与采样周期可以相等，也可以采取采样周期的整数倍。各系统的采样周期不尽相同，一般取 10ms 左右。

在直线插补时，插补所形成的每段小直线与给定直线重合，不会造成轨迹误差。在圆弧插补时，用内接弦线或内外均差弦线来逼近圆弧，会造成轨迹误差。在一台数控机床上，允许的插补误差是一定的，它应小于数控机床的一个脉冲当量。较小的插补周期，可以在小半径圆弧插补时允许较大的进给速度。另外，在进给速度、圆弧半径一定的条件下，插补周期越短，逼近误差就越小。但插补周期的选择受计算机运算速度的限制。插补周期一般是固定的，如 FANUC 数控系统的插补周期为 8ms。插补周期确定之后，一定的圆弧半径，应有与之对应的最大进给速度限定，以保证逼近误差 e_r 不超过允许值。

1.　时间分割法

时间分割插补法是典型的数据采样插补方法。它首先根据加工指令中的进给速度 F，计算出每一插补周期的轮廓步长 l，即用插补周期为时间单位，将整个加工过程分割成许多个单位时间内的进给过程。以插补周期为时间单位，则单位时间内的移动路程等于速度，即轮廓步长 l 与轮廓速度 f 相等。插补计算的主要任务是算出下一插补点的坐标，从而算出轮廓速度 f 在各个坐标轴的分速度，即下一插补周期内各个坐标的进给量 Δx、

Δy。控制 X、Y 坐标分别以 Δx、Δy 为速度协调进给，即可走出逼近直线段，到达下一插补点。在进给过程中，对实际位置进行采样，与插补计算的坐标值比较，得出位置误差，位置误差在后一采样周期内修正。采样周期可以等于插补周期，也可以小于插补周期，如插补周期的 1/2。

设指令进给速度为 F，其单位为 mm/min，插补周期 8ms，l 的单位为 μm，f 的单位为 μm，则有

$$l=f=\frac{F\times 1000\times 8}{60\times 1000}=\frac{2}{15}F \tag{2-12}$$

无论进行直线插补还是圆弧插补，都要必须先用式（2-12）计算出单位时间（插补周期）的进给量，然后才能进行插补点的计算。

2. 扩展 DDA 法

扩展 DDA 法是在数字积分原理的基础上发展起来的。它在处理圆弧插补时，对数字积分法进行了改进，即将数字积分法中用切线逼近改为用弦线逼近圆弧，这样减少了逼近误差。

2.2 进给速度与加减速控制

在高速运动阶段，为了保证在启动或停止时不产生冲击、失步、超程或振荡，数控系统需要对机床的进给运动速度进行加减速度控制。在加工过程中，为了保证加工质量，在进给速度发生突变时必须对送到进给电动机的脉冲频率或电压进行加减速控制。在启动或速度突然升高时，应保证加在伺服电动机上的进给脉冲频率或电压逐渐升高；当速度突降时，应保证加在伺服电动机上的进给脉冲频率或电压逐渐降低。

2.2.1 进给速度控制

由于脉冲增量插补和数据采样插补的计算方法不同，其速度控制方法也有所不同。

1. 脉冲增量插补算法的进给速度控制

脉冲增量插补的输出形式是脉冲，其频率与进给速度成正比，因此可通过控制插补运算的频率来控制进给速度。常用的方法有软件延时法和中断控制法。

（1）软件延时法。根据编程进给速度，可以求出要求的进给脉冲频率，从而得到两次插补运算之间的时间间隔 t。t 必须大于 CPU 执行插补程序的时间 $t_{程}$，t 与 $t_{程}$ 之差即为应调节的时间 $t_{延}$。可以编写一个延时子程序来改变进给速度。

【例 2-3】 延时时间的计算。

某数控装置的脉冲当量 $\delta=0.01$mm，插补程序运行时间 $t_{程}=0.1$ms，若编程进给速度 $v=300$mm/min，调节时间 $t_{延}$ 的计算过程如下。

由 $v=60\delta f$，得

$$f=\frac{v}{60\delta}=\frac{300}{60\times 0.01}s^{-1}=500s^{-1}$$

则插补时间间隔为

$$t = \frac{1}{f} = 0.02s = 2ms$$

调节时间为

$$t_{延} = t - t_{程} = (2 - 0.1)ms = 1.9ms$$

用软件编写程序实现上述延时，即可达到控制进给速度的目的。

（2）中断控制法。由进给速度计算出定时器/计数器的定时时间常数，以控制 CPU 中断。定时器每申请一次中断，CPU 执行一次中断服务程序，并在中断服务程序中完成一次插补运算，同时发出进给脉冲。如此连续进行，直至插补完毕。

这种方法使得 CPU 可以在两个进给脉冲时间间隔内进行其他工作，如输入、译码、显示等。进给脉冲频率由定时器定时常数决定。时间常数的大小决定了插补运算的频率，也决定了进给脉冲的输出频率。该方法速度控制比较精确，而且速度控制不会因为不同计算机主频的不同而改变，所以在很多数控系统中被广泛应用。

2. 数据采样插补算法的进给速度控制

数据采样插补根据编程进给速度计算出一个插补周期内合成速度方向上的进给量，即

$$f_s = \frac{FTK}{60 \times 1000} \tag{2-13}$$

式中，f_s 为系统在稳定进给状态下的单个周期的插补进给量，称为稳定速度；F 为编程进给速度(mm/min)；T 为插补周期(ms)；K 为速度系数，包括快速倍率、切削进给倍率等。

为了调速方便，设置了速度系数 K 来反映速度倍率的调节范围，通常 K 取 0%～200%。当中断服务程序扫描到面板上倍率开关状态时，给 K 设置相应参数，从而对数控装置面板手动速度调节做出正确响应。

2.2.2 加减速控制

在 CNC 装置中，加减速控制多数都采用软件实现，这给系统带来了较大的灵活性。这种用软件实现的加减速控制可以放在插补前进行，也可以放在插补后进行。放在插补前的加减速控制称为前加减速控制，放在插补后的加减速控制称为后加减速控制。

前加减速控制，仅对编程进给速度 F 指令进行控制，其优点是不会影响实际插补输出的位置精度，其缺点是需要预测减速点，而这个减速点要根据实际刀具位置与程序段终点之间的距离来确定，预测工作需要完成的计算量较大。

后加减速控制与前加减速相反，它是对各运动轴分别进行加减速控制，这种加减速控制不需要专门预测减速点，而是在插补输出为零时才开始减速，经过一定的延时逐渐靠近程序段终点。该方法的缺点是，由于它是对各运动轴分别进行控制，所以在加减速控制以后，实际的各坐标轴的合成位置可能不准确。但这种影响仅在加减速过程中才会有，当系统进入匀速状态时，这种影响就不存在了。

加减速控制实际上就是稳定速度和瞬时速度不断进行比较的过程。所谓稳定速度是指系统处于稳定进给状态时一个插补周期内的进给量 f_s，可用式(2-13)表示。通过该计算公式将编程速度指令或快速进给速度 F 转换成了每个插补周期的进给量，并将速度倍率调

整的因素包括在内。如果计算出的稳定速度超过系统允许的最大速度(由参数设定),取最大速度为稳定速度。

所谓瞬时速度,是指系统在每个插补周期内的进给量。当系统处于稳定进给状态时,瞬时速度 f_i 为稳定速度 f_s,当系统处于加速(或减速)状态时,$f_i < f_s$(或 $f_i > f_s$)。

1. 前加减速控制

前加减速控制常采用线性加减速处理方法。当机床启动、停止或在切削加工过程中改变进给速度时,数控系统自动进行线性加减速控制处理。加减速速率分为快速进给和切削进给两种,它们必须作为机床的参数预先设置好。设进给速度为 F(mm/min),加速到 F 所需的时间为 t(ms),则加减速度 a 按式(2-14)计算

$$a = 1.67 \times 10^2 \frac{F}{t} \qquad (2-14)$$

(1)加速处理。系统每插补一次,都应进行稳定速度、瞬时速度的计算和加减速处理。当计算出的稳定速度 f_s' 大于原来的稳定速度 f_s 时,需进行加速处理。每加速一次,瞬时速度为

$$f_{i+1} = f_i + aT \qquad (2-15)$$

式中,T 为插补周期。

新的瞬时速度 f_{i+1} 作为插补进给量参与插补计算,对各坐标轴进行分配,使坐标轴运动直至新的稳定速度为止,图 2.15 为加速处理的原理框图。

(2)减速处理。系统每进行一次插补计算,都要进行终点判别,计算出刀具距终点的瞬时距离 s_i,并判别是否已达到减速区域 s。若 $s_i \leqslant s$,表示已达到减速点,则要开始减速。在稳定速度 f_s 和设定的加减速度 a 确定后,可由式(2-16)决定减速区域。

$$s = \frac{f_s^2}{2a} + \Delta s \qquad (2-16)$$

式中,Δs 为提前量,可作为参数预先设置好。

若不需要提前一段距离开始减速,则可取 $\Delta s = 0$,每减速一次后,新的瞬时速度为

$$f_{i+1} = f_i - aT \qquad (2-17)$$

新的瞬时速度 f_{i+1} 作为插补进给量参与插补计算,控制各坐标轴移动,直至减速到新的稳定速度或减速到 0。图 2.16 为减速处理的原理框图。

(3)终点判别处理。每进行一次插补计算,系统都要计算 s_i,然后进行终点判别。若即将到达终点,就设置相应标志;若本程序段要减速,则要在达到减速区域时设减速标志,并开始减速处理。

终点判别计算分为直线和圆弧插补两个方面。

① 直线插补。如图 2.17 所示,设刀具沿直线 OP 运动,P 为程序段终点,A 为某一瞬时点。在插补计算时,已计算出 X 轴和 Y 轴插补进给量 Δx 和 Δy,所以点 A 的瞬时坐标可由上一插补点的坐

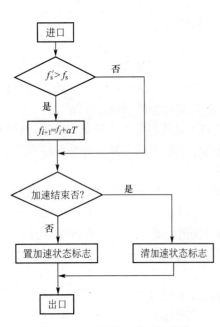

图 2.15 加速处理的原理框图

（流程图文字：进口；$f_s' > f_s$；否；是；$f_{i+1} = f_i + aT$；加速结束否？；是；否；置加速状态标志；清加速状态标志；出口）

标 x_{i-1} 和 y_{i-1} 求得，即

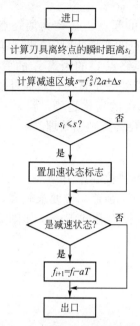

图 2.16　减速处理的原理框图

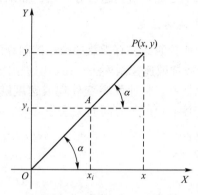

图 2.17　直线插补终点判别

$$\begin{cases} x_i = x_{i-1} + \Delta x \\ y_i = y_{i-1} + \Delta y \end{cases}$$

设 X 轴为长轴，其增量值为已知，则刀具在 X 方向上离终点的距离为 $|x-x_i|$。因为长轴与刀具移动方向的夹角是定值，且 $\cos\alpha$ 的值已计算好，因此，瞬时点 A 离终点 P 的距离 s_i 为

$$s_i = |x-x_i| \times \frac{1}{\cos\alpha} \qquad (2-18)$$

② 圆弧插补。当圆弧对应的圆心角小于 π 时，瞬时点离圆弧终点的直线距离越来越小，如图 2.18（a）所示。$A(x_i, y_i)$ 为顺圆弧插补时圆弧上的某一瞬时点，P 为圆弧的终点；AM 为点 A 在 X 方向离终点的距离，$|AM| = |x-x_i|$；MP 为点 A 在 Y 轴方向离终点的距离，$|MP| = |y-y_i|$；$AP = s_i$。以 MP 为基准，则点 A 离终点的距离为

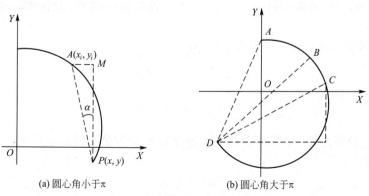

(a) 圆心角小于 π　　　　　　　(b) 圆心角大于 π

图 2.18　圆弧插补终点判别

$$s_i = |MP| \times \frac{1}{\cos\alpha} = |y - y_i| \times \frac{1}{\cos\alpha} \tag{2-19}$$

当圆弧弧长对应的圆心角大于 π 时，设点 A 为圆弧的起点，点 B 为离终点 D 的弧长所对应的圆心角等于 π 时的分界点，点 C 为插补到离终点的弧长所对应的圆心角小于 π 的某一瞬时点，如图 2.18（b）所示。这样，瞬时点离圆弧终点 D 的距离 s_i 的变化规律是，当从圆弧起点 A 开始，插补到点 B 时，s_i 越来越大，直到等于直径；当插补越过分界点 B 后，s_i 越来越小。对于这种情况，计算时首先要判断 s_i 的变化趋势，若 s_i 变大，则不进行终点判别处理，直到越过分界点；如果 s_i 变小，进行终点判别处理。

2. 后加减速控制

后加减速控制主要有指数加减速控制算法和直线加减速控制算法。

（1）指数加减速控制算法。在切削进给或手动进给时，跟踪响应要求较高，一般采用指数加减速控制，将速度突变处理成速度随时间指数规律上升或下降，如图 2.19 所示。指数加减速控制速度与时间的关系是

加速时：
$$v(t) = v_c (1 - e^{-\frac{t}{T}}) \tag{2-20}$$

匀速时：
$$v(t) = v_c \tag{2-21}$$

减速时：
$$v(t) = v_c e^{-\frac{t}{T}} \tag{2-22}$$

式中，T 为时间常数；v_c 为稳定速度。

图 2.20 是指数加减速控制算法的原理图。在图中，Δt 为采样周期，它在算法中的作用是对加减速运算进行控制，即每个采样周期进行一次加减速运算。误差寄存器 E 的作用是对每个采样周期的输入速度 v_c 与输出速度 v 之差 $(v_c - v)$ 进行累加。累加结果一方面保存在误差寄存器 E 中，另一方面与 $1/T$ 相乘，乘积作为当前采样周期加减速控制的输出速度 v。同时，v 又反馈到输入端，准备在下一个采样周期中重复以上过程。

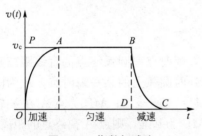

图 2.19　指数加减速

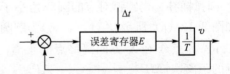

图 2.20　指数加减速控制算法原理图

上述过程可以用迭代公式来实现，即

$$E_i = \sum_{k=0}^{i-1} (v_c - v) \Delta t \tag{2-23}$$

$$v_i = E_i \frac{1}{T} \tag{2-24}$$

式中，E_i 和 v_i 分别为第 i 个采样周期误差寄存器 E 中的值和输出速度值，迭代初值 E_0、V_0 为零。

$$\Delta s_i = v_i \Delta t$$

$$\Delta s_c = v_c \Delta t$$

式中，Δs_i 为第 i 个插补周期加减速输出的位置增量值。

将以上两式代入式(2-20)和式(2-21)中，得

$$E_i = \sum_{k=0}^{i-1}(\Delta s_c - \Delta s_i) = E_{i-1} + (\Delta s_c - \Delta s_{i-1}) \qquad (2-25)$$

$$\Delta s_i = E_i \frac{1}{T}(\text{取 } \Delta t = 1) \qquad (2-26)$$

以上两组公式就是实用的数字增量式指数加减迭代公式。

（2）直线加减速控制算法。直线加减速控制使机床在启动时速度沿一定斜率的直线上升，而在停止时，速度沿一定斜率的直线下降。如图 2.21 所示，速度变化曲线是 $OABC$。

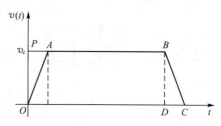

图 2.21 直线加减速

无论是直线加减速控制算法，还是指数加减速控制算法，都必须保证系统不产生失步和超程，即在系统的整个加速和减速过程中，输入到加减速控制器的总位移量之和必须等于该加减速控制器实际输出的位移量之和，这是设计后加减速控制算法的关键。要做到这一点，对于指数加减速来说，必须使图 2.20 中区域 OPA 的面积等于区域 DBC 的面积。对直线加减速而言，同样必须使图 2.21 中区域 OPA 的面积也等于区域 DBC 的面积。

为了保证这两部分面积相等，以上所介绍的两种加减速控制都采用位置累加器来解决。在加速过程中，用位置累加器记住由于加速延迟失去的位置增量之和；在减速过程中，又将位置累加器中对的位置按一定规律（指数或直线）逐渐放出，以保证在加减速过程全部结束时，机床到达指定的位置。

思考与练习

1. 何谓插补？有哪两类插补算法？

2. 试述逐点比较法插补运算的步骤。

3. 设有第一象限直线 OE，起点坐标为坐标原点，终点坐标为 $E(6,8)$，用逐点比较法加工插补出直线 OE。

4. 设 AB 为第一象限逆圆弧，起点为 $A(6,0)$，终点 $B(0,6)$，用逐点比较法加工 AB 圆弧。

5. 圆弧插补终点判别有哪些方法？

6. 设有一直线 OA，起点在坐标原点，终点坐标为 $A(5,7)$，用 DDA 法插补直线 OA。

7. 加减速控制有何作用？有哪些实现方法？

第3章
CNC 装置

 本章教学要点

知识要点	掌握程度	相关知识
CNC 装置的组成及功能特点	了解 CNC 装置的组成； 掌握 CNC 装置的主要功能； 掌握 CNC 装置的特点； 了解 CNC 装置的软硬件分工； 了解 CNC 装置多任务并行处理	计算机组成； 接口电路； 软件功能
CNC 装置的硬件结构	掌握单微处理器结构； 了解多微处理器结构	数据总线； 控制总线； 地址总线
CNC 装置的软件结构	了解前后台型软件结构； 熟悉中断型软件结构	中断控制； 并行处理

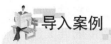

导入案例

CNC装置的发展趋势

由于大规模集成电路制造技术的高度发展，PC硬件结构做得更小，CPU的运行速度越来越高，存储容量很大。PC大批量生产，成本大大降低，可靠性不断提高。PC的开放性等使PC的软件极为丰富。三维图形显示工艺数据已经在PC上建立。因此，PC已成为开发CNC系统的重要资源与途径。交流伺服系统恒功率范围已做到1：4，速度范围可达到1：1000，基本与直流伺服相当。交流伺服体积小，价格低，可靠性高，应用越来越广泛，如图3.01所示。高功能的数控系统向综合自动化方向发展，为适应FMS、CIMS、无人工厂的要求，发展与机器人、自动化小车、自动诊断跟踪监视系统等的相互联合，发展控制与管理集成系统，已成为国际上数控系统的发展方向。改善人机接口，简化编程、操作面板使用符号键，尽量采用对话方式等，可方便用户使用，实现柔性化和系统化。目前数控系统均采用模块结构，其功能覆盖面大，从三轴两联动的机床到多达24轴以上的柔性加工单元。为提高加工精度，高分辨率旋转编码器必不可少。为在超精密加工领域实现$0.001\mu m$的加工精度，必须开发超高分辨率的编码器。$0.0001\mu m$最小设定单位的CNC装置。为在加工中即使负荷变动伺服系统的特性也保持不变，还需采用自动控制和鲁棒控制。在伺服系统的控制中，用高速微处理器，采用基于现代控制论前馈控制、二自由度控制、学习控制等，实现机械智能化功能，机械自身可补偿温度、机械负荷等引起的机械变形。建立基于AI专家系统的故障监测诊断数据库，把CNC装置通过Internet与中央计算机相连接，使其具有远程诊断功能。

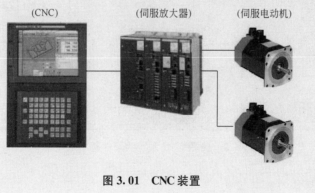

（CNC）　　　　　　　（伺服放大器）　　　（伺服电动机）

图3.01　CNC装置

3.1　CNC装置的组成及功能特点

3.1.1　CNC装置的组成

数控装置是数控系统的核心，其主要功能是正确地识别和解释数控加工程序，对解释结果进行各种数据计算和逻辑判断处理，完成各种输入、输出任务。其形式可以是由数字逻辑电路构成的专用硬件数控装置或计算机数控装置。数控装置将数控加工程序信息按两类控制量分别输出：一类是连续控制量，送往驱动控制装置；另一类是离散的开关量，送往机床电气逻辑控制装置，控制机床各组成部分实现各种数控功能。

计算机数控(CNC)系统是在硬件数控(NC)装置的基础上发展起来的。它用一台计算机完成数控装置所有的功能。从组成部分的性质上分，CNC装置由硬件和软件组成，如图3.1所示。

图3.1　CNC装置的组成框图

1. CNC系统硬件的基本组成

图3.2所示为典型CNC系统的硬件基本组成，它包括CNC装置和驱动控制两部分。其中CNC装置既具有一般微型计算机的基本结构，又具有数控机床完成特有功能所需的功能模块和接口单元。从图3.2中可以看出，CNC装置主要由计算机主板、系统总线、存储器、PLC模板、位置控制板、键盘/显示器接口及其他接口电路组成，是构成CNC系统的基础。

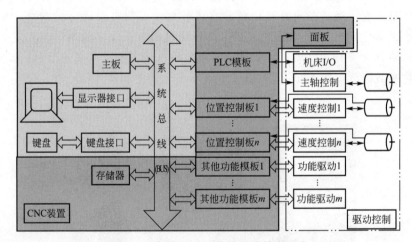

图3.2　典型CNC系统的硬件基本组成

2. CNC装置软件的基本组成

CNC装置的软件是为了充分发挥硬件功能而运行的各种支撑软件，从本质特征来看，CNC装置的系统软件是具有实时性和多任务性的专用操作系统；从功能特征来看，CNC装置的系统软件由管理软件和控制软件两部分组成，如图3.3所示。管理软件主要用于为某个系统建立一个软件环境，协调各软件模块之间的关系，并处理一些实时性不太强的事件，包括I/O处理程序、显示程序和诊断程序等。控制软件主要用于完成系统中一些实时性要求较高的关键控制功能，包括译码程序、刀具补偿计算程序、速度控制程序、插补运算程序、位置控制程序和主轴控制程序等。

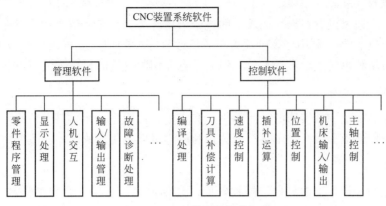

图 3.3　CNC 装置软件的组成

3.1.2　CNC 装置的主要功能

CNC 装置的功能通常包括基本功能和选择功能。基本功能是数控系统必备的功能，选择功能是供用户按数控机床特点和用途可进行选择的功能。CNC 装置通常有如下主要功能。

1. 轴控制功能

轴控制功能是指 CNC 装置可同时控制的轴数。数控机床运动的轴有移动轴和回转轴，有基本轴和附加轴。一般数控车床只有 2 根同时控制轴，数控铣床、数控镗床和加工中心需要 3 根或 3 根以上的同时控制轴。控制轴数越多，尤其是同时控制轴数越多，CNC 装置就越复杂，多轴联动的零件程序编制也越困难。

2. 准备功能

准备功能也称 G 功能，是用来指令机床运动方式的功能，包括基本移动、平面选择、坐标设定、刀具补偿、固定循环、公英制转换等指令，用 G 和它后面的两位数字表示。

3. 插补功能

CNC 装置通过软件插补来实现刀具运动的轨迹。实际应用中，CNC 装置的插补功能分为粗插补和精插补。软件每次插补一个小线段数据称为粗插补，伺服接口根据粗插补的结果，将小线段分成单个脉冲输出，称为精插补。

4. 进给功能

根据机械加工工艺要求，CNC 装置的进给功能用 F 指令代码直接指定数控机床各轴的进给速度。

切削进给速度：用每分钟进给的毫米数指定刀具的进给速度。如 F12，表示进给速度为 12mm/min。

同步进给速度：用主轴每转进给的毫米数规定的进给速度，如 0.01mm/r。只有主轴上装有位置编码器的数控机床才能指定同步进给速度，目的是便于切削螺纹编程。

快速进给速度：通过参数设定，用 G00 指令快速进给，并可通过操作面板上的快速倍

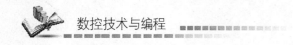

率开关进行调整。

进给倍率：通过设置在操作面板上的进给倍率开关来给定。倍率通常可在 0%～200% 变化，每挡间隔 10%。利用倍率开关可不用修改程序中的值，就可改变机床的进给速度，对每分钟进给量和每转进给量都有效，但需注意在切削螺纹时倍率开关应不起作用。

5. 主轴功能

主轴功能是指定主轴转速的功能，用 S 和它后面的数值表示，其单位是 r/min。

在机床操作面板上装有主轴倍率开关，利用它可以不用修改程序而改变主轴转速。

6. 辅助功能

辅助功能用来指令主轴的启、停和转向，切削液的开、关，刀库的启、停，用 M 和它后面的两位数字表示。

7. 刀具功能和第二辅助功能

刀具功能用来选择所需刀具，用 T 及 2 位数字或 4 位数字表示。

第二辅助功能用来指定工作台的分度，用 B 代码表示。

8. 补偿功能

补偿功能有两种，一种是指刀具尺寸补偿和程序段自动转接，以简化编程；另一种是指丝杠的螺距误差、反向间隙或热变形补偿等，这是提高机床加工精度的补偿。这两种补偿都是通过将其补偿量输入 CNC 装置的存储器，并且按此补偿量重新计算刀具的运动轨迹和坐标尺寸，从而加工符合要求的零件。

9. 字符、图形显示功能

CNC 装置可配置单色或彩色 CRT 显示器（也可配置液晶显示器），通过软件和接口实现字符和图形显示。通常可显示程序、参数、各种补偿量、位置坐标、故障信息、人机对话编程菜单、零件图形及表示实际切削过程的动态刀具轨迹等。

10. 自诊断功能

为了防止故障的发生和在故障出现后可迅速查明故障的类型及部位，以减少故障停机时间，CNC 装置中设置了各种诊断程序。不同的 CNC 装置设置的诊断程序是不同的，且诊断的水平也不同。但是，他们的诊断程序一般都可以包含在系统程序中，在系统运行过程中进行检查和诊断。也可作为服务性程序，在系统运行前或故障停机后进行诊断，查找故障的部位。有的 CNC 装置还可以进行远程通信诊断。

11. 通信功能

为了适应柔性制造系统和计算机集成制造等需求，CNC 装置通常都具有 RS－232C 通信接口。有的还备有 DNC 接口，设有缓冲存储器，可以按照数控格式输入，也可以按照二进制格式输入，进行高速传输。有的 CNC 装置还可与 MAP（制造自动化协议）相连，接入工厂的通信网络。

12. 人机交互图形编程功能

为了进一步提高数控机床的开动率，对于数控程序的编制，特别是较为复杂零件的程序都要提高计算机辅助编程，尤其是利用图形进行自动编程，以提高编程效率。

现代 CNC 装置具有人机交互图形编程功能。这种功能表现为有的 CNC 装置可以根据蓝图直接编制程序，有的 CNC 装置可根据引导图和显示说明进行对话式编程，并对数控车床具有自动工序选择，对数控铣床或加工中心具有使用刀具、切削条件的自动选择等智能功能。

CNC 装置的轴控制功能、准备功能、插补功能、进给功能、刀具及其补偿功能、主轴功能、辅助功能、字符显示功能、自诊断功能等都是数控必备的基本功能；而某些补偿功能、固定循环功能、图形显示功能、通信功能，以及人机交互图形编程功能等则是选择功能。这些功能的有机组合，可以满足不同用户的要求。

3.1.3　CNC 装置的特点

CNC 装置具有以下特点：

(1) 具有较强的灵活性和通用性。由于 CNC 装置大多采用的是通用性较强的硬件，因此，若要改变、扩充其功能，均可通过对软件的修改和扩充来实现。另一方面，CNC 装置的硬件和软件大多是采用模块化的结构，因此系统的扩充、扩展较方便和灵活。不仅如此，按模块化方法组成的 CNC 装置，其核心部分(基本配置部分)是通用的，而不同的数控机床(如车床、铣床、磨床、加工中心、特种机床等)配置相应的功能模块(包括软件和硬件)，就可满足这些机床的特定控制功能。这种通用性对数控机床的培训、学习及维护维修也是相当方便的。

(2) 具有丰富多样的数控功能。由于 CNC 装置中的计算机具有较强的计算能力，因此，使其实现复杂的数控功能成为可能。如可以带有二次曲线插补、样条插补、空间曲面直接插补等插补功能；可以有运动精度补偿、随机补偿、非线性补偿等补偿功能；可以有加工过程的动、静跟踪显示，高级人机对话窗口显示等功能；还可以有蓝图编程等功能。

(3) 可靠性高。CNC 装置的高可靠性可以从以下几方面保证：第一，CNC 装置采用集成度高的电子元件及大规模甚至超大规模集成电路芯片，这本身就提高了 CNC 装置的可靠性；第二，许多功能由软件实现，使硬件的数量得以减少；第三，其丰富的故障诊断及保护功能(大多由软件实现)，可使系统的故障发生频率大幅度降低，使发生故障后的修复时间大大减少。

(4) 使用维护方便。具体表现在：第一，操作使用方便，现在大多数数控机床的操作采用了菜单结构，用户根据菜单的提示便可进行正确操作；第二，编程方便，现代数控机床大多具有多种编程的功能，并且都具有程序自动校验和模拟仿真功能；第三，维护维修方便，数控机床的许多日常维护工作都由数控装置承担(如润滑、关键部件的定期检查等)，并且数控机床具有自诊断功能，可迅速使故障定位，方便维修。

(5) 易于实现机电一体化。由于采用计算机，硬件数量相应减少，加之电子元件的集成度越来越高，使硬件的体积不断减小，控制柜的尺寸也相应减少，因此，数控系统的结构非常紧凑，使其与机床结合在一起成为可能，从而可减少占地面积，方便操作。

3.1.4　CNC 装置的软硬件分工

数控装置由软件和硬件组成，硬件为软件的运行提供支持环境。从信息处理的角度看，软件和硬件在逻辑上是等价的，即硬件能完成的任务，理论上说也可以由软件来完成。因此，在数控装置的设计阶段就要考虑哪些功能由软件来实现，哪些功能由硬件来实现，或怎样确定软件和硬件在数控装置中所承担的任务，就是软硬件功能界面问题。

一般来说，硬件处理速度快，但价格高、灵活性差，软件适应性强，但处理速度慢。正确地划定软硬件界面，可以获得较高的性能价格比。图 3.4 是典型的软硬件界面的划分。

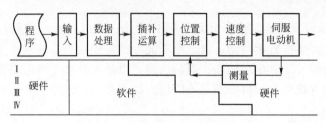

图 3.4　典型的软硬件界面的划分

3.1.5　CNC 装置的多任务并行处理

1.　多任务与并行处理技术

（1）数控装置的多任务性：“任务”就是指可并行执行的程序在一个数据集合上的运行过程。数控系统中的每项功能都可定义为一个任务，这些任务可以分为管理任务和控制任务两大类。管理任务包括人机界面管理、零件程序的输入输出、显示、诊断等，这类任务的特点是实时性要求不高。控制任务包括译码、刀具补偿、速度控制、插补运算和位置控制等，这类任务有很强的实时性。

数控装置的任务及分类框图如图 3.5 所示。这些任务中有些可以顺序执行，有些必须同时执行，如显示和控制任务必须同时执行，以便操作人员及时了解机床的运行状态。在加工过程中，为使加工过程连续，译码、刀具补偿、速度控制、插补运算和位置控制应该顺序执行。

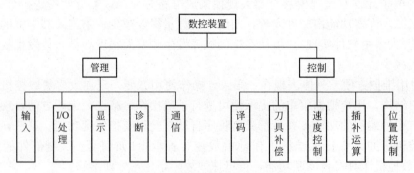

图 3.5　数控装置的任务及分类

（2）多任务并行处理的实现：并行处理指计算机在同一段时间内完成两件或两件以上性质相同或不同的任务的处理方法。采用并行处理技术可以提高计算机系统的资源利用率和处理速度。并行处理可以用硬件或软件实现，如多 CPU 系统就是用硬件实现多任务并行处理的方法。下面介绍两种在数控软件中实现多任务并行处理的方法。

① 资源分时共享。在单 CPU 的数控装置中，一般采用分时共享的办法来解决多任务的同时运行。分时共享的基本思想是将 CPU 的运行时间分成若干时间片，用于处理不同

的任务。在宏观上看就好像这些任务在同时执行一样。在使用分时共享并行处理的计算机系统中，首先要解决各任务占用 CPU 时间的分配原则。时间片太长会使系统的实时性受损，时间片过小则任务切换太频繁，增加系统负担。

在数控装置中，各任务占用 CPU 的时间可以采用循环轮流和中断优先相结合的方法解决，图 3.6 是一个典型的数控装置各任务分时共享处理方案示意图。系统完成初始化后自动进入由各任务构成的时间分配环，在分配环中轮流执行各任务；而对于一些实时性很强的任务则安排在环外，分别放在不同的优先级上，可随时中断环内各任务的执行。处于环内的各任务统称为背景程序，位置控制、插补运算和背景程序占用 CPU 的时间情况如图 3.7 所示。

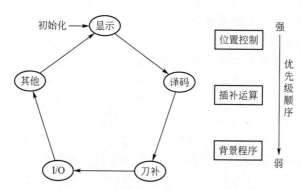

图 3.6　数控装置各任务分时共享处理方案

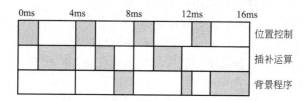

图 3.7　各任务占用 CPU 时间示意图

② 时间重叠流水处理。在数控系统处于自动加工方式时，其数据转换过程由零件程序输入、插补准备(包括刀具补偿和速度控制)、插补、位置控制 4 个子过程组成。每个子过程可以作为一个任务，其处理时间分别为 t_1、t_2、t_3 和 t_4，每个程序段的数据转换时间是 $t=t_1+t_2+t_3+t_4$。如果以顺序方式处理每个程序段，即当前程序段处理完后又处理下一个程序段，这种顺序处理的时空关系如图 3.8(a)所示。从图中可以看出，每两个程序段的输出时间间隔为 $t_1+t_2+t_3+t_4$。这种时间间隔反映在机床的加工过程中就是刀具的进

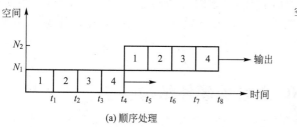

(a) 顺序处理

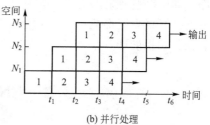

(b) 并行处理

图 3.8　时空关系图

给时断时续，这段时间越长，数控装置的性能越差，因此应当尽量减少这段时间。

时间重叠流水处理技术可以有效地减少上述时间。上面的例子采用时间重叠流水处理后的时空关系如图 3.8(b)所示。时间重叠流水处理的关键是时间重叠，即在一段时间内不只处理一个过程，而是同时处理 4 个过程，经过时间重叠流水处理后，从 t_4 时刻起，每个程序段的输出之间的间隔减小到原来的 1/4，从而保证了机床运动的连续性。

在单 CPU 的数控系统中，时间重叠只有宏观上的意义，即在一段时间内，CPU 处理多个子过程，但从微观上看，各自过程还是分时占用 CPU 时间的。

2. 实时性和优先抢占调度机制

实时性任务是指任务的执行有严格的时间要求，即必须在系统规定的时间内完成指定的任务，否则将导致执行结果错误或系统故障。

(1) 实时性任务的分类。我们说数控装置是一个专用的实时计算机系统，是因为数控系统中各任务或多或少都有实时性要求，否则加工过程就会中断。从各任务对实时性要求的程度看，可以将其分为实时性突发任务、实时周期性任务和弱实时性任务 3 类。实时性突发任务的特点是任务的发生具有随机性和突发性，是一种异步中断事件，实时性要求最强，主要包括故障中断(急停、机械限位、硬件故障等)。实时周期性任务是精确地按一定时间间隔发生的任务，主要包括加工过程中的插补运算、位置控制等任务，为保证加工过程的连续性，这类任务处理的实时性是关键，在任务执行过程中，除系统故障外，不允许被其他任务中断。弱实时性任务的实时性要求相对较弱，在系统设计时，可以被安排在背景程序中，或放在较低的优先级上，这类任务包括 CRT 显示、零件程序的编辑、加工状态的动态显示、加工轨迹的静态模拟仿真及动态显示等。

(2) 优先抢占调度机制。为了满足数控装置处理实时性任务的要求，系统调度机制必须具有根据外界实时信息以足够快的速度进行任务调度的能力。优先抢占调度机制就是满足上述要求的调度技术，是一种基于实时中断技术的任务调度机制，是数控系统中解决多任务实时调度问题的方案之一。

优先抢占调度机制的功能有两个：一个是优先调度，在 CPU 空闲时，当同时有多个任务请求执行时，优先级高的任务将首先得到满足。例如，若位置控制、插补运算两个任务同时请求执行时，位置控制的要求将首先得到满足。另一个是抢占方式，在 CPU 正在执行某任务时，若另一优先级更高的任务请求执行，CPU 将停止正在执行的任务，转去执行优先级更高的任务。例如，当 CPU 正在执行插补程序时，若位置控制任务请求执行，CPU 首先将正在执行的任务现场保护起来，然后转入位置控制任务执行，执行完毕后再恢复到中断前的断点处，继续执行插补任务。

优先抢占调度机制是由硬件和软件共同实现的，硬件主要提供支持中断功能的芯片和电路，如中断管理芯片(8259 芯片或类似芯片)，定时计数器芯片(8263、8254 芯片)等。现在的计算机系统都能提供此功能。软件主要完成对硬件芯片的初始化、任务优先级定义、任务切换处理等。

3.2　CNC 装置的硬件结构

从 CNC 装置的总体安装结构看，CNC 装置的硬件有整体式和分体式两种。整体式结构是指把显示器和手工数据输入面板、操作面板及由功能模块组成的电路板等安装在同一机箱内。其优点是结构紧凑、便于安装，但有时可能造成某些信号连线过长。分体式结构通常是指把显示器和手工数据输入面板、操作面板等做成一个部件，而把由功能模块组成的电路板安装在一个机箱内，两者用导线或光纤连接。许多CNC装置把操作面板也单独作为一个部件，这是由于所控制机床的要求不同，要相应地改变操作面板，做成分体式结构有利于更换和安装。操作面板在机床上的安装形式有吊挂式、床头式、控制柜式、控制台式等多种。

3.2.1 单微处理器结构

在单微处理器结构中，只有一个微处理器，通过集中控制、分时处理数控装置的各个任务。其他功能部件，如存储器、各种接口、位置控制器等都需要通过总线与微处理器相连。图3.9是单微处理器结构图，其优点是投资少、结构简单、易于实现；缺点是功能受CPU字长、数据宽度、寻址能力和运算速度的限制。

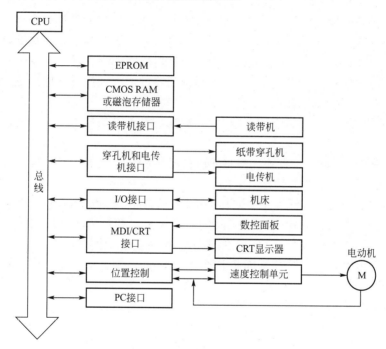

图 3.9 单微处理器结构图

3.2.2 多微处理器结构

1. 多微处理器结构功能模块

在一个数控系统中有两个或两个以上的微处理器，每个微处理器通过数据总线或通信方式进行连接，共享系统的公用存储器与I/O接口，每个微处理器分担系统的一部分工作，这就是多微处理器系统，如图3.10所示。目前使用的多微处理器系统有3种不同的结构，即主从式结构、总线式多主CPU结构和分布式结构，这里仅介绍总线式多主CPU结构。多微处理器结构一般包括如下几种功能模块。

（1）CNC管理模块。管理和组织整个CNC系统的工作，包括系统初始化、中断处理、

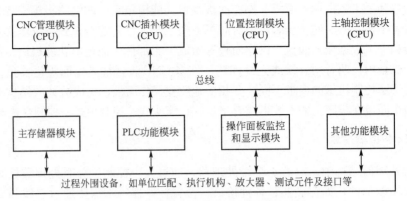

图 3.10 多微处理器共享总线结构框图

总线冲突裁决、系统出错识别和处理、软硬件诊断等功能。

（2）CNC 插补模块。完成零件加工程序的译码、刀具半径的补偿、坐标位移量的计算和进给速度处理等插补前的预处理，以及进行插补计算，确定各坐标轴的位置。

（3）位置控制模块。插补后的坐标位置给定值与位置检测装置测得的位置实际值进行比较，进行自动加减速、回基准点、伺服系统滞后量的监视和漂移补偿，最后得到速度控制的模拟电压，驱动进给电动机。

（4）主存储器模块。主要用于存放程序和数据，也可以是各功能模块间进行数据传送的共享存储器。

（5）操作面板监控和显示模块。包括零件的数控程序、参数、各种操作命令和数据的输入、输出、显示所需要的各种接口电路。

（6）PLC 功能模块。零件程序中的开关功能和从机床来的信号在这个模块中作逻辑处理，实现各开关功能和机床操作方式之间的对应关系，如机床主轴的启停、冷却液的开关、刀具交换、回转工作台的分度、工件数量和运转时间的计数等。

（7）主轴控制模块。按照控制面板指令，或者加工程序要求，实现主轴正反转、调速、准停等控制要求。

（8）其他功能模块。根据不同机床的使用要求而设置的特定模块。

2. 总线式多主 CPU 结构

总线式多主 CPU 结构按其信息交换方式不同，可分为共享总线型和共享存储器型，通过共享总线或共享存储器，来实现各模块之间的互联和通信。其优点是能实现真正意义的并行处理，运算速度快，可实现较复杂的系统功能，容错能力强，在某模块出现故障后，通过系统重组仍能继续工作。

（1）共享总线结构。共享总线结构以系统总线为中心，把组成 CNC 装置的各个功能部件划分为带有 CPU 主模块和不带 CPU 的从模块（如各种 RAM、ROM 模块，I/O 控制模块等）两大类。所有主、从模块都插在配有总线的插座的机柜内，共享标准的系统总线。系统总线的作用是把各个模块有效地连接在一起，按照标准协议交换各种数据和控制信息，实现各种预定的功能，如图 3.10 所示。共享总线结构的典型代表是 FANUC 15 系统。

在共享总线结构中，只有主模块有权控制使用系统总线。但由于有多个主模块可能会同时请求使用总线，而某一时刻只能由一个主模块占有总线。为了解决这一矛盾，系统设有总线仲裁电路。按照每个主模块负担的任务的重要程度，预先安排各自的优先级别顺序。总线仲裁电路在多个主模块争用总线而发生冲突时，能够判别出发生冲突的各个主模块的优先级别的高低，最后决定由优先级别高的主模块优先使用总线。

共享总线结构中由于多个主模块共享总线，易引起冲突，使数据传输效率降低；总线形成系统的"瓶颈"，一旦出现故障，会影响整个 CNC 装置的性能。但由于其结构简单、系统配置灵活、实现容易等优点而被广泛使用。

(2) 共享存储器结构。共享存储器结构通常采用多端口存储器来实现各微处理器之间的连接与信息交换，由多端口控制逻辑电路解决访问冲突，其结构框图如图 3.11 所示。

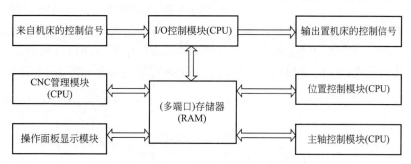

图 3.11 多微处理器共享存储器结构框图

该结构面向公共存储器来设计，每一端口都配有一套数据、地址、控制线，以供端口访问。

在共享存储器结构中，各个主模块都有权控制使用系统存储器。即使是多个主模块同时请求使用存储器，只要存储器容量有空闲，一般不会发生冲突。在各模块请求使用存储器时，由多端口的控制逻辑电路来控制。

共享存储器结构中多个主模块共享存储器时，引起冲突的可能性较小，数据传输效率较高，结构也不复杂，所以也被广泛采用。

美国 GE 公司的 MTC1 - CNC 采用的就是共享存储器结构，共有 3 个 CPU：中央CPU，负责数控程序的编辑、译码、刀具和机床参数的输入；显示 CPU，把 CPU 的指令和显示数据送到视频电路显示，定时扫描键盘和倍率开关状态并送 CPU 进行处理；插补CPU，完成插补运算、位置控制、I/O 控制和 RS232C 通信等任务。中央 CPU 与显示CPU 和插补 CPU 之间各有 512B 的公用存储器用于信息交换。

3.3　CNC 装置的软件结构

所谓结构模式，是指软件的组织管理方式，即任务的划分方式、任务调度机制、任务间的信息交换机制及系统集成方法。

结构模式有前后台型结构模式、中断型结构模式和功能模块结构模式。

3.3.1　前后台型软件结构

前后台型软件结构将 CNC 系统软件划分为前台程序和后台程序两部分。

(1) 前台程序：强实时性任务，实现与机床动作直接相关的功能，主要完成插补运

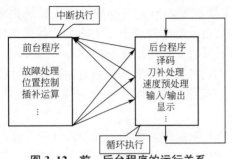

图 3.12　前、后台程序的运行关系

算、位置控制、故障诊断等实时性很强的任务。它是一个实时中断服务程序。

（2）后台程序（背景程序）：弱实时性任务，完成显示、零件加工程序的编辑管理、系统的输入输出、插补预处理等弱实时性的任务。它是一个循环执行程序。

前、后台程序的运行关系如图 3.12 所示。

在后台程序循环运行过程中，前台的实时中断程序不断地定时插入，二者密切配合，共同完成零件的加工任务。程序一经启动，经过一段初始化程序后便进入背景程序循环。同时开放定时中断，每隔一定时间间隔发生一次中断，执行完毕中断程序后返回背景程序，如此循环往复，共同完成数控的全部功能。软件任务的并行处理关系如图 3.13 所示。

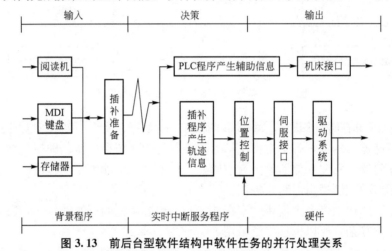

图 3.13　前后台型软件结构中软件任务的并行处理关系

背景程序的主要功能是进行插补前的准备和任务的管理调度。它一般由键盘服务、加工服务和手动操作服务 3 个主要的服务程序组成，有键盘、单段、自动和手动 4 种工作方式，如图 3.14 所示。各工作方式的功能见表 3-1。

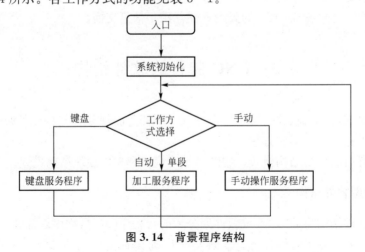

图 3.14　背景程序结构

表3-1 工作方式的功能

工作方式	功能说明
键盘	主要完成数据输入和零件加工程序的编辑
单段	一种加工工作方式，在加工完成一个程序段后停顿，等待执行下一步
手动	用来处理坐标轴的点动和机床回原点的操作
自动	一种加工工作方式，在加工完成一个程序段后不停顿，直到整个零件程序执行完毕为止

加工工作方式在背景程序中处于主导地位。在操作前的准备工作(如由键盘方式调出零件程序、由手动方式使刀架回到机床原点)完成后，一般便进入加工方式。在加工工作方式下，背景程序要完成程序段的读入、译码和数据处理(如刀具补偿)等插补前的准备工作，如此逐个程序段的进行处理，直到整个零件程序执行完毕为止。自动循环工作方式如图3.15所示。在正常情况下，背景程序在图3.15标出的1→2→3→4中循环。

实时中断服务程序是系统的核心。实时控制的任务包括位置伺服、面板扫描、PLC控制、实时诊断和插补。在实时中断服务程序中，各种程序按优先级排队，按时间先后顺序执行。每次中断有严格的最大运行时间限制，如果前一次中断尚未完成，又发生了新的中断，说明发生服务重叠，系统进入"急停"状态。实时中断服务程序流程如图3.16所示。

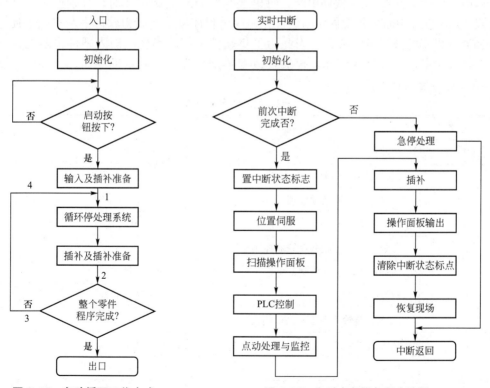

图3.15 自动循环工作方式　　　　图3.16 实时中断服务程序流程

前台后软件结构的特点：前台程序是一个实时中断服务程序，用以完成全部的实时功能；后台程序是一个循环运行程序，管理软件和插补准备在这里完成。后台程序运行时，

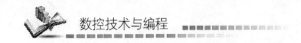

实时中断程序不断插入，前后台程序相配合，共同完成零件的加工任务。

前台后软件结构的缺点是程序模块间依赖关系复杂，功能扩展困难，程序运行时资源不能合理协调。例如，当插补运算没有数据时，而后台程序正在运行图形显示，使插补处于等待状态，只有当图形显示处理完后，CPU才有时间进行插补准备，向插补缓冲区写数据时会产生停滞。

3.3.2 中断型软件结构

所谓中断型结构模式，即除初始化程序外，所有任务按实时性强弱，分别划分到不同优先级别的中断服务程序中，其管理功能主要是通过各级中断服务程序之间的相互通信来完成的。

各中断服务程序的优先级别与其作用和执行时间密切相关。级别高的中断程序可以打断级别低的中断程序。优先级及其功能见表3-2。

中断服务程序的中断有两种来源：一种是由时钟或其他外部设备产生的中断请求信号，称为硬件中断（如第0，1，4，6，7，8，9，10级）；另一种是由程序产生的中断信号，称为软件中断，这是由2ms的实时时钟在软件中分频得出的（如第2，3，5级）。硬件中断请求又称作外中断，要接受中断控制器（如Intel 8259A）的统一管理，由中断控制器进行优先排队和嵌套处理；而软件中断是由软件中断指令产生的中断，每出现4次2ms时钟中断时，产生第5级8ms软件中断，每出现8次2ms时钟中断时，分别产生第3级和第2级16ms软件中断，各软件中断的优先顺序由程序决定。因为软件中断有既不使用中断控制器，也不能被屏蔽的特点，因此为了将软件中断的优先级嵌入硬件中断的优先级中，在软件中断服务程序的开始，要通过改变屏蔽优先级比其低的中断，软件中断返回前，再恢复初始屏蔽状态。

表3-2　优先级及其功能

优先级	主要功能	中断源
0	初始化	开机后进入
1	CRT显示，COM奇偶校验	由初始化程序进入
2	工作方式选择及预处理	16ms软件定时
3	PLC控制，M、S、T处理	16ms软件定时
4	参数、变量、数据存储器控制	硬件DMA
5	插补运算，位置控制，补偿	8ms软件定时
6	监控和急停信号，定时2、3、5	2ms硬件时钟
7	ARS键盘输入及RS232C输入	硬件随机
8	纸带阅读机	硬件随机
9	报警	串行传送报警
10	RAM校验，电源断开	硬件，非屏蔽中断

中断型软件结构的特点是整个系统软件，除初始化程序外，各任务模块分别安排在不同级别的中断服务程序中，即整个软件就是一个庞大的中断系统，其管理功能主要是通过

各级中断服务程序之间的相互通信来完成的。

3.3.3 功能模块结构模式

当前，为实现数控系统中的实时性和并行性的任务，越来越多地采用多微处理器结构，从而使数控装置的功能进一步增强，结构更加紧凑，更适用于多轴控制、高进给速度、高精度和高效率的数控系统的要求。

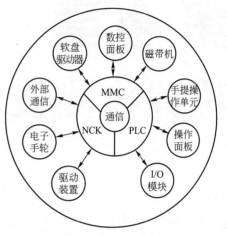

多微处理器 CNC 装置多采用模块化结构，每个微处理器分管各自的任务，形成特定的功能模块。相应的软件也模块化，形成功能模块软件结构，固化在对应的硬件功能模块中。各功能模块之间有明确的硬、软件接口。

图 3.17 所示的功能模块软件结构主要由三大模块组成，即人机通信（MMC）模块、数控通道（NCK）模块和可编程控制器（PLC）模块。每个模块都是一个微处理器系统，三者可以互相通信。各模块的功能见表 3-3。

图 3.17 功能模块软件结构

表 3-3 三大模块的功能一览表

模块	功能说明
MMC 模块	完成与操作面板、软盘驱动器及磁带机之间的连接，实现操作、显示、编程、诊断、调机、加工模拟及维修等功能
NCK 模块	完成程序段准备、插补、位置控制等功能。可与驱动装置、电子手轮连接；可与外部 PC 进行通信，实现各种数据变换；还可构成柔性制造系统时信息的传递、转换和处理等
PLC 模块	完成机床的逻辑控制，通过选用通信接口实现联网通信。可连接机床控制面板、手提操作单元（即便携式移动操作单元）和 I/O 模块。

思考与练习

1. CNC 系统由哪几部分组成？各部分有什么作用？
2. CNC 装置的功能有哪些？
3. CNC 装置的硬件结构是什么？
4. 前后台型软件结构将 CNC 系统软件分为哪两部分？每部分有何功能？
5. CNC 装置有哪些特点？

第4章
位置检测技术

 本章教学要点

知识要点	掌握程度	相关知识
位置伺服控制	掌握位置伺服控制分类； 了解幅值伺服控制； 了解相位伺服控制	幅值比较； 相位比较； 负反馈
光电编码器	掌握增量式编码器； 了解绝对式编码器； 熟悉编码器的应用	光电编码器； 角位移测量； 绝对测量与相对测量
光栅尺和磁栅尺	掌握光栅尺的结构及工作原理； 了解光栅尺位移数字变换系统； 了解磁栅尺的结构及工作原理； 了解磁栅尺的检测电路	直线位移测量； 光电转换； 磁电转换
旋转变压器和感应同步器	掌握旋转变压器结构原理； 了解感应同步器结构原理	电磁感应； 位移检测

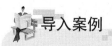导入案例

上海交大成功研制六轴联动数控电火花加工机床

能把航天飞船等庞然大物送上太空，靠的是动力强劲的火箭发动机，而每台火箭发动机需要10多个闭式整体涡轮叶盘类零件为火箭发动机燃料和氧化剂泵提供动力。由于其在发动机中的核心地位及加工难度又被称为王冠上的明珠。据统计，国内外火箭发射失败的案例中，大约45%是由火箭发动机使用的涡轮叶盘类零件失效所造成的。为了从根本上提升火箭发射的可靠性，火箭发动机采用了先进的带叶冠的闭式整体叶盘结构。这种零件是采用一整块毛坯材料直接加工出来的。叶盘类零件是航空、航天发动机的核心关键部件，在很大程度上决定了发动机的可靠性、性能和成本。

上海交通大学机械与动力工程学院赵万生教授带领的特种加工科研团队，在国家863重点项目及国家重大专项的支持下，与国内特种加工科研机构及航天航空企业密切合作。经过长达8年的科研攻关，突破了一系列关键技术，研制成功了六轴联动数控电火花加工机床（图4.01），并开发了配套的CAD/CAM软件和加工工艺，为制造闭式整体涡轮叶盘提供了一套全面技术解决方案。

电火花加工是利用工具电极与工件之间的放电而产生的热效应来去除材料的一种特种加工方法。对高温合金、钛合金等常规加工方法难以处理的材料进行电火花加工，可以达到以柔克刚的效果。但是要加工出叶盘上那些几何形状复杂的流道，其加工机床还必须具有足够的自由度来实现所规划的电极在空间内的复杂运动。

图4.01 六轴联动电火花加工机床

闭式整体叶盘的流道不但弯曲而且狭窄。加工这样的流道，工具电极必须在六自由度空间中按照一定的轨迹行进，6个运动轴之间必须保证严格的同步关系。"这就好比在螺蛳壳里做道场，"项目成员打比方说："任何运动轴的不同步将会导致价值几十万的涡轮叶盘报废。"

上海交通大学研制的六轴联动数控电火花加工机床，包含3个直线运动轴和3个旋转运动轴。这套多轴联动的电火花加工数控系统，采用一种全新的路径规划和插补方法，大大提高了6个轴之间轨迹的平顺性和同步精度。

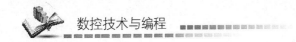

4.1　位置伺服控制

4.1.1　位置伺服控制分类

按伺服系统有无反馈位置检测元件，位置检测元件安装位置，机床伺服系统通常可分为开环控制系统、闭环控制系统和半闭环控制系统。

1. 开环控制系统

开环控制系统是指不带位置反馈装置的控制方式。由功率型步进电动机作为驱动元件的控制系统是典型的开环控制系统。数控装置根据所要求的运动速度和位移量，向环形分配器和功率放大电路输出一定频率和数量的脉冲，不断改变步进电动机各相绕组的供电状态，使相应坐标轴的步进电动机转过相应的角位移，再经过机械传动链，实现运动部件的直线移动或转动。运动部件的速度与位移量由输入脉冲的频率和脉冲个数决定。开环控制系统具有结构简单、价格低廉等优点。但通常输出的转矩较小，而且当输入较高的脉冲频率时，容易产生失步，难以实现运动部件的快速控制。图4.1所示为开环控制系统的示意图。

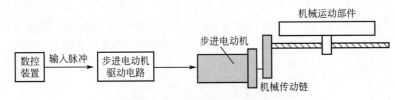

图 4.1　开环控制系统示意图

2. 半闭环控制系统

图4.2所示为半闭环控制系统示意图。半闭环控制系统是在开环控制伺服电动机轴上装有角位移检测装置，通过检测伺服电动机的转角，间接地检测出运动部件的位移，反馈给数控装置的比较器，与输入指令进行比较，用差值控制运动部件。

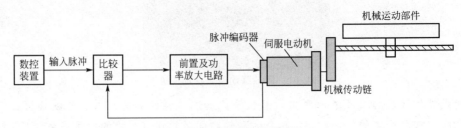

图 4.2　半闭环控制系统示意图

脉冲编码器的迅速发展，性能的不断完善，使其作为角位移检测装置，能方便地直接与直流或交流伺服电动机同轴安装。而高分辨率的脉冲编码器，为半闭环控制系统提供了一种高性能价格比的配置方案。由于惯性较大的机床运动部件不包括在闭环之内，控制系统的调试十分方便，并具有良好的系统稳定性，可以将脉冲编码器与伺服电动机设计成一个整体，使系统变得更加紧凑。半闭环控制，运动部件的部分机械传动链不包括在闭环之内，机械传动链的误差无法得到校正或消除。但目前广泛采用的滚珠丝杠螺母机构，具有很好的精度和精度保持性，而且具有消除反向运动间隙的结构，可以满足大多数数控机床用户的需要。

3. 闭环控制系统

闭环控制系统是在机床最终的运动部件的相应位置，直接安装直线或回转式检测装置，将直接测量到的位移或角位移反馈到数控装置的比较器中，与输入指令位移量进行比较，用差值控制运动部件，使运动部件严格按实际需要的位移量运动。闭环控制的主要优点是将机械传动链的全部环节都包括在闭环之内，从理论上说，闭环控制系统的运动精度主要取决于检测装置的精度，而与机械传动链的误差无关，其控制精度超过半闭环系统，为高精度数控机床提供了技术保障。但闭环控制系统价格较高，对机床结构及传动链要求高，因为传动链的刚度、间隙，导轨的低速运动特性及机床结构的抗振性等因素都会影响系统调试，甚至使伺服系统产生振荡，降低了数控系统的稳定性。图 4.3 所示为闭环控制系统示意图。

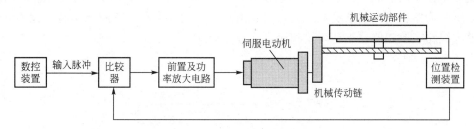

图 4.3　闭环控制系统示意图

比较半闭环伺服系统与闭环伺服系统，可以看出，二者的结构是一致的，所不同的是闭环伺服系统包含了所有传动部件，传动链误差均可以得到补偿，理论上位置精度能够达到很高，但由于机械加工过程中的受力、受热变形、振动和机床磨损等因素的影响，使系统的稳定性发生变化，调整困难，系统容易产生振荡。因此，目前数控设备大多数使用半闭环伺服系统。只有在传动部件精度较高、使用过程温度变化不大的高精密数控机床上才使用闭环伺服系统。

4.1.2　幅值伺服控制

幅值伺服控制系统是以位置检测信号的幅值大小来反映机械位移的数值，并以此作为位置反馈信号，与指令信号进行比较，构成闭环控制系统。图 4.4 所示为鉴幅式伺服系统框图。

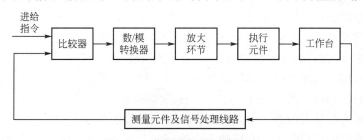

图 4.4　鉴幅式伺服系统框图

如图 4.4 所示，该系统由测量元件及信号处理线路、数/模转换器、比较器、放大环节和执行元件 5 部分组成。进入比较器的信号有两路，一路来自数控装置插补器或插补软件的进给脉冲，它代表了数控装置要求机床工作台移动的位移；另一路来自测量元件及信号处理线路，也是以数字脉冲形式出现，它代表了工作台实际移动的距离。鉴幅系统工作前，数控装置和测量元件及信号处理线路都没有脉冲输出，比较器的输出为零，执行元件不带动工作台移动。出现进给脉冲信号后，比较器的输出不再为零，执行元件开始带动工作台移动，同时以鉴幅式工作的测量元件又将工作台的位移检测出来，经信号处理线路，转换成相应的数字脉冲信号，该数字脉冲信号作为反馈信号进入比较器，与进给脉冲进行比较。若两者相等，比较器的输出为零，说明工作台实际移动的距离等于指令信号要求工作台移动的距离，工作台不动；若两者不相等，说明工作台实际移动的距离不等于指令信号要求工作台移动的距离，执行元件带动工作台移动，直到比较器输出为零时止。

4.1.3 相位伺服控制

相位伺服控制系统是采用相位比较方法实现位置闭环（及半闭环）控制的伺服系统，是数控机床中使用较多的一种位置控制系统，具有工作可靠、抗干扰性强、精度高等优点。图 4.5 所示为鉴相式伺服系统框图，它主要由基准信号发生器、脉冲调相器、检测元件及信号处理线路、鉴相器、驱动线路和执行元件等组成。

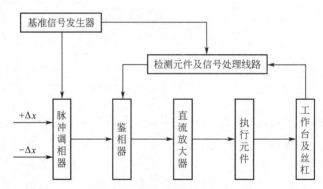

图 4.5 鉴相式伺服系统框图

基准信号发生器：输出的是一列具有一定频率的脉冲信号，其作用是为伺服系统提供一个相位比较基准。

脉冲调相器：又称数字相位转换器，它的作用是将来自数控装置的进给脉冲信号转换为相位变化的信号，该相位变化信号可用正弦信号表示，也可用方波信号表示。若数控装置没有进给脉冲输出，脉冲调相器的输出与基准信号发生器的基准信号同相位，即两者没有相位差。若数控装置有脉冲输出，数控装置每输出一个正向或反向进给脉冲，脉冲调相器的输出将超前或滞后基准信号一个相应的相位角 Φ。若数控装置输出 N 个正向进给脉冲，则脉冲调相器的输出就超前基准信号一个相位角 $N\Phi$。

检测元件及信号处理线路：作用是将工作台的位移量检测出来，并表达成与基准信号之间的相位差。此相位差的大小体现了工作台的实际位移量。

鉴相器：输入信号有两路，一路是来自脉冲调相器的指令信号；另一路是来自检测元件及信号处理线路的反馈信号，它反映了工作台的实际位移量大小。这两路信号都用与基准信号之间的相位差来表示，且同频率、同周期。当工作台实际移动的距离不满足进给要求的距离时，这两个信号之间便存在一个相位差，这个相位差的大小就代表了工作台实际移动距离与进给要求距离的误差，鉴相器就是鉴别这个误差的电路，它的输出是与此相位差成正比的电压信号。

驱动线路和执行元件：鉴相器的输出信号一般比较微弱，不能直接驱动执行元件，驱动线路的任务就是将鉴相器的输出进行电压、功率放大，如需要，再进行信号转换，转换成驱动执行元件所需的信号形式。驱动线路的输出与鉴相器的输出成比例。执行元件的作用是实现电信号和机械位移的转换，它将驱动线路输出的代表工作台指令进给量的电信号转换为工作台的实际进给，直接带动工作台移动。

4.2　光电编码器

编码器(图4.6)是一种旋转式转角位移检测元件，通常装在被检测的轴上，随被测轴一起旋转，可将被测轴的角位移转换成增量式脉冲或绝对式代码的形式。编码器根据输出信号的方式不同，可分为增量式编码器和绝对式编码器。

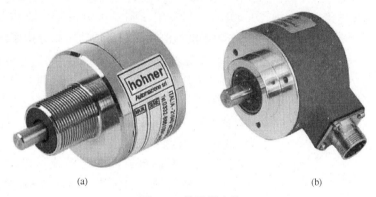

(a)　　　　　　　　　　　　　　(b)

图4.6　编码器实物

4.2.1　增量式编码器

常用的增量式编码器为增量式光电编码器，如图4.7所示。光电编码器由带聚光镜的发光二极管(LED)、光栅板、光电码盘、光敏元件及信号处理电路组成。其中，光电码盘是在一块玻璃圆盘上镀上一层不透光的金属薄膜，然后在上面制成圆周等距的透光和不透光相间的条纹，光栅板上具有和光电码盘相同的透光条纹。光电码盘也可由不锈钢薄片制成。当光电码盘旋转时，光线通过光栅板和光电码盘产生明暗相间的变化，由光敏元件接收，光敏元件将光信号转换成电脉冲信号。光电编码器的测量精度取决于它所能分辨的最小角度，而这与光电码盘圆周的条纹数有关，即分辨角为

$$\alpha = \frac{360}{z} \qquad\qquad (4-1)$$

式中，z 为条纹数。

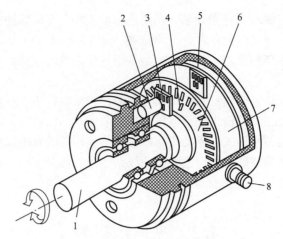

图 4.7 增量式光电编码器结构示意图

1—转轴；2—发光二极管；3—光栏板；4—零标志；5—光敏元件；

6—光电码盘；7—印制电路板；8—电源及信号连接座

光电编码盘是一种增量式检测装置，它的型号由每转发出的脉冲数区分。数控机床上常用的光电编码盘有 2000P/r、2500P/r 和 3000P/r 等；在高速、高精度数字伺服系统中，应用高分辨率的光电编码盘，如 20000P/r、25000P/r 和 30000P/r 等；在内部使用微处理器的编码盘，可达 100000P/r 以上。作为速度检测器时，必须使用高分辨率的编码盘。

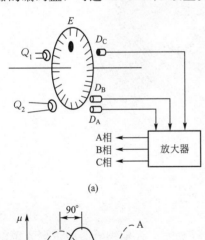

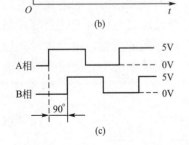

图 4.8 增量式脉冲编码盘的输出波形

如果光栏板上两条夹缝中的信号分别为 A 和 B，相位相差 90°，通过整形，成为两个方波信号，光电编码盘的输出波形如图 4.8 所示。根据 A 和 B 的先后顺序，即可判断光电盘的正反转。若 A 相超前于 B 相，对应转轴正转；若 B 相超前于 A 相就对应于轴反转。若以该方波的前沿或后沿产生记数脉冲，可以形成代表正向位移或反向位移的脉冲序列。除此之外，光电脉冲编码盘每转一转还输出一个零位脉冲信号，这个信号可用作加工螺纹时的同步信号。

4.2.2 绝对式编码器

绝对式编码器可直接将被测角度用数字代码表示出来，且每一个角度位置均有对应的测量代码，因此这种测量方式即使断电，只要再通电就能读出被测轴的角度位置，即具有断电记忆力功能。下面以接触式码盘介绍绝对式编码器测量原理。

图 4.9 所示为接触式码盘示意图。径向分为若干码道，周向分为若干扇形，对每一扇形编码。图 4.9 (b)所示为 4 位 BCD 码盘。它是在一个不导电基体上做出许多金属区使其导电，其中涂黑部分为导电区，用"1"表示，其他部分为绝缘区，用"0"表示。

这样，在每一个径向上，都有由"1""0"组成的二进制代码。最里一圈是公用的，它和各码道所有导电部分连在一起，经电刷和电阻接电源正极。除公用圈以外，4 位 BCD 码盘的 4 圈码道上也都装有电刷，电刷经电阻接地，电刷布置如图 4.9(a)所示。由于码盘与被测轴连在一起，而电刷位置是固定的，当码盘随被测轴一起转动时，电刷和码盘的位置发生相对变化，若电刷接触的是导电区域，则经电刷、码盘、电阻和电源形成回路，该回路中的电阻上有电流流过，为"1"；反之，若电刷接触的是绝缘区域，则形不成回路，电阻上无电流流过，为"0"。由此可根据电刷的位置得到由"1""0"组成的 4 位 BCD 码。通过图 4.9(b)可看到电刷位置与输出代码的对应关系。码盘码道的圈数就是二进制的位数，且高位在内，低位在外。由此可以推断出，若是 n 位二进制码盘，就有 n 圈码道，且圆周均分为 2^n 等分，即共有 2^n 个二进制码来表示码盘的不同位置，所能分辨的角度为：

$$\alpha = \frac{360}{2^n} \tag{4-2}$$

显然，位数 n 越大，所能分辨的角度越小，测量精度就越高。

图 4.9(c)所示为 4 位格雷码盘，其特点是任意两个相邻数码间只有一位是变化的，可消除非单值性误差。由于电刷安装位置引起的误差最多不会超过"1"，使误差大为减小。

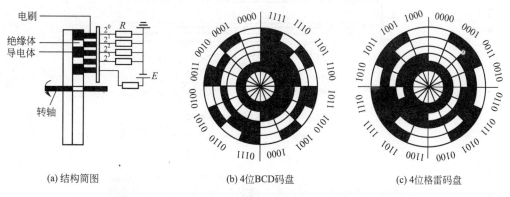

(a) 结构简图　　　　　　　　(b) 4位BCD码盘　　　　　　　　(c) 4位格雷码盘

图 4.9　接触式码盘示意图

4.2.3　编码器在数控机床中的应用

（1）位移测量。在数控机床中编码器和伺服电动机同轴连接或连接在滚珠丝杠末端用于工作台和刀架的直线位移测量。在数控回转工作台中，通过在回转轴末端安装编码器，可直接测量回转工作台的转角位移。

（2）主轴控制。当数控车床主轴安装编码器后，则该主轴具有 C 轴插补功能，可实现主轴旋转与 Z 轴进给的同步控制；恒线速切削控制，即随着刀具的径向进给及切削直径的逐渐减小或增大，通过提高或降低主轴转速，保持切削线速度不变；主轴定向控制等。

（3）测速。光电编码器输出脉冲的频率与其转速成正比，因此，光电编码器可代替测速发电机的模拟测速而成为数字测速装置。

（4）零标志脉冲用于回参考点控制。采用增量式的位置检测装置，数控机床在接通电源后要回参考点。这是因为机床断电后，系统就失去了对各坐标轴位置的记忆，所以在接通电源后，必须让各坐标轴回到机床某一固定点上，这一固定点就是机床坐标系的原点，

也称机床参考点。使机床回到这一固定点的操作称为回参考点或回零操作。参考点位置是否正确与检测装置中的零标志脉冲有很大的关系。

4.3　光栅尺和磁栅尺

4.3.1　光栅尺的结构及工作原理

1. 光栅尺的结构组成

光栅尺（又称光栅）是一种高精度的直线位移传感器，是数控机床闭环控制系统中用得较多的测量装置。由光源、聚光镜、标尺光栅（长光栅）、指示光栅（短光栅）和硅光电池等组成。光栅尺外观示意图如图 4.10 所示，实物如图 4.11 所示。

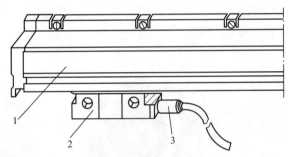

图 4.10　光栅尺外观示意图
1—光栅尺；2—扫描头；3—电缆

图 4.11　光栅尺实物

光栅尺通常为一长一短两块光栅尺配套使用。其中长的一块称为主光栅或标尺光栅，安装在机床移动部件上，要求与行程等长，短的一块称为指示光栅，指示光栅和光源、透镜、光敏元件装在扫描头中，安装在机床固定部件上。

数控机床中用于直线位移检测的光栅尺有透射光栅和反射光栅两大类，图 4.12 所示为常用的透射光栅组成示意图。在玻璃表面上制成透明与不透明间隔相等的线纹，称透射光栅；透射光栅的特点是光源可以采用垂直入射，光敏元件可直接接收光信号，因此信号幅度大，扫描头结构简单；光栅的线密度可以做得很高，即每毫米上的线纹数多。常见的透射光栅线密度为每毫米 50 条、100 条、200 条线纹。透射光栅的缺点是玻璃易破裂，热膨胀系数与机床金属部件不一致，影响测量精度。

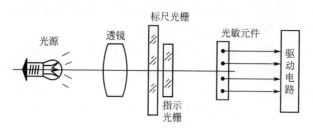

图 4.12 透射光栅组成示意图

在金属的镜面上制成全反射与漫反射间隔相等的线纹，称为反射光栅。反射光栅的特点是标尺光栅的热膨胀系数易做到与机床材料一致；安装在机床上所需要的面积小，调整也很方便；易于接长或制成整根标尺光栅；不易碰碎；适应于大位移测量的场所。反射光栅的缺点是为了使反射后的莫尔条纹反差较大，每毫米内线纹不宜过多。目前常用的反射光栅线密度为每毫米 4 条、10 条、25 条、40 条、50 条线纹。

2. 光栅尺的工作原理与特点

光栅尺的工作原理如图 4.13 所示。光栅尺上相邻两条光栅线纹间的距离称为栅距或节距 λ，安装时，要求标尺光栅和指示光栅相互平行，它们之间有 0.05～0.1mm 的间隙，并且其线纹相互偏斜一个很小的角度 β，两光栅线纹相交，形成透光和不透光的菱形条纹，这种黑白相间的条纹称为莫尔条纹。莫尔条纹的传播方向与光栅线纹大致垂直。两条莫尔条纹间的距离为 p，因偏斜角度 β 很小，所以有近似公式

$$p = \frac{\lambda}{\beta} \tag{4-3}$$

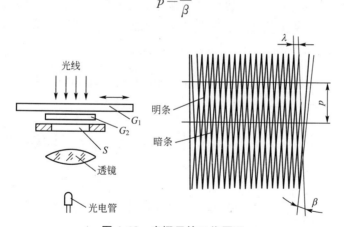

图 4.13 光栅尺的工作原理

当工作台正向或反向移动一个栅距 λ 时，莫尔条纹向上或向下移动一个节距 p，莫尔条纹经狭缝和透镜由光电元件接收，把光信号转变为电信号。

光栅尺的莫尔条纹具有以下特性。

(1) 放大作用。因为 β 角度非常小，因此莫尔条纹的节距 p 要比栅距大得多，其放大倍数为 $1/\beta$。这样，虽然光栅尺栅距很小，但莫尔条纹却清晰可见，便于测量。

(2) 莫尔条纹的移动与栅距成比例。当标尺光栅移动时，莫尔条纹就沿着垂直于光栅尺运动的方向移动，并且光栅尺每移动一个栅距 λ，莫尔条纹就准确地移动一个节距 p，

只要测量出莫尔条纹的数目，就可以知道光栅尺移动了多少个栅距，而栅距是制造光栅尺时确定的，因此工作台的移动距离就可以计算出来。

（3）误差均化作用。指示光栅覆盖了标尺光栅许多线纹，形成莫尔条纹。对于每毫米 100 条线纹的光栅，莫尔条纹的节距 p 为 10mm 时，就有 1000 根线纹组成，这样，节距之间所固有的相邻误差就平均化了，因而在很大限度上消除了短周期误差。但不能消除长周期累积误差。所以，光栅尺的刻线栅距误差对测量精度的影响小，具有误差均化作用。

4.3.2 光栅尺位移数字变换系统

光栅测量系统的组成示意图如图 4.14 所示。光栅移动时产生的莫尔条纹由光电元件接收，然后经过位移数字变换电路形成顺时针方向的正向脉冲或者逆时针方向的反向脉冲，输入可逆计数器。下面将介绍这种四倍频细分电路的工作原理，并给出其波形图。

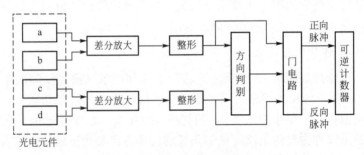

图 4.14　光栅测量系统的组成示意图

图 4.15 中的 a、b、c、d 是 4 块硅光电池，产生的信号在相位上彼此相差 90°，a、b 信号是相位相差 180° 的两个信号，送入差动放大器放大，得到正弦信号。将信号幅度放大到足够大。

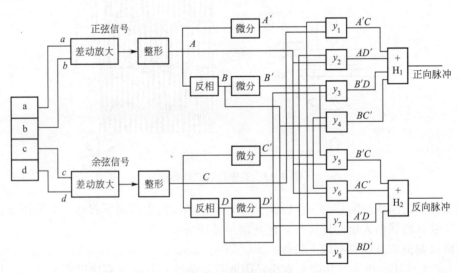

图 4.15　四倍频电路

同理 c、d 信号送入另一个差动放大器，得到余弦信号。正弦信号经整形变成方波 A，方波 A 信号经反相得到方波 B，余弦信号经整形变成方波 C，方波 C 信号经反相得到方

波 D，A、B、C、D 信号再经微分变成窄脉冲 A'、B'、C'、D'，即在顺时针或逆时针每个方波的上升沿产生窄脉冲，如图 4.16 所示。由与门电路把 $0°$、$90°$、$180°$、$270°$ 四个位置上产生的窄脉冲组合起来，根据不同的移动方向形成正向脉冲或反向脉冲，用可逆计数器进行计数，就可测量出光栅的实际位移。

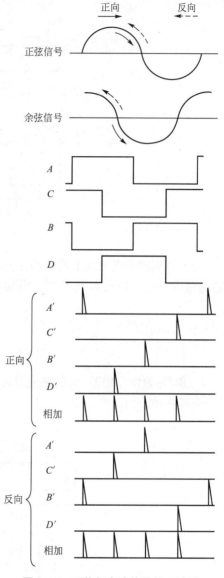

图 4.16　四倍频电路信号处理波形

4.3.3　磁栅尺的结构及工作原理

磁栅是一种计算磁波数目的位置检测元件。它由磁性标尺、磁头和检测电路组成。按其结构分为直线形和圆形磁栅，分别用于直线位移和角位移的检测。其优点是精度高，制造简单，安装方便，对使用环境的条件要求较低，对周围电磁场的抗干扰能力较强，在油污、粉尘较多的场合下使用有好的稳定性。

1.　磁性标尺

磁性标尺通常采用热膨胀系数与普通钢相同的不导磁材料做基体，镀上一层 $10\sim30\mu m$ 厚的高导磁性材料，形成均匀磁膜。再用录磁磁头在尺上记录相等节距的周期性磁化信号，作为测量基准，信号可为正弦波、方波等。节距通常有 $0.05mm$、$0.1mm$、$0.2mm$，最后在磁尺表面还要涂上一层 $1\sim2\mu m$ 厚的保护层，以防止磁头与磁尺频繁接触而引起磁膜磨损。

2.　拾磁磁头

拾磁磁头是一种磁电转换装置，用来把磁性标尺上的磁化信号检测出来变成电信号送给检测电路。根据数控机床的要求，为了在低速运动和静止时也能进行位置检测，必须采用磁通响应型磁头。磁通响应型磁头是一个带有可饱和铁心的磁性调制器。它由铁心、两个串联的励磁绕组和两个串联的拾磁绕组组成，如图 4.17 所示。

磁通响应型磁头的工作原理是将高频励磁电流通入励磁绕组，在磁头上产生磁通，当磁头靠近磁性标尺时，磁性标尺上的磁信号产生的磁通通过磁头铁心，并被高频励磁电流产生的磁通调制，从而在拾磁绕组中感应出电压信号输出。其输出电压为

$$U=U_0\sin\omega t\sin\frac{2\pi X}{\lambda} \qquad (4-4)$$

式中，U_0 为感应电压系数；λ 为磁性标尺上磁化信号节距；X 为磁头在磁性标尺上的位移量；ω 为励磁电流角频率。

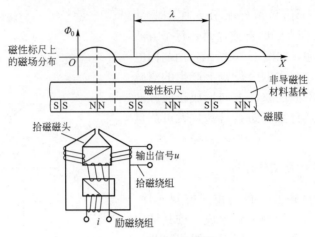

图 4.17 磁通响应型磁头

为了辨别磁头在磁尺上的移动方向，通常采用间距为$(m\pm 1/4)\lambda$（其中 m 为任意正整数）的两组磁头，如图 4.18 所示。其输出电压为

$$U_1=U_0\sin\omega t\sin\frac{2\pi X}{\lambda}$$

$$U_2=U_0\sin\omega t\cos\frac{2\pi X}{\lambda}$$

U_1 和 U_2 为相位相差 90° 的两列脉冲信号。根据两个磁头输出信号的超前或滞后，可判别磁头的移动方向。

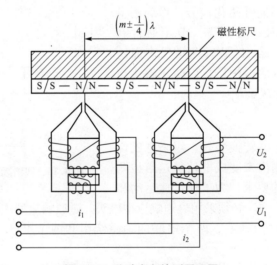

图 4.18 移动方向检测原理图

4.3.4 磁栅尺的检测电路

磁栅检测电路包括磁头励磁电路，读取信号的放大、滤波、整形及辨向电路，细分内插电路，显示及控制电路等。根据检测方法不同，检测电路分为鉴幅检测和鉴相检测。鉴幅检测比较简单，但分辨率受到录磁节距的限制，若要提高分辨率就必须采用较复杂的倍

频电路，所以不常采用。鉴相检测的精度可以大大高于录磁节距，并可以通过内插脉冲频率以提高系统的分辨率，所以鉴相检测应用较多。以双磁头相位检测为例，给两磁头分别通以同频率、同幅值，相位差为 $\pi/2$ 的励磁电流，则在两个磁头的拾磁绕组中输出电压 U_1、U_2 分别为：

$$U_1 = U_0 \cos\omega t \sin\frac{2\pi X}{\lambda}$$

$$U_2 = U_0 \sin\omega t \cos\frac{2\pi X}{\lambda}$$

在求和电路中相加，则磁头总输出电压为

$$U_3 = U_0 \sin\left(\omega t + \frac{2\pi X}{\lambda}\right) \tag{4-5}$$

从式(4-5)可以看出，磁性标尺的输出电压随磁头相对于磁性标尺的相对位移量 X 的变化而变化，根据输出电压的相位变化，可以测量磁栅的位移量。鉴相检测系统如图4.19所示。振荡器送出的信号经分频器、低通滤波器得到较好的正弦波信号，一路经 $\pi/2$ 移相后功率放大至磁头Ⅱ的励磁绕组，另一路经功率放大至磁头Ⅰ的励磁绕组，将两磁头的输出信号送入求和电路中相加，并经带通滤波、限幅、放大整形得到与位置量有关的信号，送入鉴相内插电路中进行内插细分，得到分辨率为预先设定单位的计数信号。计数信号送入可逆计数器，进行系统控制和数字显示。

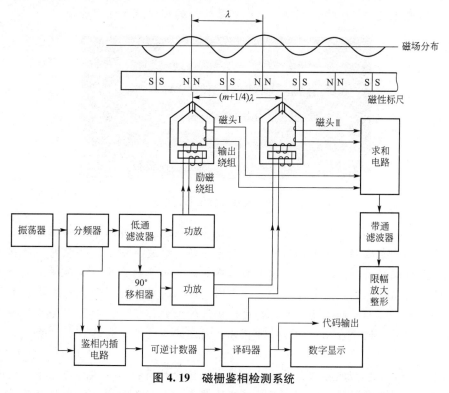

图4.19 磁栅鉴相检测系统

磁性标尺制造工艺比较简单，录磁、去磁都比较方便。采用激光录磁，可得到很高的精度。直接在机床上录制磁性标尺，不需要安装、调整工作，避免了安装误差，从而可得到更高的精度。磁性标尺还可以制作得较长，用于大型机床。

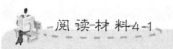

磁致伸缩位移传感器

磁致伸缩现象和磁致伸缩材料：大家都知道物质有热胀冷缩的现在，除了加热外，磁场和电场也会导致物体尺寸的伸长和缩短。铁磁性物质在外磁场的作用下，其尺寸伸长（或缩短），去掉外磁场后，又恢复原来的长度，这种现象称为磁致伸缩现象（或效应）。此现象的机理是铁磁或亚铁磁材料在居里点以下发生自发磁化，形成磁畴。在每个磁畴内，晶格都沿磁化强度方向发生形变。当施加外磁场时，材料内部随即取向的磁畴发生旋转，使各磁畴的磁化方向趋于一致，物体对外显示的宏观效应即沿磁场方向伸长或缩短。

磁致伸缩位移（液位）传感器（图4.20），是通过非接触式的测控技术精确地检测活动磁环的绝对位置来测量被检测产品的实际位移值的；该传感器因其高精度和高可靠性而被广泛应用于成千上万的实际案例中。由于作为确定位置的活动磁环和敏感元件并无直接接触，因此传感器可应用在极恶劣的工业环境中，不易受油渍、溶液、尘埃或其他污染的影响。此外，传感器采用了高科技材料和先进的电子处理技术，因而它能应用在高温、高压和高振荡的环境中。传感器输出信号为绝对位移值，即使电源中断、重接，数据也不会丢失，更无须重新归零。由于敏感元件是非接触式的，即使不断重复检测，也不会对传感器造成任何磨损，可以大大地提高检测的可靠性和使用寿命。

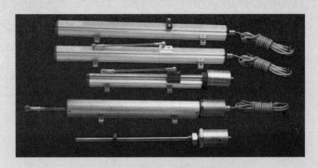

图4.20 磁致伸缩位移传感器

磁致伸缩位移（液位）传感器就是利用磁致伸缩原理、通过两个不同磁场相交产生一个应变脉冲信号来准确地测量位置的。测量元件是一根波导管，波导管内的敏感元件由特殊的磁致伸缩材料制成。测量过程是由传感器的电子室内产生电流脉冲，该电流脉冲在波导管内传输，从而在波导管外产生一个圆周磁场，当该磁场和套在波导管上作为位置变化的活动磁环产生的磁场相交时，由于磁致伸缩的作用，波导管内会产生一个应变机械波脉冲信号，这个应变机械波脉冲信号以固定的声音速度传输，并很快被电子室检测到。

由于这个应变机械波脉冲信号在波导管内的传输时间和活动磁环与电子室之间的距离成正比，通过测量时间，就可以高度精确地确定这个距离。由于输出信号是一个真正的绝对值，而不是比例的或放大处理的信号，所以不存在信号漂移或变值的情况，更不需要定期重标。

4.4 旋转变压器和感应同步器

4.4.1 旋转变压器的结构和工作原理

旋转变压器是基于互感原理工作的，当旋转变压器的一次侧施加一定的交流电压励磁时，其二次侧的输出电压将与转子转角严格保持某种函数关系，一般用于精度要求不高的机床。其特点是坚固、耐热和耐冲击，抗振性好。它在结构上与绕线转子异步电动机相似，由定子和转子组成，励磁电压接到定子绕组上，励磁频率通常为 400Hz、500Hz、1000Hz 及 5000Hz。

1. 结构组成

从转子感应电压的输出方式来看，旋转变压器分为有刷和无刷两种类型。在有刷结构中，转子绕组的端点通过电刷和集电环引出。目前数控机床常用的是无刷旋转变压器，其结构如图 4.21 所示。

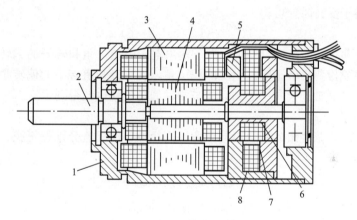

图 4.21 无刷旋转变压器结构

1—壳体；2—转子轴；3—旋转变压器定子；4—旋转变压器转子；5—变压器定子；
6—变压器转子；7—变压器一次绕组；8—变压器二次绕组

无刷旋转变压器由两部分组成：一部分称为分解器，由旋转变压器的定子和转子组成；另一部分称为变压器，用它取代电刷和集电环，其一次绕组与分解器的转子轴固定在一起，与转子轴一起旋转。分解器中的转子输出信号接在变压器的一次绕组上，变压器的二次绕组与分解器中的定子一样固定在旋转变压器的壳体上。工作时，分解器的定子绕组外加励磁电压，转子绕组即耦合出与偏转角相关的感应电压，此信号接在变压器的一次绕组上，经耦合由变压器的二次绕组输出。

2. 工作原理

实际应用的旋转变压器为正、余弦旋转变压器，其定子和转子各有相互垂直的两个绕组。图 4.22 所示为正、余弦旋转变压器工作原理图。定子上的两个绕组分别为正弦绕组

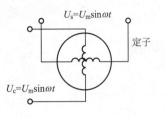

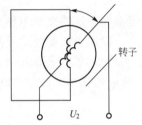

**图4.22 正、余弦旋转变压器
工作原理图**

和余弦绕组，励磁电压用 U_s 和 U_c 表示，转子绕组中一个绕组为输出电压 U_2，另一个绕组短接。定子绕组通入不同的励磁电压，可得到鉴相型和鉴幅型两种工作方式。

1）鉴相型工作方式

定子的正、余弦绕组分别通入同幅值、同频率，但相位差为 $\pi/2$ 的交流励磁电压，即

$$U_s = U_m \sin\omega t$$

$$U_c = U_m \sin\left(\omega t + \frac{\pi}{2}\right) = U_m \cos\omega t$$

当转子正转时，这两个励磁电压在转子绕组中产生了感应电压，经叠加，在转子中的感应电压为

$$U_2 = U_s \sin\theta + U_c \cos\theta$$

$$U_2 = KU_m \sin\omega t \sin\theta + KU_m \cos\omega t \cos\theta$$

$$U_2 = KU_m \cos(\omega t - \theta) \qquad (4-6)$$

式中，U_m 为励磁电压幅值；K 为电磁耦合系数，$K<1$；θ 为相位角（转子偏转角）。

同理，当转子反转时，可得

$$U_2 = KU_m \cos(\omega t + \theta) \qquad (4-7)$$

由式（4-6）和式（4-7）可以看出，转子输出电压的相位角和转子的偏转角之间有严格的对应关系，只要检测出转子输出电压的相位角，就可以知道转子的偏转角。由于旋转变压器的转子是和被测轴连接在一起的，故被测轴的角位移也就得到了。

2）鉴幅型工作方式

给定子的正、余弦绕组分别通以同频率、同相位，但幅值分别按正弦、余弦规律变化的交流励磁电压，即

$$U_s = U_m \sin\alpha \sin\omega t$$

$$U_c = U_m \cos\alpha \sin\omega t$$

式中，$U_m \sin\alpha$、$U_m \cos\alpha$ 分别为励磁电压的幅值；α 为给定电气转角。

当转子正转时，由于 U_s、U_c 的共同作用，经叠加，在转子上的感应电压为

$$U_2 = KU_m \cos(\alpha - \theta)\sin\omega t \qquad (4-8)$$

同理，转子反转时，可得

$$U_2 = KU_m \cos(\alpha + \theta)\sin\omega t \qquad (4-9)$$

式（4-8）和式（4-9）中，$KU_m \cos(\alpha - \theta)$、$KU_m \cos(\alpha + \theta)$ 为感应电压的幅值。

由式（4-8）和式（4-9）可以看出，转子感应电压的幅值随转子的偏转角 θ 而变化，测量出幅值即可求得偏转角 θ，从而获得被测轴的角位移。

4.4.2 感应同步器的结构和工作原理

1. 结构组成

感应同步器也是一种电磁式位置检测传感器，按结构组成可分为旋转式和直线式两种。

其主要部件由定尺和滑尺组成，广泛应用于数控机床中。旋转式感应同步器用来测量转角位移，直线式感应同步器用来测量直线位移。图4.23所示为直线式感应同步器结构示意图。

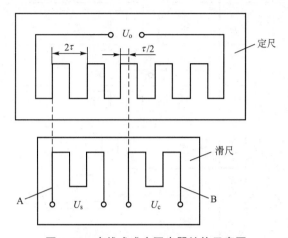

图4.23 直线式感应同步器结构示意图
A—正弦励磁绕组；B—余弦励磁绕组

标准的直线式感应同步器定尺长度为250mm，宽度为40mm，尺上是单向、均匀、连续的感应绕组；滑尺长100mm，尺上有两组励磁绕组，一组为正弦励磁绕组，其电压为U_s，另一组为余弦励磁绕组，其电压为U_c。感应绕组和励磁绕组节距相同，均为2mm，用τ表示。当正弦励磁绕组与感应绕组对齐时，余弦励磁绕组与感应绕组相差$\tau/4$，也就是滑尺上的两个绕组在空间位置上相差$\tau/4$。在数控机床实际检测中，感应同步器常采用多块定尺连接，相邻定尺间隔通过调整，以使总长度上的累积误差不大于单块定尺的最大偏差。定尺和滑尺分别装在机床床身和移动部件上，两者平行放置，保持0.2～0.3mm的间隙，以保证定尺和滑尺的正常工作。

2. 工作原理

感应同步器的工作原理与旋转变压器相似。当励磁绕组和感应绕组间发生相对位移时，由于电磁耦合的变化，感应绕组中的感应电压随位移的变化而变化。感应同步器和旋转变压器就是利用这个特点进行测量的。所不同的是，旋转变压器变化的是定子和转子的角位移，而直线式感应同步器变化的是滑尺和定尺的直线位移。

图4.24说明了定尺感应电压与定尺、滑尺绕组的相对位置的关系。若向滑尺上的正弦励磁绕组通以交流励磁电压，则在定尺的感应绕组中产生感应电流，因而绕组周围产生了旋转磁场。这时，如果滑尺处于图4.24中A点位置，即滑尺绕组与定尺绕组完全对应重合，则定尺上的感应电压最大。随着滑尺相对定尺做平行移动，感应电压逐渐减小。当滑尺移动至图4.24中B点位置，即与定尺绕组刚好错开$\tau/4$时，感应电压为零。再继续移至$\tau/2$处，即图4.24中C点位置时，为最大的负值电压（即感应电压的幅值与A点相同但极性相反）。再移至$3\tau/4$处，即图4.24中D点位置时，感应电压又变为零。当移动到一个节距位置即图4.24中E点时，又恢复初始状态，即与A点情况相同。显然，在定尺和滑尺的相对位移中，感应电压呈周期性变化，其波形为余弦函数。在滑尺移动一个节距的过程中，感应电压变化了一个余弦周期。

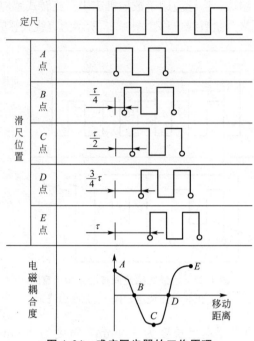

图 4.24 感应同步器的工作原理

根据励磁绕组中励磁方式的不同,感应同步器也有鉴相型和鉴幅型两种工作方式。

1) 鉴相型工作方式

给滑尺的正弦励磁绕组和余弦励磁绕组分别通以频率相同、幅值相同,但相位差为 $\pi/2$ 的励磁电压,即

$$U_s = U_m \sin\omega t$$

$$U_c = U_m \sin\left(\omega t + \frac{\pi}{2}\right) = U_m \cos\omega t$$

励磁信号将在空间产生一个以 ω 为频率移动的行波。磁场切割定尺绕组,并在定尺绕组中产生感应电动势,该电动势随着定尺与滑尺相对位置的不同而产生超前或滞后的相位差 θ。按照叠加原理可以直接求出感应电势

$$U_0 = KU_m \sin\omega t \cos\theta + KU_m \cos\omega t \sin\theta$$

$$U_0 = KU_m \sin(\omega t - \theta) \tag{4-10}$$

由定尺与滑尺相对位置关系可得

$$\theta = \frac{2\pi X}{\tau}$$

所以

$$U_0 = KU_m \sin\left(\omega t - \frac{2\pi X}{\tau}\right) \tag{4-11}$$

式中,K 为电磁耦合系数;U_m 为励磁电压幅值;τ 为节距;X 为滑尺移动距离;θ 为电气相位角。

从式(4-11)可以看出,定尺的感应电压与滑尺的位移量有严格的对应关系。通过测量定尺感应电压的相位,即可测得滑尺的位移量。

2）鉴幅型工作方式

将滑尺的正弦励磁绕组和余弦励磁绕组分别通以相位相同、频率相同，但幅值不同的励磁电压，即

$$U_s = U_m \sin\alpha \sin\omega t$$
$$U_c = U_m \cos\alpha \sin\omega t$$

式中，α 为电气给定角。

当滑尺移动时，定尺绕组中的感应电压为

$$U_0 = KU_m \sin\omega t \sin(\alpha - \theta)$$
$$U_0 = KU_m \sin\omega t \sin\Delta\theta \qquad (4-12)$$

当 $\Delta\theta$ 很小时，定尺绕组中的感应电压可近似表示为

$$U_0 = KU_m \Delta\theta \sin\omega t$$

又因为

$$\Delta\theta = \frac{2\pi\Delta X}{\tau}$$

所以

$$U_0 = KU_m \frac{2\pi\Delta X}{\tau} \sin\omega t \qquad (4-13)$$

式中，ΔX 为滑尺位移增量。

从式（4-13）可以看出，当滑尺位移增量 ΔX 很小时，感应电压的幅值和 ΔX 成正比，因此，可通过测量 U_0 的幅值来测定位移 ΔX 的大小。

思考与练习

1. 数控机床中开环控制伺服系统、闭环控制伺服系统和半闭环控制伺服系统各有何特点？
2. 位置伺服系统可分为哪几类？
3. 简述光电编码器的组成及工作原理。
4. 光栅尺由哪些部分组成？工作原理如何？光栅尺的莫尔条纹有何特性？
5. 磁栅尺的优点有哪些？
6. 简述感应同步器的组成及工作原理。
7. 简述旋转变压器的组成及工作原理。

第 **5** 章
数控机床的机械结构与传动

 本章教学要点

知识要点	掌握程度	相关知识
概述	了解数控机床机械结构的特点； 掌握对机械结构的基本要求	强力切削、高效加工； 高刚度、高精度
数控机床的典型机械结构	了解滚珠丝杠螺母结构； 掌握齿轮传动间隙消除结构； 了解机床导轨； 掌握刀库与自动换刀装置； 了解回转工作台与分度工作台	滚动摩擦； 滑动摩擦； 多工位加工； 加工中心； 动静摩擦系数
数控机床的主传动系统	掌握基本要求和变速方式； 了解主轴部件的结构； 了解电主轴与高速主轴系统	主轴控制； 旋转精度； 高速主轴
数控机床的进给传动系统	掌握对进给传动系统基本要求； 熟悉进给传动系统的基本形式； 了解直线电动机高速进给单元	进给伺服控制； 直线运动精度； 直线电动机

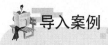导入案例

电主轴的发展与应用

机床主轴是机床的核心功能部件，传统机床主轴是通过中间的传动装置，如传动带、齿轮等带动主轴旋转而进行工作的。电主轴又称内装式电动机主轴单元，其主要特征是电动机置于主轴内部，通过驱动电源直接驱动主轴进行工作。由于电主轴将机床主轴的高精度与高速电动机的电磁功能有机地结合在一起，省去复杂的中间传动环节，具有调速范围广、振动噪声小、便于控制等特点，能实现准停、准速、准位等功能，不仅拥有极高的生产效率，而且能显著地提高零件的表面质量和加工精度。在机械制造业不断向高速、高精度、高智能化发展的今天，高速高精度电主轴已经得到了广泛的应用。

国外电主轴的研究开发较早，现已逐渐应用到机械制造业中。美国福特公司和Ingersoll公司联合推出的HVM800卧式加工中心的大功率电主轴最高转速达15000r/min，由静止升至最高转速仅需15s。瑞士DIXI公司生产的WAHLIW50型卧式加工中心，采用电主轴结构，主轴转速为30000r/min。日本三井精机公司生产的HT3A卧式加工中心，采用陶瓷轴承支承的电主轴，主轴转速达40000r/min。目前一些主轴电动机厂商已可以提供专门作为电主轴用的电动机定子和转子，由机床厂装配到主轴配件上即可实现高速主轴单元。

我国电主轴的研制和开发始于20世纪60年代，20世纪70年代后期至80年代，在高速主轴轴承的成功开发的基础上，研制了高刚度、高速电主轴，应用于各种内圆磨床和各个机械制造领域。从1997年开始开发生产高速旋辗用电主轴，已形成了比较完整的系列，现在已经基本占领了国内精密铜管加工行业。电主轴采用陶瓷球轴承支承，采用油气润滑，其最高转速可达40000r/min。目前国内采用的转速一般为35000r/min，而世界其他先进国家使用的转速大多停留在24000r/min，生产效率低于我国产品。我国高速旋辗用电主轴从无到有，到现在已经处于国际领先水平，我国的精密铜管加工行业也从比较落后到成为世界最大的精密铜管加工国，高速电主轴的应用和发展起到了非常重要的作用。现在，我国高速旋辗用电主轴凭借着价格低、技术先进、维护方便等优点，每年生产销售数百套，并且批量出口到国外。我国产35000r/min高速旋辗用电主轴和意大利PS电主轴实物如图5.01所示。

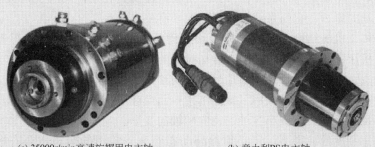

(a) 35000r/min高速旋辗用电主轴　　　(b) 意大利PS电主轴

图5.01　电主轴

5.1 概　　述

数控机床本体结构是机床的主体部分，虽然也有普通机床所具有的床身、立柱、导轨、工作台、刀架等部件，但为了与数控加工的高精度、高速切削性能相匹配，数控机床在机械结构性能方面具有其自身的特点。

5.1.1　数控机床机械结构的特点

数控机床的主体结构具有以下特点：

（1）为了简化机械传动结构、缩短传动链，数控机床多采用高性能的无级变速主轴及伺服传动系统。

（2）为了适应连续的自动化加工和提高生产效率，数控机床机械结构具有较高的静、动态刚度和阻尼精度，以及较高的耐磨性，而且热变形小。

（3）为了减小摩擦、消除传动间隙和获得高加工精度，数控机床更多地采用高效传动部件，如滚珠丝杠螺母副、塑料导轨、滚动导轨、静压导轨等。

（4）为了改善劳动条件及操作性能，提高劳动生产率，数控机床采用多主轴、多刀架结构，刀具与工件的自动夹紧装置、自动换刀装置、自动排屑装置及自动润滑冷却装置等。

（5）为了保证机床精度的稳定性、获得可靠的加工质量，数控机床多采取减小热变形的措施。

5.1.2　数控机床对机械结构的基本要求

数控机床与同类型的普通机床在结构上十分相似，事实上两者之间存在很大的差异，这是由数控机床的工作原理和加工特点决定的。根据数控机床的使用场合和结构特点，机械结构设计应满足以下要求。

1. 较高的机床静、动刚度及良好的抗振性

机床刚度是机床结构抵抗变形的能力，机床在加工过程中承受多种外力的作用，根据所受载荷的不同，机床的刚度可分为静刚度和动刚度。静刚度是机床在稳定载荷作用下抵抗变形的能力，它与系统构件的几何参数及材料弹性模量有关；动刚度是机床在交变载荷作用下阻止振动的能力，它与系统构件阻尼大小有关。

为了提高机床机械结构的刚度，需采用合理的构件截面形状、封闭界面的床身等措施。为了提高机床各部件的接触刚度，增加机床的承载能力，需采用刮研的方法增加单位面积上的接触点，并在结合面之间施加足够大的预紧载荷，以增加接触面积。为了提高数控机床主轴的刚度，不但经常采用三支撑结构，而且选用刚性很好的双列短圆柱滚子轴承和角接触向心推力轴承，以减小主轴的径向和轴向变形。

在保证静态刚度的前提下，还必须提高动态刚度。常用的措施主要有提高系统的刚度、增加阻尼及调整构件的自振频率等。试验表明，提高阻尼系数是改善抗振性的有效方法。钢板的焊接结构既可以提高静刚度、减轻结构质量，又可以增加构件本身的阻尼。因

此，近年来在数控机床上采用了钢板焊接结构的床身、立柱、横梁和工作台。封砂铸件也有利于振动衰减，对提高抗振性具有较好的效果。

2. 减少机床的热变形

机床的主轴、工作台、刀架等运动部件，在工作中产生热量，为减小热变形，要求各运动部件的发热量尽量少。为此，机床结构根据热对称的原则设计，并改善主轴轴承、丝杠螺母副、高速运动导轨副的摩擦特性。对于产生大量切屑的数控机床，一般都带有良好的自动排屑装置等。

3. 减少运动件间的摩擦和消除传动间隙

数控机床的运动精度和定位精度与运动件的摩擦特性有关。用滚珠丝杠代替滑动丝杠可以明显减少摩擦阻力。执行件的摩擦阻力主要来自导轨，数控机床通常采用塑料滑动导轨、滚动导轨或静压导轨来减少摩擦副之间的摩擦力，避免低速爬行。

数控机床，尤其是开环伺服系统的数控机床，加工精度在很大程度上取决于进给传动链的精度。除了减少传动齿轮和滚珠丝杠的加工误差外，另一个重要措施是采用无间隙滚珠丝杠传动和无间隙齿轮传动，也可提高数控机床的传动精度。

4. 提高机床的寿命和精度保持性

为了提高机床的寿命和精度保持性，在设计时应充分考虑数控机床零部件的耐磨性，尤其是机床导轨、进给传动丝杠及主轴部件等影响加工精度的主要零部件的耐磨性。在使用过程中，应保证数控机床各运动部件间的润滑良好。

5. 操作方便安全可靠

将机床设计成全封闭结构，只在工作区留有可以自动开闭的安全门窗，用于观察和装卸工件，防止切屑与冷却液飞溅。机床结构布局要合理、紧凑，人性化设计，操作简单，维修方便，外形美观。

5.2　数控机床的典型机械结构

5.2.1　滚珠丝杠螺母结构

丝杠螺母副是机床上常用的将旋转运动转换为直线运动的传动机构。按丝杠与螺母的摩擦性质不同，常用的丝杠螺母运动副有滑动丝杠螺母副、滚珠丝杠螺母副、静压丝杠螺母副。

滚珠丝杠螺母副摩擦损失小，形成了专业化、系列化产品，在数控机床中得到广泛应用，这里只对其进行介绍。

1. 滚珠丝杠螺母副的工作原理

滚珠丝杠螺母副的结构原理如图 5.1 所示。在

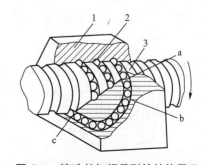

图 5.1　滚珠丝杠螺母副的结构原理
1—螺母；2—滚珠；3—丝杠；a—滚珠出口；
b—滚珠回路管道；c—滚珠入口

丝杠 3 和螺母 1 上都有半圆弧形的螺旋槽，当它们套装在一起时便形成了滚珠 2 的螺旋滚道。螺母上有滚珠回路管道 b，将几圈螺旋滚道的两端连接起来构成封闭的循环滚道，并在滚道内装满滚珠 2。当丝杠旋转时，滚珠在滚道内既自转又沿滚道循环转动，迫使螺母轴向移动。

2. 滚珠丝杠螺母副的循环方式

滚珠在滚道内的循环方式有两种：滚珠在循环过程中有时与丝杠脱离接触的称为外循环；滚珠在循环过程中始终与丝杠保持接触的称为内循环。

（1）外循环。图 5.2 所示为常用的一种外循环方式，这种结构是在螺母体上轴向相隔数个导程处钻两个孔与螺旋槽相切，作为滚珠的进口与出口，再在螺母的外表面上铣出回珠槽并沟通两孔。另外在螺母内进口、出口处各装一挡珠器，并在螺母外表面装一套筒，这样构成封闭的循环滚道。外循环结构制造工艺简单，使用较广泛。其缺点是滚道接缝处很难做得平滑，影响滚珠滚动的平稳性，甚至发生卡珠现象，噪声也较大。

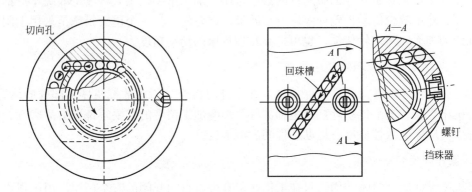

图 5.2　外循环方式示意图

（2）内循环。内循环均采用反向器实现滚珠循环，反向器有圆柱凸键式和扁圆镶块式两种。图 5.3(a) 所示为采用圆柱凸键反向器内循环方式。反向器的圆柱部分嵌入螺母内，端部开有反向槽 2。反向槽靠圆柱外圆面及其上端的凸键 1 定位，以保证对准螺纹滚道方向。图 5.3(b) 所示为采用扁圆镶块反向器内循环方式。反向器为一半圆头平键形镶块，镶块嵌入螺母的切槽中，其端部开有反向槽 3，用镶块的外廓定位。两种反向器进行比较，后者尺寸较小，从而减小了螺母的径向尺寸及缩短了轴向尺寸。但这种反向器的外廓和螺母上的切槽尺寸精度要求较高。内循环反向器和外循环反向器相比，其结构紧凑，定位可

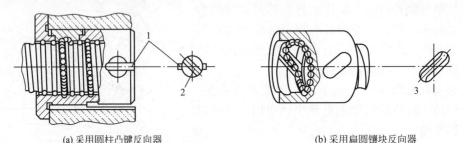

(a) 采用圆柱凸键反向器　　　　　　(b) 采用扁圆镶块反向器

图 5.3　两种形式的内循环方式示意图
1—凸键；2、3—反向槽

靠，刚性好，且不易磨损，返回滚道短，不易发生滚珠堵塞，摩擦损失也小。其缺点是反向器结构复杂，制造较困难，而且不能用于多头螺纹传动。

3. 滚珠丝杠螺母副的选用

滚珠丝杠螺母副的选择包括精度、尺寸规格、支承方式等几个方面。根据机床精度确定所选用丝杠副的精度，根据机床载荷来选定丝杠直径，对细长而又承受轴向压缩载荷的滚珠丝杠，需核算压杆稳定性；对转速高，支承距离大的滚珠丝杠副需校核临界转速；对精度要求高的滚珠丝杠需校核刚度。

1) 精度等级的选择

目前我国滚珠丝杠螺母副的精度标准为 4 级：普通级 P、标准级 B、精密级 J 和超精密级 C。各级精度所规定的各项允差可查有关手册。一般的数控机床可选用标准级 B，精密数控机床可选精密级 J 或超精密级 C。

2) 结构尺寸的选择

滚珠丝杠螺母副的结构尺寸主要有丝杠的名义直径 D_0、螺距 t、丝杆长度 L、滚珠直径 d_0 等。

(1) 名义直径 D_0。滚珠与螺纹滚道在理论接触角状态时包络滚珠球心的圆柱直径。对于小型加工中心采用名义直径 D_0 为 32mm、40mm 的滚珠丝杠，中型加工中心选用名义直径 D_0 为 40mm、50mm 的滚珠丝杠，大型加工中心采用名义直径 D_0 为 50mm、63mm 的滚珠丝杠，但通常应大于 $L/35 \sim L/30$。名义直径与刚度直接相关，直径越大，承载能力和刚度越大，但直径大转动惯量也随之增加，使系统的灵敏度降低，故应兼顾这两个方面。

(2) 螺距 t。常用的螺距 t 为 4mm、5mm、6mm、8mm、10mm、12mm，t 越小，螺旋升角越小，摩擦力矩小，分辨率高，但传动效率低，承载能力低。

(3) 丝杆长度 L。一般为工作行程＋螺母长度＋(5～10)mm。

(4) 滚珠直径 d_0。滚珠直径 d_0 越大，承载能力越高，尽量取大值。一般取 $d_0 = 0.6t$。

(5) 滚珠的工作圈数 j、列数 K 和工作滚珠总数 N。它们对丝杆工作特性影响较大。根据试验，每一个循环回路中，各圈所受轴向载荷不均匀，滚珠第一圈约承受总载荷的 50%，第二圈约承受 30%，第三圈约承受 20%。因此，圈数过多并不能加大承载能力，反而增加了轴向尺寸。一般工作圈数 j 为 2.5～3.5 圈。若工作圈数必须超过 3.5 时，可制成双列或三列。列数多，增加了接触刚度，提高了承载能力，但并不是成比例增加，列数太多，增加承载能力并不显著，反而加大了螺母的轴向尺寸。一般 K 为 2～3 列。工作滚珠总数不宜过多，一般 N 小于 150 粒，否则，容易因流通不畅而堵塞。但也不宜过少，这样会使每个滚珠所受载荷加大，弹性变形也大。

3) 验算

当有关结构参数选定后，还应根据有关规范进行扭转刚度、临界转速和寿命的校验。

(1) 刚度验算。数控机床的滚珠丝杠是精密传动元件，它在轴向力的作用下将伸长或缩短，受扭矩会引起扭转变形，这将引起丝杠的导程发生变化，从而影响其传动精度及定位精度，因此滚珠丝杠应验算满载时的变形量。

(2) 临界转速验算。对于数控机床来说，滚珠丝杠的最高转速是指快速移动时的转速，此时的转速应小于临界转速。同时丝杠转速应避开丝杠自身的自振频率，避免产生

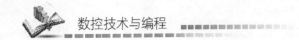

共振。

（3）寿命验算。滚珠丝杠螺母副的寿命，主要是指疲劳寿命，滚珠丝杠螺母副的寿命可根据有关经验公式校核，应保证总时间寿命 $L_t \geqslant 20000$h。

4. 滚珠丝杠的支承形式

为提高传动刚度，不仅应合理确定滚珠丝杠螺母副的参数，而且应充分考虑螺母座的结构、丝杠两端的支承形式，以及它们与机床的连接刚度。因此，螺母座的孔与螺母之间必须有良好的配合，以保证孔与端面的垂直度。螺母座宜增添加强筋，而且加大螺母座和机床结合面的接触面积，以提高螺母座的局部刚度和接触刚度。为了提高螺母支承的轴向刚度，选择适当的滚动轴承及其支承方式是十分重要的。常用的支承方式如图 5.4 所示。

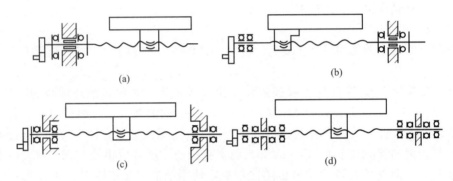

图 5.4　常用的几种支承方式

（1）一端装推力轴承，如图 5.4(a)所示。这种安装方式的承载能力小，轴向刚度低，仅适应于短丝杠，如数控机床的调整环节或升降台式数控铣床的垂直移动环节。

（2）一端装推力轴承，另一端装向心球轴承，如图 5.4(b)所示。滚珠丝杠较长时，一端装推力轴承固定，另一自由端装向心球轴承。为了减少丝杠热变形的影响，推力轴承的安装位置应远离热源（如液压马达）及丝杠上的常用段。

（3）两端装推力轴承，如图 5.4(c)所示。将推力轴承装在滚珠丝杠的两端，并施加预紧拉力，有助于提高传动刚度。但这种安装方式对热伸长较为敏感。

（4）两端装推力轴承及向心轴承，如图 5.4(d)所示。为了提高刚度，丝杠两端采用双重支承，如推力轴承和向心球轴承，并施加预紧拉力。这种结构方式可使丝杠的热变形转化为推力轴承的预紧力，但设计时要注意提高推力轴承的承载能力和支架刚度。

5. 滚珠丝杠的制动

滚珠丝杠螺母副传动效率很高，但不能自锁，用在垂直传动或水平放置的高速大惯量传动中，必须装有制动装置。常用的制动装置有超越离合器、电磁摩擦离合器或者使用具有制动装置的伺服驱动电动机。

6. 滚珠丝杠螺母副的轴向间隙消除和预紧

滚珠丝杠螺母副对轴向间隙有严格的要求，以保证反向时的运动精度。所谓轴向间隙是指丝杠和螺母无相对转动时，丝杠和螺母之间最大轴向窜动。它除了结构本身的游隙之外，还包括在施加轴向载荷之后弹性变形所造成的窜动。因此要把轴向间隙完全消除比较困难，通常采用双螺母预紧的方法，把弹性变形控制在允许的限度内。

（1）用锁紧螺母预紧。图 5.5 所示为利用双螺母来调整间隙实现预紧的结构，滚珠丝杠左右两螺母以平键与外套相连，其中右边一个螺母的外伸端没有凸缘但制有螺纹。用两个螺母 1、2 可使右端螺母相对于丝杠作轴向移动，在消除间隙后将其锁紧。这种调整方法具有结构紧凑、调整方便等优点，故应用广泛，但调整位移量不易精确控制。

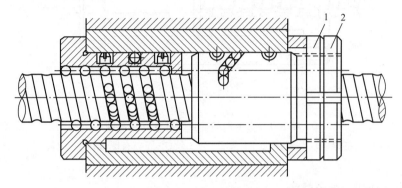

图 5.5　锁紧螺母调间隙式滚珠丝杠螺母副

1—圆螺母 ；2—锁紧螺母

（2）修磨垫片调间隙。如图 5.6 所示，通过修磨垫片的厚度，使滚珠丝杠的左右螺母产生轴向位移，实现预紧。这种方式结构简单、刚性好，调整间隙时需卸下调整垫片修磨，为了装卸方便，最好将调整垫片做成半环结构。

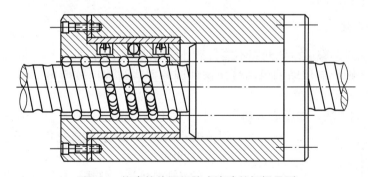

图 5.6　修磨垫片调间隙式滚珠丝杠螺母副

（3）齿差式调整。图 5.7 所示为齿差调整间隙式滚珠丝杆螺母副。在左右螺母的端部做成外齿轮，齿数分别为 Z_1、Z_2，而且 Z_1 和 Z_2 相差一个齿。两个齿轮分别与两端相应的内齿圈相啮合。内齿圈紧固在螺母座上，预紧时脱开两个内齿圈，使两个螺母同向转动相同的齿数，然后合上内齿圈，两螺母的轴向相对位置发生变化从而实现间隙的调整和施加预紧力。当 $Z_1=99$、$Z_2=100$、$t=10\text{mm}$，两齿轮沿同一方向各转过一个齿时，其轴向位移量为 $s=10/99-10/100\approx 1\mu m$。

这种方法使两个螺母相对轴向位移最小，可达 $1\mu m$，调整精度高，调整准确可靠，但结构复杂。

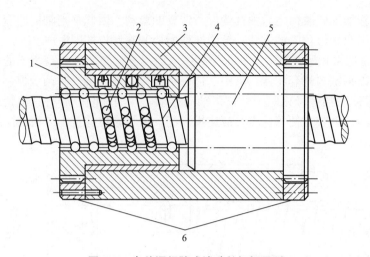

图 5.7 齿差调间隙式滚珠丝杠螺母副

1—左螺母；2—滚珠；3—套筒；4—丝杠；5—右螺母；6—内齿圈

5.2.2 齿轮传动间隙消除结构

由于数控机床进给系统的传动齿轮副存在间隙，在开环系统中会造成进给运动的位移值滞后于指令值；反向时，会出现反向死区，影响加工精度。在闭环系统中，由于有反馈作用，滞后量虽可得到补偿，但反向时会使伺服系统产生振荡而不稳定。为了提高数控机床伺服系统的性能，因此，在设计时必须采取相应的措施，控制间隙在允许范围内，通常采取下列方法消除间隙。

1. 刚性调整法

刚性调整法是调整后齿侧间隙不能自动补偿的调整法。因此，齿轮的周节公差及齿厚要严格控制，否则影响传动的灵活性。这种调整方法结构比较简单，而且有较好的传动刚度。

（1）偏心轴调整法。如图 5.8 所示，小齿轮 1 装在偏心轴套 2 上，调整偏心轴套 2 可以改变小齿轮 1 和大齿轮 3 之间的中心距，从而消除了齿侧间隙。

（2）轴向垫片调整法。如图 5.9 所示，一对啮合着的圆柱齿轮，若它们的节圆直径沿着齿厚方向制成一个较小的锥度，只要改变调整垫片 3 的厚度就能改变大齿轮 2 和小齿轮 1 的轴向相对位置，从而消除了齿侧间隙。

（3）双片斜齿轮垫片调整法。如图 5.10 所示，在两个薄片斜齿轮 3 和 4 之间加一调整垫片 2，将垫片厚度增加或减少 Δt，薄片齿轮 3 和 4 的螺旋线就会错位，分别与厚斜齿轮 1 的齿槽左、右侧面都可贴紧，消除了间隙。垫片厚度的增减量 Δt 与齿侧间隙 Δ 的关系，可用式（5-1）表示：

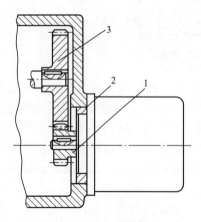

图 5.8 偏心轴调整法

1—小齿轮；2—偏心轴套；3—大齿轮

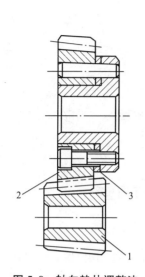

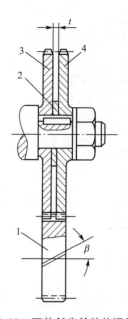

图 5.9　轴向垫片调整法

1—小齿轮；2—大齿轮；3—调整垫片

图 5.10　双片斜齿轮垫片调整法

1—厚斜齿轮；2—调整垫片；3、4—薄片斜齿轮

$$\Delta t = \Delta \cos\beta \qquad\qquad (5-1)$$

式中，β 为斜齿轮螺旋角。

　　垫片的厚度采用测试法确定，一般要经过几次修磨垫片厚度，直至消除齿侧间隙，使齿轮转动灵活为止。这种调整法结构简单，但调整麻烦，齿侧间隙不能自动补偿，同时，无论正、反向旋转时，分别只有一个薄齿轮承受载荷，故齿轮的承载能力较小。

　　2. 柔性调整法

　　柔性调整法是调整之后齿侧间隙仍可自动补偿的调整法。这种方法一般都采用调整压力弹簧的压力来消除齿侧间隙，并在齿轮的齿厚和调节有变化的情况下，也能保持无间隙啮合，但这种结构较复杂，轴向尺寸大、转动刚度低，同时，传动平稳性也差。

　　(1) 轴向压簧调整法。如图 5.11 所示，两个薄片斜齿轮 1 和 2 用键 4 滑套在轴 6 上，用螺母 5 来调节压缩弹簧 3 的轴向压力，使薄片斜齿轮 1 和 2 的左、右齿面分别与厚斜齿轮 7 齿槽的左右侧面贴紧。弹簧力需调整适当，过松消除不了间隙，过紧则齿轮磨损过快。

　　(2) 周向弹簧调整法。如图 5.12 所示，两个齿数相同的薄片斜齿轮 1 和 2 与另一个厚斜齿轮相啮合，薄片斜齿轮 1 空套在薄片斜齿轮 2 上，可以相对回转。每个齿轮端面分别均匀装有 4 个螺纹凸耳 3 和 8，薄片斜齿轮 1 的端面还有 4 个通孔，凸耳 8 可以从中穿过，拉伸弹簧 4 分别钩在调节螺钉 7 和凸耳 3 上。旋转螺母 5 和 6 可以调整拉抻弹簧 4 的拉力，弹簧的拉力可以使薄片斜齿轮错位，即两片薄片斜齿轮的左、右齿面分别与厚斜齿轮齿槽的右、左贴紧，消除了齿侧间隙。

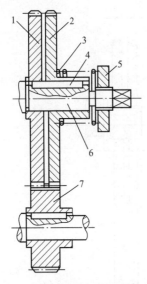

图 5.11　轴向压簧调整法
1、2—薄片斜齿轮；3—压缩弹簧；
4—键；5—螺母；6—轴；7—厚斜齿轮

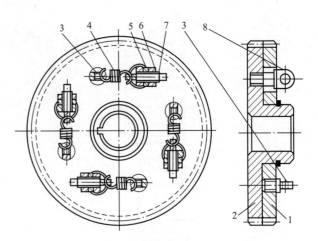

图 5.12　周向弹簧调整法
1、2—薄片斜齿轮；3、8—凸耳；4—拉伸弹簧；
5—调整螺母；6—锁紧螺母；7—调节螺钉

5.2.3　机床导轨

导轨质量对机床的刚度、加工精度和使用寿命具有很大的影响，作为机床进给系统的重要环节，数控机床的导轨比普通机床的导轨要求更高。现代数控机床采用的导轨主要有塑料滑动导轨、滚动导轨和静压导轨。

1. 对导轨的基本要求

（1）导向精度高。导向精度主要指运动部件沿导轨运动时的直线度或圆度。影响导向精度的主要因素有导轨的几何精度、导轨的接触精度、导轨的结构形式、动导轨及支承导轨的刚度和热变形、装配质量及动压导轨和静压导轨之间油膜的刚度。

（2）足够的刚度。导轨刚度是指导轨在动静载荷下抵抗变形的能力。导轨要有足够的刚度，以保证在静载荷作用下不产生过大的变形，从而保证各部件间的相对位置和导向精度。

（3）良好的耐磨性。动导轨沿支承导轨面长期运行会引起导轨的不均匀磨损，破坏导轨的导向精度，从而影响机床的加工精度。

（4）摩擦特性好。摩擦系数小，摩擦阻力损失小，动静摩擦系数差别小，高低速下摩擦系数稳定，低速运动平稳，不产生爬行。

（5）抗振性与结构工艺性好。

2. 塑料滑动导轨

塑料滑动导轨具有摩擦系数低，并且动、静摩擦系数差值小；减振性好，阻尼性好；耐磨性好，有自润滑作用；结构简单、维修方便、成本低等特点。目前，数控机床所采用的塑料滑动导轨有铸铁对塑料滑动导轨和镶钢对塑料滑动导轨。按照成型方法，塑料滑动导轨分为注塑导轨和贴塑导轨，导轨上的塑料常采用聚四氟乙烯导轨软带和环氧树脂耐磨涂料。

（1）贴塑导轨。在导轨滑动面上贴一层抗磨的塑料软带，与之相配的导轨滑动面经淬火和磨削加工。软带以聚四氟乙烯为材料，添加合金粉和氧化物制成。塑料软带可切成任意大小和形状，用胶粘剂粘接在导轨基面上。由于这类导轨用粘接方法，故称为贴塑导轨。导轨软带使用方法简单。首先将导轨粘贴面加工至表面粗糙度 Ra 为 $3.2\sim1.6\mu m$，为了对软带起定位作用，导轨粘贴面应加工成 $0.5\sim1.0mm$ 深的凹槽，再用汽油或丙酮清洗粘贴面后，用胶粘剂粘贴。加压初固化 $1\sim2h$ 后，再合拢到配对的固定导轨或专用夹具上，施加一定压力，并在室温固化 24h，取下清除余胶，即可开油槽和精加工。

（2）注塑导轨。注塑导轨或抗氧化涂层的材料是以环氧树脂和二硫化钼为基体，加入增塑剂，混合成液状或膏状为一组分，固化剂为另一组分的塑料涂层。这种涂料附着力强，具有良好的可加工性，可经过车、铣、刨、磨削加工；也具有良好的摩擦特性和耐磨性，而且固化时体积不收缩，尺寸稳定。可以在调整好固定导轨和运动导轨间的相互位置精度后注入涂料。特别适用于重型机床和不能用导轨软带的复杂配合型面。

3. 滚动导轨

滚动摩擦导轨具有摩擦系数小、动静摩擦系数差别小、启动阻力小、能微量准确移动、低速运动平稳、不宜发生爬行的特点，而且它运动灵活，定位精度高，通过预紧可以提高刚度和抗振性，承受较大的冲击和振动载荷，寿命长，是适合数控机床进给系统应用的比较理想的导轨元件。常用的滚动导轨有滚动导轨块和直线滚动导轨两种。

（1）滚动导轨块。滚动导轨块是一种圆柱滚动体作循环运动的标准结构导轨元件，其结构如图 5.13 所示。在使用时，滚动导轨块安装在运动部件的导轨面上，每一导轨至少用两块，导轨块的数目与导轨的长度和负载的大小有关，与之相配的导轨多用镶钢淬火导轨。当运动部件移动时，滚柱在支承部件的导轨面与本体之间滚动，同时又绕滚动导轨块本体循环滚动，滚柱与运动部件的导轨面不接触，因而该导轨面不需要淬硬磨光。滚动导轨块的特点是刚度高、承载能力大、便于拆装，它的行程取决于支承件导轨平面的长度。缺点是导轨制造成本高，抗振性欠佳。

（2）直线滚动导轨。直线滚动导轨的结构如图 5.14 所示，主要由导轨块、滑块、滚珠、保持架、端盖等组成。由于它将支承导轨和运动导轨组合在一起，作为独立的标准导轨副部件由专门的生产厂家制造，故又称单元式滚动导轨。在使用时导轨固定在不运动的部件上，滑块固定在运动的部件上。当滑块沿导轨体运动时，滚珠在导轨体和滑块之间的圆弧直槽内滚动，并通过端盖内的暗道从工作负载区到非工作负载区，然后滚动回工作负载区，不断循环，从而把导轨体和滑块之间的滑动，变成了滚珠的滚动。

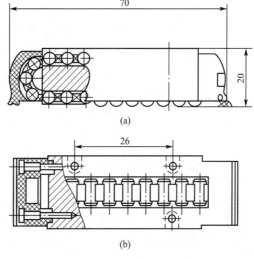

(a)

(b)

图 5.13　滚动导轨块的结构

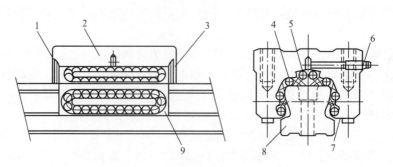

图 5.14 直线滚动导轨的结构

1—压紧圈；2—支承块；3—密封板；4—承载滚珠；5—反向滚珠列；

6—加油嘴；7—侧板；8—导轨；9—保持器

4. 静压导轨

液体静压导轨是将具有一定压力的油液，经节流器输送到导轨面上的油腔中，形成承载油膜，将相互接触的导轨表面隔开，实现液体摩擦。这种导轨的摩擦系数小（一般为 $0.001 \sim 0.005$），机械效率高，能长期保持导轨的导向精度；承载油膜具有良好的吸振性，低速下不易产生爬行，所以在机床上得到日益广泛的应用。这种导轨的缺点是结构复杂，并且需备置一套专门的供油系统，制造成本较高。

按承载方式的不同，静压导轨可分为开式和闭式两种。

（1）开式静压导轨。开式静压导轨工作原理如图 5.15(a)所示，油泵 2 启动后，压力油（压力为 p_s）经节流器调节至油腔压力 p_r 进入导轨油腔，并通过导轨间隙向外流出回油箱 8。油腔压力形成浮力将运动部件 6 浮起，形成一定的导轨间隙 h_0。当载荷增大时，运动部件下沉，导轨间隙减小，液阻增加，流量减小，从而油液经过节流器时的压力损失减小，油腔压力 p_r 增大，直至与载荷 W 平衡。开式静压导轨只能承受垂直方向的负载，不能承受颠覆力矩。

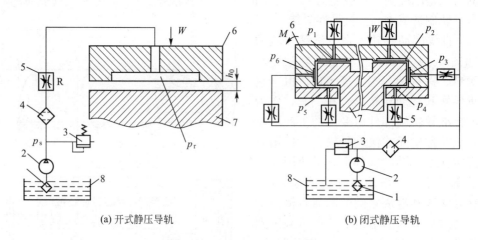

(a) 开式静压导轨　　　　　(b) 闭式静压导轨

图 5.15 静压导轨工作原理图

1、4—滤油器；2—油泵；3—溢流阀；5—节流器；6—运动部件；7—固定部件；8—油箱

（2）闭式静压导轨。闭式静压导轨工作原理如图 5.15（b）所示。闭式静压导轨各方向导轨面上都开有油腔，所以能承受较大的颠覆力矩，导轨刚度也较大。另外，还有以空气为介质的空气静压导轨。它不仅内摩擦阻力低，而且还有很好的冷却作用，可减小热变形。

5.2.4 刀库与自动换刀装置

为了进一步提高生产效率、改进产品质量及改善劳动条件，数控机床正朝着一台机床在一次装夹中完成多道工序加工方向发展。为此，在数控机床上必须具备自动换刀装置。

自动换刀装置应该满足换刀时间短，刀具重复定位精度高，刀具储存数量足够，结构紧凑，便于制造、维修、调整，具有防屑、防尘装置，布局合理等要求。同时也应具有较好的刚性，冲击、振动及噪声小，运转安全可靠等特点。

各类数控机床自动换刀装置的具体结构取决于机床的型式、工艺范围及刀具的种类和数量等因素。常见的自动换刀装置主要有回转刀架换刀、更换主轴头换刀、更换主轴箱换刀和带刀库的自动换刀系统等几种形式，具体见表 5-1。

表 5-1 自动换刀装置的主要类型、特点及适用范围

类型		特点	适用范围
转塔刀架	回转刀架	多为顺序换刀，换刀时间短，结构简单紧凑，容纳刀具少	各种数控车床，车削中心机床
	转塔头	顺序换刀，换刀时间短，刀具主轴都集中在转塔头上，结构紧凑，但刚性较差，刀具主轴数受限	数控钻床、镗床、铣床
刀库式	刀库与主轴之间直接换刀	换刀运动集中，运动部件少，但刀库运动多。布局不灵活，适应性差	各种自动换刀数控机床，对于使用回转类刀具的数控镗铣、钻镗类立式、卧式加工中心机床，要根据工艺范围和机床特点，确定刀库容量和自动换刀装置类型，用于加工工艺范围广的立、卧式车削中心机床
	用机械手配合刀库进行换刀	刀库只有选刀运动，机械手进行换刀运动，比刀库作换刀运动惯性小，速度快	
	用机械手、运输装置配合刀库换刀	换刀运动分散，由多个部件实现，运动部件多，但布局灵活，适应性好	
有刀库的转塔头换刀装置		弥补了转塔刀架换刀刀具数量不足的缺点，换刀时间短	扩大工艺范围的各类转塔式数控机床

数控车床的回转刀架是一种最简单的自动换刀装置。根据加工对象的不同，回转刀架可设计成四方刀架、六方刀架或圆盘式轴向装刀刀架等多种形式，并相应地安装 4 把、6 把或更多的刀具，并按数控装置的指令回转、换刀。

这里主要介绍加工中心的刀库类型及自动换刀装置。加工中心是在普通数控机床的基础上增加了自动换刀装置及刀库，并带有自动分度回转工作台或主轴箱（可自动改变角度）及其他辅助功能，从而使工件在一次装夹后，可以连续、自动完成多个平面或多个角度位置的钻、扩、铰、镗、攻螺纹、铣削等工序的加工，工序高度集中的设备。

加工中心自动换刀装置通过机械手完成刀具的自动更换。它应当满足换刀时间短、刀

具重复定位精度高、结构紧凑、安全可靠等要求。

1. 刀库的种类

刀库的作用是储备一定数量的刀具,通过机械手实现与主轴上刀具的交换。根据刀库存放刀具的数目和取刀方式,刀库可设计成不同的形式。

(1) 直线刀库。刀具在刀库中直线排列、结构简单,存放刀具的数量有限(一般为8~12把),较少使用。

(2) 圆盘刀库。存刀量少则6~8把,多则50~60把,有多种形式。

(3) 链式刀库。较常使用的刀库形式之一。这种刀库刀座固定在链节上,常用的有单排链式刀库 [图5.16(a)],一般存刀量小于30把,个别达60把。若进一步增加存刀量,可采用多排链刀库 [图5.16(b)],或者采用加长链条的链式刀库 [图5.16(c)]。

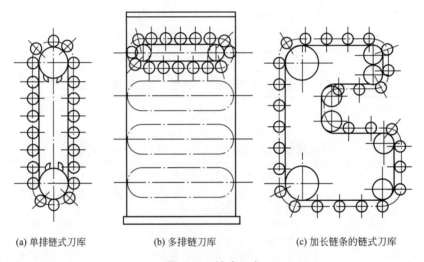

(a) 单排链式刀库   (b) 多排链刀库   (c) 加长链条的链式刀库

图 5.16　链式刀库

(4) 其他刀库。刀库的形式还有很多,值得一提的是格子箱式刀库。刀库容量较大,可以使整箱刀库与机外交换。

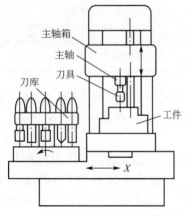

图 5.17　某立式数控镗铣床的无机械手换刀结构示意图

2. 换刀方式

在数控机床的自动换刀装置中,实现刀库与机床主轴之间传递和装卸刀具的装置称为刀具交换装置。刀具的交换方式和具体结构对机床的生产效率及工作可靠性有着直接的影响。刀具的交换方式一般可分为无机械手换刀和机械手换刀两大类。

(1) 无机械手换刀。无机械手的换刀系统一般将刀库放在机床主轴可以运动到的位置,或整个刀库(或某一刀位)能移动到主轴箱可以到达的位置,同时,刀库中刀具的存放方向一般与主轴上的装刀方向一致。换刀时,由主轴运动到刀库的换刀位置,利用主轴直接取走或放回刀具。图5.17为某立式数控镗铣床的无机械手换刀结构示意图，其换刀顺序如下：

① 根据换刀指令，机床工作台快速向右移动，工件从主轴下面移开，刀库移到主轴下面，使刀库的某个空刀座对准主轴。

② 主轴箱下降，将主轴上用过的刀具放回刀库的空刀座中。

③ 主轴箱上升，刀库回转，将下一工步所需用的刀具对准主轴。

④ 主轴箱下降，刀具插入机床主轴。

⑤ 主轴箱及主轴带着刀具上升。

⑥ 刀库从主轴下面移开，机床工作台快速向左返回，工件移至主轴下面，使刀具对准工件的加工面。

无机械手换刀结构相对简单，但换刀动作麻烦，换刀时间长，并且刀库的容量相对小。

（2）机械手换刀。机械手换刀装置所需的换刀时间短，换刀动作灵活，多数加工中心采用机械手进行刀具交换，图 5.18 为加工中心机械手自动换刀过程。

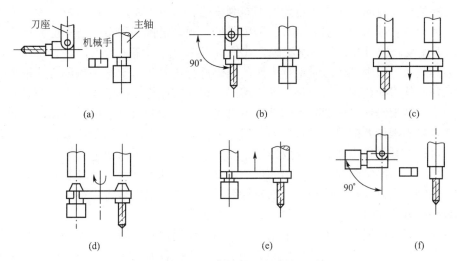

图 5.18　加工中心机械手自动换刀过程

① 刀库将准备更换的刀具转到刀库最下方的换刀位置。

② 上一工步结束后，刀库将换刀位置上的刀座逆时针转 90°，主轴箱上升到换刀位置后，机械手旋转 75°，分别抓住主轴和刀库刀座上的刀柄。

③ 待主轴自动放松刀柄后，机械手下降，同时把主轴孔内和刀座内的刀柄拔出。

④ 机械手回转 180°。

⑤ 机械手上升，将交换位置后的两刀柄同时插入主轴孔和刀座中，并夹紧。

⑥ 机械手反方向回转 75°，回到初始位置，刀座带动刀具向上（顺时针）转动 90°，回到初始水平位置，换刀过程结束。

3．刀具的选择方式

根据换刀指令，刀具交换装置从刀库中挑选各工序所需刀具的操作称为自动选刀。常用的选刀方法主要有顺序选刀和任意选刀两种，任意选刀又分为刀具编码选刀、刀座编码选刀和记忆式选刀。

1）顺序选刀方式

顺序选刀是在加工之前，将刀具按预定的加工工艺先后顺序依次插入刀库的刀座中，加工时按顺序选刀。用过的刀具放回原来的刀座内，也可以按加工顺序放入下一个刀座内。但加工不同的工件时必须重新调整刀具顺序，因而操作十分繁琐；而且同一工件、不同工序加工时，刀具也不能重复使用，这样就增加了刀具的数量和刀库的容量，降低了刀具和刀库的利用率；此外，装刀时必须十分谨慎，如果不按顺序装刀，将会产生严重的后果。由于该方式不需要刀具识别装置，驱动控制简单，工作可靠，因此，此种方式适用于加工批量较大、工件品种数量较少的中、小型自动换刀数控机床。

2）任意选刀方式

（1）刀具编码选刀方式。这种方式是采用一种特殊的刀柄结构，对每把刀具按照二进制原理进行编码，换刀时通过编码识别装置在刀库中识别所需的刀具。这样就可以将刀具存放于刀库的任意刀座中，并且刀具可以在不同的工序中重复使用，刀库的容量减少；用过的刀具也不一定放回原刀座中，从而避免了因刀具存放顺序的差错而造成事故，同时也缩短了刀库的运转时间，简化了自动换刀控制线路。但由于要求每把刀具上都带有专用编码系统，使刀具长度增加、制造困难、刚度降低，同时机械手和刀库结构也变复杂。

（2）刀座编码选刀方式。刀座编码方式是对刀库中的刀座进行编码，并将与刀座编码对应的刀具放入刀座中，换刀时根据刀座的编码进行选刀。由于这种编码方式取消了刀柄中的编码环，使刀柄结构大为简化。刀座编码的识别原理与刀柄编码的识别原理相同，但由于取消了刀柄编码环，识别装置的结构不再受刀柄尺寸的限制，而且可以放在较适当的位置。缺点是当操作者把刀具放入与刀座编码不符的刀座中时仍然会造成事故；同时，在自动换刀过程中必须将用过的刀具放回原来的刀座中，增加了换刀动作的复杂性。与顺序选刀方式相比，刀座编码选刀最突出的优点也是刀具在加工过程中可以重复使用。

刀座编码方式分为永久性编码和临时性编码。永久性编码是将一种与刀座编号相对应的刀座编码板安装在每个刀具座的侧面，它的编码是固定不变的。

临时性编码也称钥匙编码。它采用一种专用的代码钥匙，编码时先按加工程序的规定给每一把刀具系上一把表示该刀具号的编码钥匙，当把各刀具存放到刀库的刀座中时，将编码钥匙插进刀座旁边的钥匙孔中，这样就把钥匙的号码转记到刀座中，给刀座编上了号码。识别装置可以通过识别钥匙上的号码来选取该钥匙旁边刀座中的刀具。这种方式是较早期采用的编码方式，现在已经很少采用。

（3）记忆式选刀方式。目前，绝大多数加工中心采用记忆式选刀方式。它取消了传统的编码环和识别装置，利用软件构制一个模拟刀库数据表，其长度和表内设置的数据与刀库的刀座数及刀具号对应，选刀时数控装置根据数据表中记录的目标刀具位置，控制刀库旋转将选中的刀具送到取刀位置，用过的刀具可以任意存放，由软件记住其存放的位置，因此具有选刀方便灵活的特点。这种选刀方式主要由软件完成选刀，从而消除了由于识别装置的稳定性、可靠性所带来的选刀失误。

5.2.5　回转工作台与分度工作台

为了扩大机床的工艺范围，数控机床除了具有直线进给功能外，还应具有绕 X、Y、Z 轴圆周进给或分度的功能。通常数控机床的圆周进给运动由回转工作台来完成。

常用的回转工作台有分度工作台和数控回转工作台两种。分度工作台的功能是将工件转位换面，完成分度运动，和自动换刀装置配合使用，实现工件一次安装能完成几个面的多种工序。数控回转工作台除了用来进行各种圆弧加工或与直线进给联动进行曲面加工外，还可实现精确的自动分度工作。

1. 数控回转工作台

回转工作台是数控铣床、数控镗床、加工中心等数控机床不可缺少的重要部件，其作用是按照控制装置的信号或指令作回转分度或连续回转进给运动，以使数控机床能完成指定的加工工序。回转工作台的外形和数控分度工作台十分相似，但其内部结构却具有数控进给驱动机构的许多特点。数控回转工作台分为开环和闭环两种。

1）开环数控回转工作台

开环数控回转工作台如图 5.19 所示，由步进电动机 3 驱动，经过齿轮 2、6，蜗杆 4 和蜗轮 15 实现圆周进给运动。齿轮 2 和齿轮 6 的啮合间隙可通过调整偏心环 1 消除。齿轮 6 与蜗杆 4 用花键联接。蜗杆 4 为双导程蜗杆，用以消除蜗杆、蜗轮啮合间隙。蜗轮 15

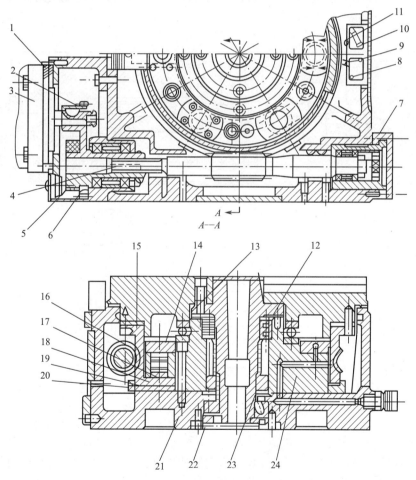

图 5.19 开环数控回转工作台

1—偏心环；2、6—齿轮；3—步进电动机；4—蜗杆；5—螺塞；7—调整垫片；8—微动开关；9、11—挡块；10—微动开关；12—圆柱滚子轴承；13—滚珠轴承；14—油缸；15—蜗轮；16—柱塞；17—钢球；18、19—夹紧瓦；20—弹簧；21—底座；22—圆锥滚子轴承；23—调整套；24—支座下部的内、外两面装有夹紧瓦 18 和 19，数控回转工作台的底座 21 上固定的支座 24 内均布有 6 个油缸 14，当油缸的上腔进压力油时，柱塞 16 下移，并通过钢球 17 推动夹紧瓦 18 和 19，将蜗轮夹紧，从而将数控回转工作台夹紧。当不需要夹紧时，只要卸掉油缸 14 上腔的压力油，弹簧 20 即可将钢球 17 抬起，蜗轮被放松。作为数控回转工作台使用时，不需要夹紧，功率步进电动机将按指令脉冲的要求来确定数控回转工作台的回转方向、回转速度和回转角度。

2）闭环数控回转工作台

闭环数控回转台的结构与开环数控回转台大致相同，其区别在于闭环数控回转工作台有转动角度的测量元件（圆光栅或感应同步器）。所测量的结果经反馈与指令值进行比较，按闭环原理进行工作，使转台分度精度更高。

图 5.20 所示为闭环数控回转工作台。直流伺服电动机 15 通过减速齿轮 14、16 及蜗杆副 12、13 带动工作台 1 回转，工作台的转角位置用圆光栅 9 测量。测量结果发出反馈信号与数控系统发出的指令信号进行比较，若有偏差经放大后控制伺服电动机朝消除偏差方向转动，使工作台精确定位。

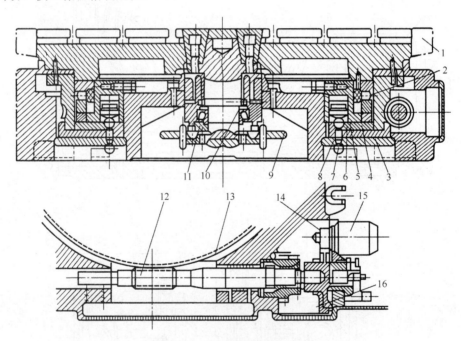

图 5.20　闭环数控回转工作台

1—工作台；2—滚柱导轨；3、4—夹紧瓦；5—锁紧油缸；6—活塞；7—弹簧；8—钢球；9—圆光栅；
10—短圆柱滚子轴承；11—圆锥滚子轴承；12、13—蜗杆副；14、16—齿轮；15—伺服电动机

数控回转工作台的中心回转轴采用圆锥滚子轴承 11 及双列向心短圆柱滚子轴承 10，并预紧消除其径向和轴向间隙，以提高工作台的刚度和回转精度。工作台支承在镶钢滚柱导轨 2 上，运动平稳且耐磨。

2. 分度工作台

分度工作台的分度、转位和定位工作按照控制系统的指令自动地进行，通常分度运动

只限于某些规定的角度(45°、60°、90°、180°等)，但实现工作台转位的机构都很难达到分度精度的要求，所以要有专门的定位元件来保证。常用的定位方式有插销定位、反靠定位、齿盘定位和钢球定位等几种。这里仅以齿盘定位分度工作台为例进行介绍。

图5.21所示为齿盘定位分度工作台。齿盘定位的分度工作台能达到很高的分度定位精度，一般为±3″，最高可达±0.4″。能承受很大的外载荷，定位刚度高，精度保持性好，实际上，由于齿盘啮合脱开相当于两齿盘对研过程，随着齿盘使用时间的延续，其定位精度还有不断提高的趋势。

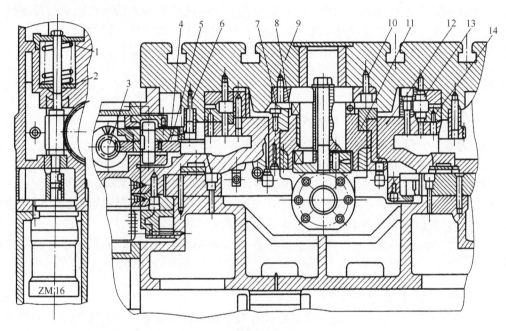

图5.21 齿盘定位分度工作台

1—螺旋弹簧；2—推力球轴承；3、4—蜗杆副；5、6—齿轮副；7—螺钉；8—活塞；
9—工作台；10、11—推力球轴承；12—液压缸；13—上齿盘；14—下齿盘

分度转位动作如下：

(1) 分度前的准备，工作台9抬起，齿盘脱离啮合：当需要分度时，液压油进入分度工作台9中央的液压缸12的下腔，上腔回油，活塞8上移，通过推力球轴承10和11带动工作台9也向上抬起，使上、下齿盘13、14相互脱开啮合，完成分度准备工作。

(2) 回转分度：当工作台9向上抬起时，通过推杆和微动开关发出信号，ZM16液压马达旋转，通过蜗杆副3、4和齿轮副5、6带动工作台9回转分度。工作台分度回转角度的大小由指令给出，共有8个等分，即45°的倍数。当工作台的回转角度接近所要分度的角度时，减速挡块使微动开关动作，发出减速信号，工作台转动减速，当回转角度达到所要求的角度时，准停挡块压合微动开关，发出信号，液压马达停止转动，工作台完成准停。

(3) 工作台下降，齿盘重新啮合，完成定位夹紧：工作台完成准停动作的同时，压力油进入液压缸12的上腔，推动活塞8带动工作台下降，上、下齿盘重新啮合，完成定位夹紧，同时推杆使另一微动开关动作，发出分度完成信号。由于上、下齿盘重新啮合时，齿盘会带动蜗轮产生微小的转动，而传动蜗杆副具有自锁性，如果蜗轮蜗杆锁住不动，则上、下齿盘

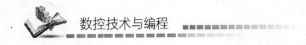

下降时就难以啮合并准确定位，为此将蜗轮轴设计成浮动结构，即其轴向用两个推力球轴承2抵在一个螺旋弹簧1上面。这样，齿盘下降时，蜗轮可带动蜗杆作微量的轴向移动。

5.3　数控机床的主传动系统

数控机床主传动系统是指驱动主轴运动的系统。主轴是数控机床上带动刀具或工件旋转、产生切削运动的运动轴，而且往往是数控机床上消耗功率最大的运动轴。与普通机床一样数控机床也必须通过变速才能使主轴获得不同的转速，以适应不同的加工要求；在变速的同时，还要求传递一定的功率和足够的转矩，以满足切削的需要。

5.3.1　主传动的基本要求和变速方式

1. 数控机床主传动系统的基本要求

（1）为能达到最佳的切削效果，主轴一般都要求能实现无级变速。

（2）机床主轴系统必须具有足够高的转速和足够大的功率，以适应高速、高效加工。

（3）为了降低噪声、减轻发热、减少振动，主传动系统应简化结构，减少传动件。

（4）在加工中心上，还必须具有安装刀具和刀具交换所需的自动夹紧装置，以及主轴定向准停装置，以保证刀具和主轴、刀库、机械手的正确位置。

（5）有 C 轴功能要求时，主轴还需要安装位置检测装置，以便实现对主轴位置的控制。

2. 数控机床主轴的调速方法

数控机床主传动系统的变速方式主要有有级变速（机械变速）、无级变速、分段无级变速和电主轴变速几种形式。

1）有级变速（机械变速）

有级变速仅用于经济型数控机床，大多数数控机床均采用无级变速或分段无级变速。如图 5.22 所示的有级变速系统，电动机不具备变速功能，通过拨叉控制滑移齿轮啮合位置实现主轴变速。

2）无级变速

主传动采用无级变速，不仅能在一定的速度范围内选择到合理的切削速度，而且还能在运动中自动换速。无级变速有机械、液压、电气等多种形式，数控机床一般采用直流或交流伺服电动机作为动力源的电气无级变速方式。

如图 5.23 所示的无级变速传动结构，电动机经同步带驱动主轴运动。电动机采用性能更好的交、直流主轴电动机，其优点是变速范围宽，最高转速可达 8000r/min，在传动上基本能满足目前大多数数控机床的要求，易于实现丰富的控制功能。此传动系统结构简单、安装调试方便，可满足现在中高档数控机床的控制要求。但对于越来越高的速度需求，该配置方式已难以满足。

3）分段无级变速

数控机床在实际生产中，并不需要在整个变速范围内均为恒功率。一般要求在中、高速段为恒功率传动，在低速段为恒转矩传动。为了保证数控机床主轴低速时有较大的转矩

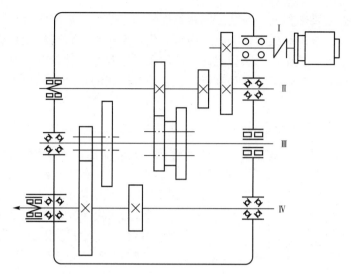

图 5.22　有级变速系统

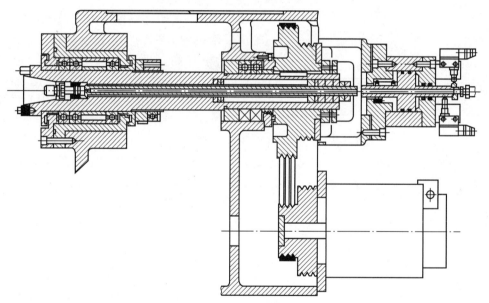

图 5.23　无级变速传动结构

和主轴的变速范围尽可能大，有的数控系统在交流或直流电动机无级变速的基础上配以齿轮变速，使之成为分段无级变速。在小型数控机床上或主传动系统要求振动小、噪声低的数控机床上，也可采用平带、V 带、同步带及多楔带等带传动形式形成分段无级变速系统。

　　在带有齿轮变速的分段无级变速系统中，主轴的正、反启动与停止、制动是直接控制电动机来实现的，主轴的变速由电动机转速的无级变速与齿轮的有级变速相配合来实现。齿轮有级变速机构的变速通常采用液压拨叉和电磁离合器两种变速形式。

5.3.2　主轴部件的结构

　　数控机床的主轴部件是数控机床的重要组成部分之一，包括主轴的支承和安装在主轴上的传动零件等。主轴部件的回转精度影响工件的加工精度，功率大小与回转速度影响加工效率，自动变速、准停和换刀影响机床的自动化程度。因此，要求主轴部件具有良好的回转精度、结构刚度、抗振性、热稳定性、部件耐磨性和精度保持性。对于自动换刀的数控机床，为了实现刀具的自动装卸和夹持，还必须有刀具的自动夹紧装置、主轴准停装置和切屑清除装置等结构。

1. 主轴部件的支承与润滑

机床主轴带动刀具或夹具在支承中作回转运动，应能传递切削转矩，承受切削抗力，并保证必要的旋转精度。数控机床主轴的支承配置形式主要有三种，如图 5.24 所示。

（1）前支承采用双列圆柱滚子轴承和双列角接触球轴承组合，后支承采用成对安装的角接触球轴承。这种配置形式使主轴的综合刚度大幅度提高，可以满足强力切削的要求，因此普遍应用于各类数控机床主轴中。

（2）前轴承采用高精度的双列角接触球轴承，后轴承采用单列（或双列）角接触球轴承。这种配置具有良好的高速性能，主轴最高转速可达 4000r/min，但它承载能力小，因而适用于高速、轻载和精密的数控机床主轴。在加工中心的主轴中，为了提高承载能力，有时应用 3～4 个角接触球轴承组合的前支承，并用隔套实现预紧。

（3）前后轴承采用双列和单列圆锥滚子轴承。这种轴承径向和轴向刚度高，能承受重载荷，尤其能承受较强的动载荷，安装与调整性能好。但这种配置限制了主轴的最高转速和精度，因此适用于中等精度、低速与重载的数控机床主轴。

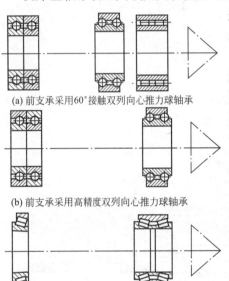

(a) 前支承采用60°接触双列向心推力球轴承

(b) 前支承采用高精度双列向心推力球轴承

(c) 前支承采用双列圆锥滚子轴承

图 5.24　主轴的常见支承配置形式

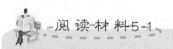

阅读材料5-1

陶 瓷 轴 承

陶瓷轴承的性能价格比远远优于全钢轴承，寿命可比现在使用的轴承寿命提高 3 倍以上，可节省大量的停机检修时间、降低废品率、减少库存轴承备件等。与轴承钢性能比较，自重是轴承钢的 30%～40%，可减少因离心力产生的动体载荷的增加和打滑。因高耐磨、转速是轴承钢的 1.3～1.5 倍，可减少因高速旋转产生的沟道表面损伤。弹性模量高于轴承钢 1.5 倍。受力弹性小，可减少因载荷量高所产生的变形。硬度与轴承钢相同，可减少磨损。抗压是轴承钢的 5～7 倍。热膨胀系数比轴承钢小 20%。摩擦系数比轴承钢小 30%，可减少因摩擦产生的热量和因高温引起的轴承提前剥落失效。抗拉、抗弯性能与金属同等。

陶瓷轴承(图 5.25)具有耐高温、耐寒、耐磨、耐腐蚀、抗磁电绝缘、无油自润滑、高转速等特性。可用于极度恶劣的环境及特殊工况,可广泛应用于航空、航天、航海、石油、化工、汽车、电子设备、冶金、电力、纺织、泵类、医疗器械、科研和国防军事等领域,是新材料应用的高科技产品。陶瓷轴承的套圈及滚动体采用全陶瓷材料,有氧化锆(ZrO_2)、氮化硅(SiN_4)、碳化硅(SiC)3 种。保持器采用聚四氟乙烯、尼龙 66、聚醚酰亚胺、氧化锆、氮化硅、不锈钢或特种航空铝制造,从而扩展了陶瓷轴承的应用范围。广泛应用于高速机床、高速电机、医疗器械、低温工程、光学仪器、印刷机械、食品加工机械。

高速陶瓷轴承具有耐寒性强、受力弹性小、抗压力大、导热性能差、自重轻、摩擦系数小等优点,可应用在 12000~75000r/min 的高速主轴及其他高精度设备中。

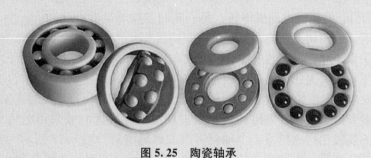

图 5.25 陶瓷轴承

2. 常用卡盘结构

数控车床工件夹紧装置可采用三爪自定心卡盘、四爪单动卡盘或弹簧夹头等。为了减少数控车床装夹工件的辅助时间,广泛采用液压或气压动力自定心卡盘。图 5.26 所示为某数控车床上采用的一种液压驱动自定心卡盘,它主要由固定在主轴后端的液压缸 5 和固定在主轴前端的卡盘 3 两部分组成,改变液压缸左、右腔的通油状态,活塞杆 4 带动卡盘内的驱动爪 1 驱动卡爪 2,夹紧或松开工件,并通过行程开关 6 和 7 发出相应信号,其夹紧力的大小通过调整液压系统的压力进行控制。具有结构紧凑、动作灵敏、能够实现较大夹紧力的特点。

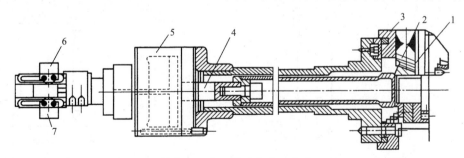

图 5.26 液压驱动自定心卡盘
1—驱动爪;2—卡爪;3—卡盘;4—活塞杆;5—液压缸;6、7—行程开关

3. 主轴准停装置

在数控镗床、数控铣床和以镗铣为主的加工中心上,为了实现自动换刀,使机械手准

确地将刀具装入主轴孔中，刀具的键槽必须与主轴的键位在周向对准；在镗削加工退刀时，要求刀具向刀尖反方向径向移动一段距离后才能退出，以免划伤工件，这都需要主轴具有周向定位功能；另外，一些特殊工艺要求，如在通过前壁小孔镗内壁的同轴大孔，或者进行反倒角等加工时，也要求主轴实现准停，使刀尖停在一个固定的方位上，以便主轴偏移一定尺寸后，使大刀刃能通过前壁小孔进入箱体内对大孔进行镗削，所以在主轴上必须设有准停装置。

目前，主轴准停装置很多，主要分为机械式和电气式两种。传统的做法是采用机械挡块等来定向。图 5.27 所示为 V 形槽轮定位盘准停装置工作原理，在主轴上固定一个 V 形槽轮定位盘，使 V 形槽与主轴上的端面键保持所需的相对位置关系。当主轴需要停车换刀时，发出降速信号，主轴转换到最低速运转，时间继电器开始动作，延时 4～6s 后，无触点开关1接通电源，当主轴转到图 5.27 所示位置即 V 形槽轮定位盘 3 上的感应块 2 与无触点开关 1 相接触后发出信号，使主轴电动机停转。另一延时继电器延时 0.2～0.4s 后，压力油进入定位液压缸下腔，使定向活塞向左移动，当定向活塞上的定向滚轮 5 顶入定位盘的 V 形槽内时，行程开关 LS_2 发出信号，主轴准停完成。若延时继电器延时 1s 后行程开关 LS_2 仍不发信号，说明准停没有完成，需使定向活塞 6 后退，重新准停。当活塞杆向右移到位时，行程开关 LS_1 发出定向滚轮 5 退出 V 形槽轮定位盘 V 形槽的信号，此时主轴可启动工作。

机械准停装置准确可靠，但结构较复杂。现代数控机床一般采用电气式主轴准停装置，只要数控系统发出指令信号，主轴就可以准确地定向。图 5.28 所示为加工中心电气准停装置原理图，在带动主轴旋转的多楔带轮 1 的端面上装有一个厚垫片 4，垫片上装有一个体积很小的永久磁铁 3，在主轴箱箱体对应主轴准停的位置上装有磁传感器 2。当机床需要停车换刀时，数控装置发出主轴停转指令，主轴电动机立即降速，当主轴以最低转速转动，永久磁铁 3 对准磁传感器 2 时，磁传感器发出准停信号，该信号经放大后，由定向电路控制主轴电动机停在规定的周向位置上，同时限位开关发出到位信号。

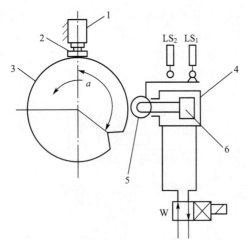

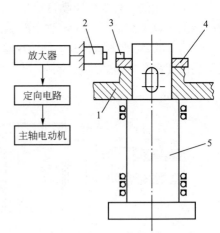

图 5.27　V 形槽轮定位盘准停装置工作原理
1—无触点开关；2—感应块；3—V 形槽轮定位盘；
4—定位液压缸；5—定向滚轮；6—定向活塞

图 5.28　加工中心主轴电气准停装置
1—多楔带轮；2—磁传感器；
3—永久磁铁；4—垫片；5—主轴

电气式主轴定向停止的特点是不需要机械部件定位，定向时间短，可靠性高，只需要简单的电器顺序控制，精度和刚度高。

4. 主轴内刀具自动装卸及吹屑装置

在加工中心上，为了实现刀具在主轴上的自动装卸，除了要保证刀具在主轴上正确定位外，还必须设计自动夹紧装置。

图5.29为自动换刀数控镗铣床主轴部件的一种结构方案，主轴前端有7∶24的锥孔，

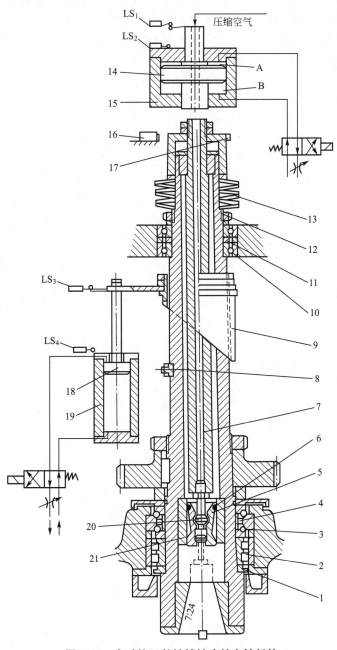

图5.29 自动换刀数控镗铣床的主轴部件

1—调整半环；2—双列圆柱滚子轴承；3—双列向心球轴承；4、11—调整环；5—双瓣卡爪；6—弹簧；
7—拉杆；8—定位滚子；9—凸轮；10—向心推力球轴承；12、15、19—油缸；13—碟形弹簧；
14—活塞；16—无触点行程开关；17—接近体；18—活塞杆；20—喷气头；21—套筒

用于装夹锥柄刀具或刀杆。主轴端面有一键，既可通过它传递刀具的扭矩，又可用于刀具的周向定位。主轴的前支承由 B 级精度的锥孔双列圆柱滚子轴承 2 和双列向心球轴承 3 组成。为了提高前支承的旋转精度，可以修磨前端的调整半环 1 和轴承 3 的中间调整环 4，待收紧锁紧螺母后，可以消除两个轴承滚道之间的间隙并且进行预紧。后支承采用两个 D 级精度的 46115 型向心推力球轴承 10，修磨中间调整环 11 以进行预紧。

在自动交换刀具时要求能自动松开和夹紧刀具。图 5.29 所示为刀具的夹紧状态，碟形弹簧 13 通过拉杆 7、双瓣卡爪 5，在内套 21 的作用下，将刀柄的尾端拉紧。当换刀时，要求松开刀柄，此时，在主轴上端油缸的上腔 A 通入压力油，活塞 14 的端部即推动拉杆 7 向下移动，同时压缩碟形弹簧 13，当拉杆 7 下移到使双瓣卡爪 5 的下端移出套筒时，在弹簧 6 的作用下，卡爪张开，喷气头 20 将刀柄顶松，刀具即可由机械手拔出。待机械手将新刀装入后，油缸 12 的下腔通入压力油，活塞 14 向上移，碟形弹簧伸长将拉杆 7 和双瓣卡爪 5 拉着向上，双瓣卡爪 5 重新进入套筒 21，将刀柄拉紧。活塞 14 移动的两个极限位置都有相应的行程开关作用，作为刀具松开和夹紧的回答信号。

如果主轴锥孔中落入切屑、灰尘或其他污物，在拉紧刀杆时，主轴锥孔表面和刀杆的锥柄就会被划伤，甚至会使刀杆发生偏斜，破坏刀杆的正确定位，影响零件的加工精度。为了保持主轴锥孔的清洁，常采用的方法是使用压缩空气吹屑。在图 5.29 中，当主轴部件处于松刀状态时，主轴顶端的油缸与拉杆是紧密接触的，此时，压缩空气通过油缸活塞 14 和拉杆 7 中间的通孔，由喷气头喷出，以吹掉主轴锥孔上的灰尘、切屑等污物，保证主轴孔的清洁。

5.3.3 电主轴与高速主轴系统

电主轴(图 5.30)是将机床主轴与电动机轴融为一体，这种变速方式大大简化了主轴箱体与主轴的结构，有效地提高了主轴的转速。

图 5.30 电主轴实物图

图 5.31 所示为内装电主轴的主轴部件结构。电主轴主要由空心转子 1、带绕组的定子 2 和位置检测器(图中未示出)三部分组成。由于主轴 4 与电动机合为一体，电动机的转子轴就是主轴本身，电动机定子与主轴箱体连接，所以，主轴传动不仅结构简单，而且降低了噪声和共振。主轴部件经过严格的动平衡，故可以在高速下运行。为了防止主轴高速运转时的发热，主轴轴承、电主轴均通入冷却水进行强制冷却。

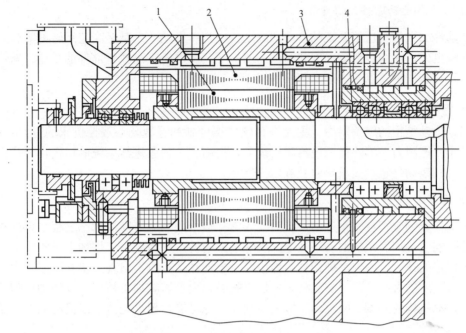

图 5.31　内装电主轴的主轴部件结构
1—转子；2—定子；3—箱体；4—主轴

　　电主轴的出现大大简化了主运动系统结构，实现了所谓的"零传动"，它具有结构紧凑、质量轻、惯性小、动态特性好等优点，并可改善机床的动平衡，避免振动和噪声，在超高速切削机床上得到了广泛的应用。

5.4　数控机床的进给传动系统

　　进给系统机械传动结构是进给伺服系统的主要组成部分，主要由传动机构、运动变换机构、导向机构和执行件组成，是实现成形加工运动所需的运动及动力的执行机构。由于数控机床的进给运动是数字控制的直接对象，被加工工件的最终位置精度和轮廓精度都与进给运动的传动精度、灵敏度和稳定性有关。

5.4.1　数控机床对进给传动系统的基本要求

1. 提高传动精度和刚度

　　数控机床本身的精度，尤其是进给传动装置的传动精度和定位精度对零件的加工精度起着关键性的作用，是数控机床的特征指标。为此，首先要保证各个传动件的加工精度，尤其是提高滚珠丝杠螺母副(直线进给系统)、蜗杆副（圆周进给系统）的传动精度。另外，在进给传动链中加入减速齿轮以减小脉冲当量(伺服系统接收一个指令脉冲驱动工作台移动的距离)，从系统设计的角度分析，也可以提高传动精度；通过预紧传动滚珠丝杠，消除齿轮、蜗轮等传动件的间隙等办法，来提高传动精度和刚度。

2. 减少各运动零件的惯量

传动件的惯量对进给系统的启动和制动特性都有影响，尤其是高速运转的零件，其惯量的影响更大。在满足传动强度和刚度的前提下，尽可能减小执行部件的质量，减小旋转零件的直径和质量，以减少运动部件的惯量。

3. 减少运动件的摩擦阻力

机械传动结构的摩擦阻力，主要来自丝杠螺母副和导轨。在数控机床的进给系统中，为了减小摩擦阻力，消除低速进给爬行现象，提高整个伺服进给系统的稳定性，广泛采用滚珠丝杠和滚动导轨、塑料导轨及静压导轨等。

4. 响应速度快

所谓快速响应特性是指进给系统对输入指令信号的响应速度及瞬态过程结束的迅速程度。快速响应是伺服系统的动态性能，反映了系统的跟踪精度。工件加工过程中，工作台应能在规定的速度范围内灵敏而精确地跟踪指令，在运行时不出现丢步和多步现象。进给系统响应速度的大小不仅影响到机床的加工效率，而且影响加工精度。设计中应使机床工作台及传动机构的刚度、间隙、摩擦及转动惯量尽可能达到最佳值，以提高伺服进给系统的快速响应性。

5. 较强的过载能力

由于电动机频繁换向且加减速度很快，使电动机可能在过载条件下工作，因此要求电动机有较强的过载能力，一般要求在数分钟内过载 4～6 倍而不损坏。

6. 稳定性好，寿命长

稳定性是伺服进给系统能够正常工作的最基本条件，特别是在低速进给情况下不产生爬行，并能适应外加负载的变化而不发生共振。稳定性与系统的惯性、刚度、阻尼及增益等都有关系，适当选择各项参数，并能达到最佳的工作性能，是伺服系统设计的目标。

所谓进给系统的寿命，主要指其保持数控机床传动精度和定位精度的时间长短，即各传动部件保持其原来制造精度的能力。为此，应合理选择各传动部件的材料、热处理方法及加工工艺，并采用适当的润滑方式和防护措施，以延长其寿命。

7. 使用维护方便

数控机床属于高精度自动控制机床，主要用于单件、中小批量、高精度及复杂的生产加工，故机床的开机率相应高，因而进给系统的结构设计应便于维护和保养，最大限度地减小维修工作量，以提高机床的利用率。

5.4.2　数控机床进给传动系统的基本形式

数控机床的进给运动可以分为直线运动和圆周运动两大类。直线进给运动包括沿机床的基本坐标轴 X、Y、Z 轴方向，以及和基本坐标轴平行的坐标轴 U、V、W 轴方向的直线运动；圆周进给运动是指绕基本坐标轴 X、Y、Z 轴的回转运动。实现圆周进给运动一般都采用蜗杆副。实现直线进给运动主要有 3 种型式：

（1）通过丝杠螺母副，将伺服电动机的旋转运动变成直线运动。

（2）通过齿轮、齿条副，将伺服电动机的旋转运动变成直线运动。

（3）直接采用直线电动机进行驱动。

1. 滚珠丝杠螺母副

滚珠丝杠螺母副具有以下特点：

（1）摩擦损失小，传动效率高，可达 0.90～0.96。

（2）摩擦阻力小，几乎与运动速度无关，动静摩擦力之差极小，能保证运动平稳，不易产生低速爬行现象，磨损小、寿命长、精度保持性好。

（3）丝杠螺母之间预紧后，可以完全消除间隙，提高了传动刚度，实现无间隙传动，传动精度高。

（4）不能自锁，有可逆性，即能将旋转运动转换为直线运动，或将直线运动转换为旋转运动。因此丝杠立式使用时，应增加制动装置。

（5）滚珠丝杠螺母副制造工艺复杂，滚珠丝杠和螺母的材料，热处理和加工要求相当于滚动轴承。螺旋滚道必须磨削，制造成本高。

2. 静压丝杠螺母副

静压丝杠螺母副是通过油压在丝杠和螺母的接触面之间，产生一层保持一定厚度且具有一定刚度的压力油膜，使丝杠和螺母之间由边界摩擦变为液体摩擦。当丝杠转动时通过油膜推动螺母直线移动，反之，螺母转动也可使丝杠直线移动。静压丝杠螺母的特点如下：

（1）摩擦系数很小，仅为 0.0005，比滚珠丝杠螺母副摩擦系数 0.002～0.005 的摩擦损失更小，因此，其起动力矩很小，传动灵敏，避免了爬行。

（2）油膜层可以吸振，提高了运动的平稳性。

（3）由于油液的不断流动，有利于散热和减少热变形，提高了机床的加工精度和光洁度。

（4）油膜层具有一定刚度，减小了反向间隙。

（5）油膜层介于螺母与丝杠之间，对丝杠的误差有"均化"作用，即可以使丝杠的传动误差小于丝杠本身的制造误差。

（6）承载能力与供油压力成正比，与转速无关。但静压丝杠螺母副应有一套供油系统，而且对油的清洁度要求高，如果在运动中供油忽然中断，将造成不良后果。

3. 齿轮齿条副

大型数控机床不宜采用丝杠传动，因长丝杠制造困难，且容易弯曲下垂，影响传动精度；同时轴向刚度与扭转刚度也难提高。如果加大丝杠直径，则转动惯量增大，伺服系统的动态特性不易保证，故常用静压蜗杆蜗条副和齿轮齿条副传动。

齿轮齿条副传动用于行程较长的大型机床，可以得到较大的传动比，实现高速直线运动，刚度及机械效率也高。但其传动不够平稳，传动精度不高，而且不能自锁。采用齿轮齿条副传动时，必须采取措施消除齿侧间隙，当传动负载小时，也可采用双片薄齿轮调整法，分别与齿条齿槽的左、右两侧贴紧，从而消除齿侧间隙。当传动负载大时，可采用双厚齿轮传动结构。

4. 直线电动机直接驱动

直线电动机是近年来发展起来的高速、高精度数控机床最有代表性的先进技术之一。

利用直线电动机驱动,可以完全取消传动系统中将旋转运动变为直线运动的环节,大大简化了机械传动系统的结构,实现所谓的"零传动"。它从根本上消除了传动环节对精度、刚度、快速性和稳定性的影响,故可以获得比传统进给驱动系统更高的定位精度、快进速度和加速度。

5.4.3 直线电动机与高速进给单元

随着高速机床的出现,传统的旋转电动机经过机械转换装置将旋转运动变为直线运动的方式已不能满足对直线运动高性能的要求,虽然高速滚珠丝杠传动系统可在一定程度上满足高速机床的要求,但存在制造困难,速度和加速度的增加受限制,进给行程短,一般不能超过 4~6m,全封闭时系统稳定性不容易保证等。研究表明:滚珠丝杠技术在 1g 加速度下,在卧式机床上可以可靠地工作,若加速度再提高 50% 就有问题了。自 1993 年,在机床进给系统上开始应用直线电动机直接驱动,它是高速高精加工机床,特别是其中的大型机床更理想的驱动方式。与滚珠丝杠传动相比,直线电动机高速进给单元驱动系统具有以下优点。

(1)速度快、加减速过程短。直线电动机直接驱动进给部件,取消了中间机械传动元件,无旋转运动和离心力的作用,更容易实现高速直线运动,目前,其最大进给速度可达 80~200m/min。同时"零传动"的高速响应性使其加减速过程大大缩短,从而实现启动时瞬间达到高速,高速运行时又能瞬间准停,其加速度可达(2~10)g。

(2)精度高。由于取消了丝杠等机械传动机构,可减少插补时因传动系统滞后带来的跟踪误差。利用光栅作为工作台的位置测量元件,并采用闭环控制,通过反馈对工作台的位移进行精度控制,定位精度达到 0.01~0.1μm。

(3)刚度好、效率高、噪声低。"零传动"提高了传动刚度,消除了传动丝杠等部件的机械摩擦所导致的能量损耗,导轨副采用滚动导轨或磁垫悬浮导轨,无机械接触,使运动噪声大大下降。同时可以根据机床导轨的形面结构及其工作台运动时的受力情况来布局直线电动机。

(4)行程长度不受限制。在导轨上通过串联直线电动机的定件,可以无限延长动件的行程长度。

(5)宽的速度范围。现代直线电动机技术很容易实现宽调速,速度变化范围可达 1:10000 以上。

直线电动机的基本结构与普通旋转电动机相似,如图 5.32 所示,设想把一台旋转电动机沿半径方向剖开,并且展平,就形成了一台直线电动机。在直线电动机中,相对于旋转变压器转子的叫初级;相对于旋转变压器定子的叫次级。初级通以交流电,次级就在电磁力的作用下沿初级作直线运动。

尽管直线电动机有很多优点,但在选用时应注意以下不足之处:

(1)与同容量旋转电动机相比,直线电动机的效率和功率因数要低,特别在低速时更明显。

(2)直线电动机,特别是直线感应电动机的起动推力受电源电压的影响较大,故对驱动器的要求较高,应采取措施保证或改变电动机的有关特性来减少或消除这种影响。

(3)在金属加工机床上,由于电动机直接和导轨、工作台做成一体,必须采取措施以防止磁力和热变形对加工的影响。

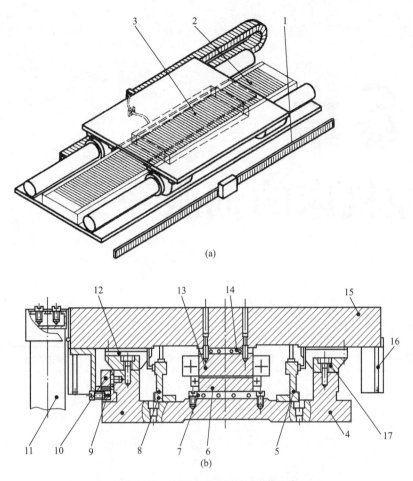

图 5.32　直线电动机进给驱动系统

1—位置检测器；2—转子；3—定子；4—床身；5、8—辅助导轨；7、14—冷却板；
6、13—次级；9、10—测量系统；11—拖链；12、17—导轨；15—工作台；16—防护

思考与练习

1. 对数控机床主传动系统的基本要求有哪些?
2. 数控机床主传动系统的变速方式有哪些?
3. 数控机床对进给传动系统的基本要求有哪些?
4. 数控机床机械结构有何特点? 对数控机床机械结构的基本要求是什么?
5. 滚动导轨有哪些特点?
6. 滚珠丝杠螺母副的支承形式有哪几种? 各有何特点?
7. 对数控机床导轨的基本要求有哪些?
8. 滚珠丝杠螺母副的循环方式有哪几种? 如何实现滚珠丝杠螺母副的预紧?
9. 加工中心常用刀库有哪些类型?
10. 直线电动机高速进给单元驱动系统有何特点?

第 6 章

数控机床的伺服系统

本章教学要点

知识要点	掌握程度	相关知识
概述	掌握伺服系统的基本要求； 熟悉伺服系统的分类	伺服控制器； 交流伺服系统； 直流伺服系统
步进电动机伺服系统	掌握步进电动机结构及工作原理； 了解步进电动机特性及性能指标； 了解步进电动机驱动模块及应用	驱动放大电路； 环形脉冲分配器； 多轴联动控制
交流电动机伺服系统	了解交流伺服电动机的分类； 掌握永磁式交流同步电动机； 熟悉交流感应式伺服电动机； 了解驱动模块应用	他励交流电动机； 永磁式交流电动机
直流电动机伺服系统	了解直流伺服电动机的分类； 掌握普通型永磁直流伺服电动机； 熟悉直流主轴伺服电动机； 了解晶闸管直流调速； 了解晶体管直流脉宽调速	他励直流电动机； 永磁直流伺服电动机； 晶闸管调速； 脉宽调速

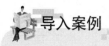

直线电动机进给驱动的应用

从 1845 年 Charles Wheastone 发明世界上第一台直线电动机以来，直线电动机在运输机械、仪器仪表、计算机外部设备及磁悬浮列车等各行各业获得了广泛应用。国外第一台采用直线电动机的数控机床是 1993 年德国 Ex - cell 公司在汉诺威机床博览会上展出的 HSC240 高速加工中心。该加工中心采用了德国 Indramat 公司开发成功的感应式直线驱动电动机，最高的进给速度可以达到 60m/min，进给加速度可以达到 1g。美国 Ingersoll 公司在其生产的 HVM8 加工中心的 3 个移动坐标轴的驱动上使用了永磁式直线电动机，最高进给速度达 76.2m/min，进给加速度达 $(1 \sim 1.5)g$。意大利 Vigolzone 公司生产的高速卧式加工中心，三轴采用直线电动机，三轴的进给速度均达到 70m/min，加速度达到 1g。在 CIM97 上德国西门子公司曾作了 120m/min 直线电动机高速进给表演，该公司的直线电动机（图 6.01）最大的进给速度可达 200m/min，最大推力可达 6600N，最大位移距离为 504mm。目前直线电动机的加速度可达 2.5g 以上，进给速度轻而易举就可以达到 160m/min 以上，定位精度高达 $0.05 \sim 0.5 \mu m$。

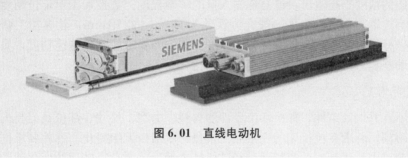

图 6.01　直线电动机

6.1　概　　述

伺服系统是连接数控系统与机床本体的关键部分，它接收来自数控系统的指令，经过放大和转换，驱动数控机床上的执行机构实现预期的运动，并将运动结果反馈到输入端与输入指令比较，直至与输入指令之差为零，从而使机床精确地运动到所要求的位置。伺服系统的性能直接关系到数控机床执行机构的动态特性、静态特性、精度、稳定程度等。伺服系统与数控系统和机床本体称为数控机床的三大组成部分。与一般机床不同，数控机床伺服系统是一种自动控制系统，数控伺服系统由伺服电动机、驱动转换电路、电力电子驱动放大模块、电流调节单元、速度调节单元、位置调节单元和相应的检测装置等组成。一般闭环伺服系统的结构如图 6.1 所示。这是一个三环结构系统，外环是位置环，中环是速度环，内环是电流环。位置环由位置控制单元、位置检测和反馈装置组成。速度环由速度控制单元、速度检测和反馈装置组成。电流环由电流控制单元、电流检测和反馈装置组成。转换驱动装置由驱动信号产生电路和功率放大器等组成。其中驱动元件主要是伺服电动机，目前交流伺服电动机应用最为广泛。

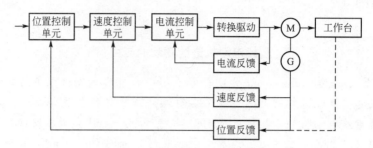

图 6.1　数控机床伺服系统结构

6.1.1　伺服系统的基本要求

伺服系统是把数控信息转化为机床进给运动的执行机构。数控机床将高效率、高精度和高柔性集于一身，对位置控制、速度控制、伺服电动机、机械传动等方面都有很高要求。

1. 精度高

伺服系统的精度是指输出量能复现输入量的精确程度。数控加工对定位精度和轮廓加工精度要求都比较高，定位精度一般允许误差为 $0.001\sim0.01\text{mm}$，轮廓加工精度与速度控制、联动坐标的协调一致控制有关。在速度控制中，要求较高的调速精度，具有比较强的抗负载扰动能力，对静态、动态精度要求都比较高。

2. 速度范围宽

为适应不同的加工条件，如所加工零件的材料、类型、尺寸、部位及刀具的种类和冷却方式等的不同，要求数控机床的进给能在很宽的范围内无级变化。这就要求伺服电动机有很宽的调速范围和优异的调速特性。经过机械传动后，电动机转速的变化范围即可转化为进给速度的变化范围。目前，较先进的水平是在进给脉冲当量为 $0.1\mu\text{m}$ 的情况下，进给速度在 $0\sim240\text{m/min}$ 连续可调。对一般数控机床而言，进给速度范围在 $0\sim24\text{m/min}$ 时都可满足加工要求。

3. 具有足够的传动刚性和高的速度稳定性

伺服系统应具有优良的静态与动态负载特性，即伺服系统在不同的负载情况下，或切削条件发生变化时，进给速度保持恒定。刚性良好的系统，速度受负载力矩变化的影响很小，一般要求负载力矩变化时，静态速降应小于 5%，动态速降应小于 10%。

4. 快速响应且无超调

为了保证轮廓切削形状精度和低的加工表面粗糙度值，对位置伺服系统除了要求有较高的定位精度外，还要求有良好的快速响应特性，即要求跟踪指令信号的响应要快。这就对伺服系统的动态性能提出如下两方面的要求。

（1）在伺服系统处于频繁地启动、制动、加速、减速等动态过程中，为了提高生产率和保证加工质量，则要求加、减速度足够大，以缩短过渡过程时间。一般电动机的速度由零到最大，或从最大减少到零，时间应控制在 200ms 以下，甚至少于几十毫秒，且速度变化时不应有超调。

（2）当负载突变时，过渡过程前沿要陡，恢复时间要短，且无振荡，这样才能得到光滑的加工表面。

5．可逆运行

可逆运行要求能灵活地正反向运行。在加工过程中，机床工作台处于随机状态，根据加工轨迹的要求，随时都可能实现正向或反向运动。同时，要求在方向变化时无反向间隙和运动误差。从能量角度看，应该实现能量的可逆转换，即在加工运行时，电动机从电网吸收能量，将其转变为机械能，在制动时，把电动机的机械惯性能量转变为电能回馈给电网，以实现快速制动。

6．低速大转矩

机床的加工特点大多是低速时进行切削，即在低速进给驱动要有大的转矩输出。

7．伺服系统对伺服电动机的要求

数控机床上使用的伺服电动机，大多是交流伺服电动机。早期数控机床也有用专用的直流伺服电动机，如改进型直流电动机、小惯量直流电动机、永磁式直流伺服电动机、无刷直流电动机等。在经济型数控机床上混合型步进电动机也有采用。

由于数控机床对伺服系统提出了严格的技术要求，伺服系统也对驱动电动机提出了严格的要求。

（1）具有较硬的机械特性和良好的调节特性。机械特性是指在一定的电枢电压条件下转速和转矩的关系。调节特性是指在一定的转矩条件下转速和电枢电压的关系。理想情况下，两种特性曲线是一直线。

（2）具有宽广而平滑的调速范围。伺服系统要完成多种不同的复杂动作，需要伺服电动机在控制指令的作用下，转速能够在较大的范围内调节。性能优异的伺服电动机调速范围可达到 1：100000。

（3）具有快速响应特性。即伺服电动机从获得控制指令到按照指令要求完成动作的时间要短。响应时间越短，说明伺服系统的灵敏性越高。

（4）具有小的空载始动电压。伺服电动机空载时，控制电压从零开始逐渐增加，直到电动机开始连续运转时的电压，称为伺服电动机的空载始动电压。当外加电压低于空载始动电压时，电动机不能转动，这是由于此时电动机所产生的电磁转矩还达不到电动机空转时所需的空载转矩。可见，空载始动电压越小，电动机启动越快，工作越灵敏。

（5）过载能力强。电动机应具有大的较长时间的过载能力，以满足低速大转矩的要求。一般直流伺服电动机要求在数分钟内过载 4～6 倍而不损坏。

（6）电动机应能承受频繁启动、制动和反转。

6.1.2　伺服系统的分类

1．按调节理论分类

1）开环伺服系统

开环伺服系统即没有位置反馈的伺服系统，如图 6.2 所示。数控系统发出的指令脉冲信号，经驱动电路控制和功率放大后，使步进电动机转动，通过变速齿轮和滚珠丝杠螺母副驱动工作台或刀架等执行机构，实现直线运动。数控系统发出一个指令脉冲，机床执行机构所移动的距离称为脉冲当量。开环伺服系统的位移精度主要取决于步进电动机的角位移精度和齿轮、丝杠等传动件的传动精度，以及系统的摩擦阻尼特性。开环伺服系统的位移精度一般较低，其定位精度一般可达±0.02mm，当采用螺距误差补偿和传动间隙补偿后，定位精度可提高到±0.01mm。由于步进电动机性能的限制，开环伺服系统的进给速度也受到限制，当脉冲当量为 0.01 时，一般可达 5m/min。

图 6.2　开环伺服系统示意图

开环伺服系统一般包括脉冲频率变换、脉冲分配、功率放大、步进电动机、变速齿轮、滚珠丝杠螺母副、导轨副等。它结构简单，调试、维修方便，工作可靠，成本低廉。但精度较低，低速时不够平稳，高速时转矩小，且容易丢步，故一般多用在精度要求不高的经济型数控机床或技术改造上。

2）全闭环伺服系统

在数控机床上，由于反馈信号所取的位置不同，而分为全闭环伺服系统和半闭环伺服系统。如图 6.3 所示，全闭环伺服系统的反馈信号取自机床工作台或刀架的终端位移，系统传动链的误差、环内各元件的误差及运动中造成的误差都可以得到补偿，大大提高了跟随精度和定位精度。目前，全闭环系统的定位精度可达±(0.001～0.005)mm，最先进的全闭环系统定位精度可达±0.1μm。全闭环系统除电气方面的误差外，还有很多机械传动误差，如丝杠螺母副、导轨副等都包括在反馈回路内，它们的刚性、传动间隙、摩擦阻尼特性都是变化的，有些还是非线性的，所以全闭环系统的设计和调整都有较大的技术难度，价格也较昂贵，因此只在大型、精密数控机床上采用。

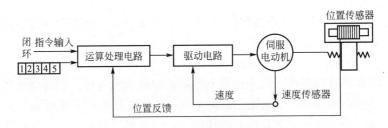

图 6.3　全闭环伺服系统示意图

3）半闭环伺服系统

半闭环伺服系统同样也是一种闭环伺服系统。只不过在数控机床这种具体应用场合下，它的反馈信号取自系统的中间部位，一般取自驱动伺服电动机的轴上，或者进给丝杠轴上，如图 6.4 所示，系统由电动机输出轴至终端的工作台或刀架之间的误差得不到系统的补偿，例如联轴器误差、丝杠的弹性变形、丝杠的支承间隙及螺距误差、导轨副的摩擦阻尼等。半闭环伺服系统的精度比全闭环系统要低一些，但由于这种系统舍弃了传动系统的刚性和非线性的摩擦阻尼等，故系统调试较容易，稳定性较好。采用高分辨率的测量元件, 可以获得比较满意的精度和速度, 特别是制造伺服电动机时, 都将测速发电机、旋转变压器或者脉冲编码器直接装在伺服电动机轴的尾部, 使机床制造时的安装调试更方便, 结构也比较简单, 故这种系统被广泛应用于中小型数控机床上。

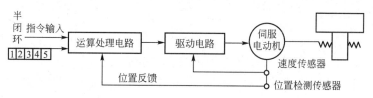

图 6.4　半闭环伺服系统示意图

2. 按使用的执行元件分类

1) 电液伺服系统

电液伺服系统的执行元件通常为电液脉冲马达和电液伺服马达, 其前一级为电气元件, 驱动元件为液动机和液压缸。数控机床发展的初期, 多数采用电液伺服系统。电液伺服系统具有在低速下可以得到很高的输出力矩及刚性好、时间常数小、反应快和速度平稳等优点, 但是液压系统需要油箱、油管等供油系统, 体积大, 此外还有噪声、漏油等问题, 因此从 20 世纪 70 年代起就被电气伺服系统代替, 只在有特殊要求的场合才采用电液伺服系统。

2) 电气伺服系统

电气伺服系统的执行元件为伺服电动机, 包括步进电动机、直流伺服电动机和交流伺服电动机。驱动单元为电力电子器件, 操作维护方便, 可靠性高, 现代数控机床均采用电气伺服系统。电气伺服系统分为步进伺服系统、直流伺服系统和交流伺服系统。

(1) 直流伺服系统。直流伺服系统从 20 世纪 70 年代到 80 年代中期, 在数控机床上占据主导地位。其进给运动系统采用大惯量、宽调速永磁直流伺服电动机和中小惯量直流伺服电动机, 主运动系统采用他励直流伺服电动机。大惯量直流伺服电动机具有良好的调速性能, 输出转矩大, 过载能力强。由于电动机自身惯量较大, 容易与机床传动部件进行惯量匹配, 所构成的闭环系统易于调整。中小惯量直流伺服电动机用减少电枢转动惯量的方法提高快速性。中小惯量电动机一般都设计成具有高的额定转速和低的惯量, 所以在应用时, 要经过中间机械减速传动来达到增大转矩和与负载进行惯量匹配的目的。一般配有晶闸管全控桥驱动装置, 或大功率晶体管脉宽调制的驱动装置。其缺点是电动机有电刷, 限制了转速的提高, 而且结构复杂, 价格较高, 目前已经被交流伺服系统取代。

(2) 交流伺服系统。交流伺服系统使用交流感应异步伺服电动机, 一般交流感应异步伺服电动机用于主轴伺服系统, 交流永磁同步伺服电动机用于进给伺服系统。20 世纪 80 年代以后, 由于交流伺服电动机的材料、结构、控制理论和方法均有突破性的进展, 电力电子器件的发展又为控制与方法的实现创造了条件, 使得交流驱动装置发展很快, 目前已取代了直流伺服系统。该系统的最大优点是电动机结构简单、不需要维护、适合在恶劣环境下工作。交流伺服电动机还具有动态响应好、转速高和容量大等优点。

(3) 步进伺服系统。步进伺服系统是一种用脉冲信号进行控制, 并将脉冲信号转换成相应的角位移的控制系统。其角位移与电脉冲数成正比, 转速与脉冲频率成正比。因此,

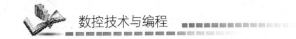

通过改变脉冲频率可调节电动机的转速。

此外，在交流伺服驱动中除了采用传统的旋转电动机驱动，还出现了一种新型的交流直线电动机驱动方式，目前应用于高档数控机床。

3. 按被控对象分类

1）进给伺服系统

进给伺服系统是指一般概念的位置伺服系统，包括速度控制环和位置控制环。进给伺服系统控制机床各进给坐标轴的进给运动，具有精确定位和轮廓跟踪功能。

2）主轴伺服系统

一般的主轴伺服系统只是一个速度控制系统，控制主轴的旋转运动，提供切削过程中的转矩和功率，完成在转速范围内的无级变速和转速调节控制。要求高转速、大功率，能在较大调速范围内实现恒功率控制。当主轴伺服系统要求有位置控制功能时，称为 C 轴控制功能。

此外，刀库的位置控制是为了在刀库的不同位置选择刀具，与进给坐标轴的位置控制相比，性能要求低得多，称为简易位置伺服系统。

4. 按反馈比较控制方式分类

1）脉冲、数字比较伺服系统

脉冲、数字比较伺服系统是闭环伺服系统中的一种控制方式。它是将数控装置发出的数字或脉冲指令信号与检测装置测得的以数字或脉冲形式表示的反馈信号直接进行比较，以产生位置误差，达到闭环控制。脉冲、数字比较伺服系统结构简单，容易实现，整机工作稳定，应用十分普遍。

2）相位比较伺服系统

在相位比较伺服系统中，位置检测装置采用相位工作方式，指令信号与反馈信号都变成了某个载波的相位，通过两者相位的比较，获得实际位置与指令位置的偏差，实现闭环控制。相位比较伺服系统适用于感应式检测元件的工作状态，如旋转变压器、感应同步器等采用相位比较可以得到满意的精度。

3）幅值比较伺服系统

幅值比较伺服系统以位置检测信号的幅值大小来反映机械位移的数值，并以此信号作为位置反馈信号，一般还要进行幅值信号和数字信号的转换，进而获得位置偏差，构成闭环控制系统。

在以上 3 种伺服系统中，相位比较和幅值比较系统在结构上和安装维护上都比脉冲、数字比较系统复杂且要求高，所以一般情况下，脉冲、数字比较伺服系统应用广泛。

4）全数字伺服系统

随着微电子技术、计算机技术和伺服控制技术的发展，数控机床的伺服系统已采用高速、高精度的全数字伺服系统，即由位置、速度和电流构成的三环反馈控制全部数字化，使伺服控制技术从模拟方式、混合方式走向全数字化方式。该类伺服系统具有使用灵活、柔性好的特点。数字伺服系统采用了许多新的控制技术和改进伺服性能的措施，使控制精度和品质大大提高。

6.2 步进电动机伺服系统

6.2.1 步进电动机结构及工作原理

步进电动机是一种将电脉冲信号转换成相应的角位移或线位移的控制电动机。通俗地讲，就是外加一个脉冲信号于这种电动机时，它就运动一步。正因为它的运动形式是步进式的，故称为步进电动机。步进电动机的输入是脉冲信号，从主绕组内的电流来看，既不是通常的正弦电流，也不是恒定的直流，而是脉冲电流，所以步进电动机有时也称为脉冲马达。

步进电动机根据作用原理和结构，可分为永磁式步进电动机、反应式步进电动机和永磁反应式步进电动机，其中应用最多的是反应式步进电动机。图 6.5 所示为四相反应式步进电动机的结构，定子为 4 对磁极，磁极对数称为相，相对的极属一相，步进电动机可做成三相、四相、五相或六相等。磁极个数是定子相数 m 的两倍，每个磁极上套有该相的控制绕组，在磁极的极靴上制有小齿，转子由软磁材料制成齿状。

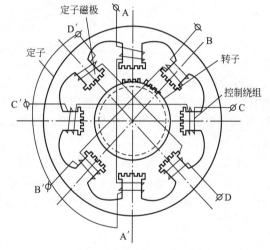

图 6.5　四相反应式步进电动机结构示意图

根据工作要求，定子、转子齿距要相同，并满足以下两点：

(1) 在同相的磁极下，定子、转子齿应同时对齐或同时错开，以保证产生最大转矩。

(2) 在不同相的磁极下，定子、转子齿的相对位置应依次错开 $1/m$ 齿距。当连续改变通电状态时，可以获得连续不断的步进运动。

典型的三相反应式步进电动机的每相磁极在空间上互差 120°，相邻磁极则相差 60°，当转子有 40 个齿时，转子的齿距为 9°。

步进电动机的工作过程可用图 6.6 来说明。为方便分析问题，考虑定子中的每个磁极都只有一个齿，而转子有 4 个齿的情况，用直流电源分别对 A、B、C 三相绕组轮流通电。

开始时，接通 A 相绕组，则定子、转子间的气隙磁场与 A 相绕组轴线重合，转子受磁场作用便产生了转矩。由于定子、转子的相对位置力图取最大磁导位置，在此位置上，转子有自锁能力，所以当转子旋转到 1、3 号齿连线与 A 相绕组轴线一致时，转子上只受径向力而不受切向力，转矩为零，转子停转。即 A 相磁极和转子的 1、3 号齿对齐。同时，转子的 2、4 号齿和 B、C 相磁极成错齿状态。当 A 相绕组断电，B 相绕组通电时，将使 B 相磁极与转子的 2、4 号齿对齐。转子的 1、3 号齿和 A、C 相磁极成错齿状态。当 B 相绕组断电，C 相绕组通电时，使得 C 相磁极与转子的 1、3 号齿对齐，而转子的 2、4 号齿与 A、B 相磁极形成错齿状态。当 C 相绕组断电，A 相绕组通电时，使得 A 相磁极与转子的

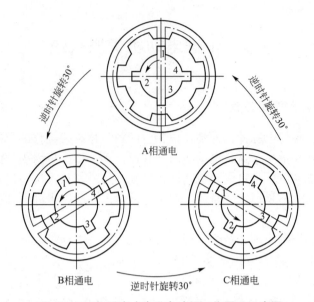

图 6.6　三相反应式步进电动机工作原理示意图

2、4 号齿对齐，而转子的 1、3 号齿与 B、C 相磁极产生错齿。显然，当对 A、B、C 三相绕组按 A—B—C—A 顺序轮流通电时，磁场沿 A—B—C 方向转动了 360°，而转子沿 A—B—C 方向转动了一个齿距位置。对图 6.6 而言，转子的齿数为 4，故齿距为 90°，则转子转动了 90°。

　　对每一相绕组通电的操作称为一拍，则 A、B、C 三相绕组轮流通电需要三拍。从上面的分析可知，电动机转子转动一个齿距需要三拍操作。实际上，电动机每一拍都转一个角度，也称前进了一步，这个转过的角度称为步距角，其计算公式为

$$\alpha = \frac{360°}{mZK} \tag{6-1}$$

式中，m 为定子相数；Z 为转子齿数；K 为控制方式确定的拍数与相数的比例系数，$K=1$ 或 $K=2$。相邻两次通电的相数相同时，$K=1$；相邻两次通电的相数不相同时，$K=2$。例如，三相三拍时，$K=1$；三相六拍时，$K=2$。

　　步进电动机的工作方式是以转动一个齿距所用的拍数来表示的。拍数实际上就是转动一个齿距所需的电源电压换相次数，上述电动机采用的是三相单三拍方式，单是指每拍只有一相绕组通电。除了单三拍外，还可以有双三拍，即每拍有两相绕组通电，通电顺序为 AB—BC—CA—AB，步距角与单三拍相同。但是，双三拍时，转子在每一步的平衡点受到两个相反方面的转矩而平衡，振荡弱，稳定性好。此外，还有三相六拍（A—AB—B—BC—C—CA—A）等通电方式。

　　在数控机床中，步进电动机主要应用于经济型数控机床和机床改造，如经济型数控车床常采用五相混合式步进电动机。

6.2.2　步进电动机的运行特性及性能指标

1. 步距角

步距角即一拍作用下转子转过的角位移，体现步进电动机的分辨精度，也称分辨力，

最常用的有 $0.36°/0.72°$，$0.6°/1.2°$，$0.75°/1.5°$等。

2. 矩角特性、最大静态转矩 T_{jmax} 和启动转矩 T_q

静态是指步进电动机某相定子绕组通过直流电，转子处于不动时的定位状态。这时，该相对应的定子齿、转子齿对齐，转子上没有转矩输出。如果在步进电动机轴上加一个负载转矩，则步进电动机转子就要转过一个小角度 θ 后重新稳定。则此时转子所受的电磁转矩 T_j 和负载转矩相等，称为静态转矩，而转过的角度 θ 称为失调角。当外加转矩撤掉后，转子在电磁转矩的作用下，仍能回到原来不动时的定位状态，即稳定平衡点（$\theta=0°$）。显然，负载转矩 T_L 可能是逆时针的，也可能是顺时针的，即 T_L 有正有负，相应的 θ 角也有正有负。描述步进电动机静态时电磁转矩 T_j 与失调角 θ 之间关系的特性曲线称为矩角特性，如图 6.7 所示。由于当转子齿中心线对准定子槽中心线（$\theta=\pm\pi$）时，定子上相邻两齿对转子上的该齿具有大小相同、方向相反的拉力，故该位置亦可视为步进电动机的一个稳定位置，此时的电磁转矩等于零。不难想象，θ 由 $0°$ 变化到 $+\pi/2$ 或 $-\pi/2$ 时均有最大值出现。

步进电动机各相的矩角特性曲线差异不能过大，否则会引起精度下降和低频振荡。可通过调整相电流的方法，使步进电动机各相矩角特性大致相同。步进电动机矩角特性曲线上电磁转矩的最大值称为静态转矩，它表示步进电动机承受变负载的能力。T_{jmax} 越大，自锁力矩越大，静态误差越小。换言之，最大静态转矩 T_{jmax} 越大，步进电动机带负载的能力越强，运行的快速性和稳定性越好。静态转矩和控制电流的平方成正比，但当电流上升到磁路饱和时，$T_{jmax}=f(I)$ 曲线上升平缓。一般说明书上的最大静态转矩是指在额定电流及规定通电方式下的 T_{jmax}。

如图 6.8 所示，三相步进电动机各相的矩角特性曲线的相位差为 1/3 周期，其中曲线 A 和曲线 B 的交点所对应的力矩 T_q 是电动机运行状态的最大启动转矩。也就是说，只有负载转矩 T_L 小于 T_q，电动机才能正常启动运行；否则，容易造成丢步，电动机也不能正常启动。

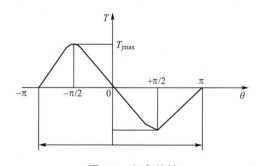

图 6.7　矩角特性

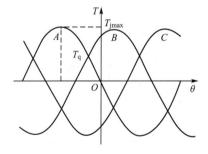

图 6.8　步进电动机静态矩角特性曲线

一般地，随着电动机相数的增加，由于矩角特性曲线加密，相邻两相矩角特性曲线的交点上移，会使 T_q 增加，改变通电方式有时也会收到类似的效果。如将 m 相 m 拍通电方式改为 m 相 $2m$ 拍通电方式，同样会使步矩角减小，达到提高 T_q 的目的。如图 6.9 所示，增加曲线 AB，即 AB 相同时通电，T_q 提高。

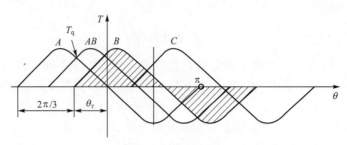

图 6.9　启动转矩

3. 启动频率 f_q

空载时，步进电动机由静止突然启动并进入不丢步的正常运行所允许的最高频率，称为启动频率或突跳频率，用 f_q 表示。它是反映步进电动机快速性能的重要指标。若启动时频率大于突跳频率，步进电动机就不能正常启动。因此，空载启动时，步进电动机定子绕组通电状态变化的频率不能高于该突跳频率。

4. 连续运行的最高工作频率 f_{max}

步进电动机连续运行时所能接受的，即不丢步运行的极限频率称为最高工作频率，记为 f_{max}。它是决定定子绕组通电状态最高变化频率的参数，即决定了步进电动机的最高转速。

5. 矩频特性

矩频特性 $T = F(f)$ 所描述的是步进电动机连续稳定运行时输出转矩与连续运行频率之间的关系。如图 6.10 所示，该特性曲线上每一频率 f 所对应的转矩为动态转矩 T。可见，动态转矩的基本趋势是随连续运行频率的增大而降低的。

6. 加减速特性

步进电动机的加减速特性是描述步进电动机由静止到工作频率和由工作频率到静止的加减速过程中，定子绕组通电状态的变化频率与时间的关系。当要求步进电动机启动到大于突跳频率的工作频率时，变化速度必须逐渐上升，同样，从最高工作频率或高于突跳频率的工作频率停止时，变化速度必须逐渐下降。逐渐上升和下降的加速时间、减速时间不能过小，否则会出现失步或超步。用加速时间常数 t_a 和减速时间常数 t_d 来描述步进电动机的升速和降速特性，如图 6.11 所示。

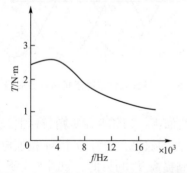

图 6.10　步进电动机的矩频特性曲线

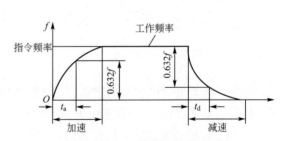

图 6.11　加减速特性曲线

6.2.3 步进电动机驱动模块及应用

数控机床进给伺服系统的负载不大，加工精度要求不高时，可采用开环控制。数控机床开环进给伺服系统的执行器件多采用功率步进电动机，系统中没有位置检测反馈回路和速度检测反馈回路，结构简单，成本低，并且易于与机床联调。步进电动机的驱动装置由环形分配器、步进电动机功率放大器、步进电动机和减速传动机构组成。环形分配器是将数控装置输出的方向和速度脉冲信号，转换成一定通电方式的环形脉冲；功率放大器的作用是将环形分配器输出的脉冲放大，用于控制步进电动机的运转。

随着步进电动机在各方面的广泛应用，步进电动机的驱动装置也从分立元件电路发展到了集成电路，目前已发展到了系列化、模块化的步进电动机驱动器，为步进电动机控制系统的设计提供了模块化的选择，简化了设计过程，提高了可靠性。各生产厂家的步进电动机驱动器虽然标准不统一，但其接口定义基本相同，只要了解接口中接线端子、标准接口及拨码开关的定义和使用，即可利用驱动器构成步进电动机控制系统。下面具体介绍上海开通数控有限公司生产的 KT350 系列混合式步进电动机驱动器及其应用。图 6.12 为步进电动机驱动器的外形及接口图，其接线端子的含义见表 6-1，D 型连接器 CN1 管脚含义见表 6-2。

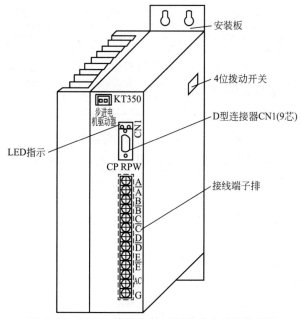

图 6.12　KT350 步进电动机驱动器外形及接口图

表 6-1　步进电动机驱动器接线端子含义

端子标记	端子名称	端子含义	导线截面/mm²
A、$\overline{A}$、B、$\overline{B}$、C、$\overline{C}$、D、$\overline{D}$、E、$\overline{E}$	步进电动机接线端子	接至步进电动机各相	≥1
AC	电源进线	单相交流电源80V（1±15%）50Hz	≥1
G	接地	接大地	≥0.75

表 6-2　D 型连接器 CN1 管脚含义

脚号	记号	名称	意义	导线截面/mm²
CN1-1 CN1-2	F/H $\overline{F/H}$	整步半步控制端 (输入信号)	F/H 与 $\overline{F/H}$ 间电压为 4～5V 时，整步，步距角 $0.72°/P$ F/H 与 $\overline{F/H}$ 间电压为 0～0.5V 时，半步，步距角 $0.36°/P$	
CN1-3 CN1-4	CP (CW) $\overline{CP(CW)}$	正反转运行脉冲信号(或正转脉冲信号) (输入信号)	单脉冲方式时，正反转脉冲(CP、$\overline{CP}$)信号 双脉冲方式时，正转脉冲(CW、$\overline{CW}$)信号	
CN1-5 CN1-6	DIR (CCW) $\overline{DIR(CCW)}$	正反转运行方向信号(或反转脉冲信号) (输入信号)	单脉冲方式时，正反转方向(DIR、$\overline{DIR}$)信号 双脉冲方式时，反转脉冲(CCW、$\overline{CCW}$)信号	≥0.15
CN1-7	RDY	控制回路正常 (输出信号)	当控制电源、回路正常时，输出低电平信号	
CN1-8	COM	输出信号公共点	RDY、ZERO 输出信号的公共点	
CN1-9	ZERO	电气循环原点 (输出信号)	半步运行时每 20 拍送出一电气循环原点 整步运行时每 10 拍送出一电气循环原点 原点信号为低电平信号	

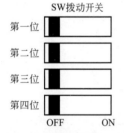

图 6.13　KT350 驱动器四位拨码开关

拨码开关 SW 是一个四位开关，如图 6.13 所示。通过拨码开关可设置步进电动机的控制方式，四位的定义如下。

第一位，脉冲控制模式选择。OFF 位置为单脉冲控制方式，ON 位置为双脉冲控制方式。在单脉冲控制方式下，CP 端子输入正、反转运行脉冲信号，而 DIR 端子输入正、反转运行方向信号。在双脉冲控制方式下，CW 端子输入正转运行脉冲信号，而 CCW 端子输入反转运行脉冲信号。

第二位，运行方向选择，仅在单脉冲控制方式时有效。OFF 位置为标准设定，ON 位置为单方运转，与 OFF 位置转向相反，不受正、反转方向信号的影响。

第三位，整/半步运行模式选择。OFF 位置时，电动机以半步方式运行，ON 位置时，电动机以整步方式运行。

第四位，自动试机运行。OFF 位置时，驱动器接收外部脉冲控制运行，ON 位置时，自动试机运行，此时电动机以 50r/min 转速(半步控制)自动运行，或以 100r/min 转速(整步控制)自动运行，不需要外部脉冲输入。

该步进电动机驱动装置主要是通过拨码开关控制，来设置步进电动机的控制方式，而控制步进电动机的信号主要是通过 D 型连接器 CN1 输入，其典型的接线如图 6.14 所示。此外，在驱动器面板上还有两个 LED 指示灯 PWR 和 CP。

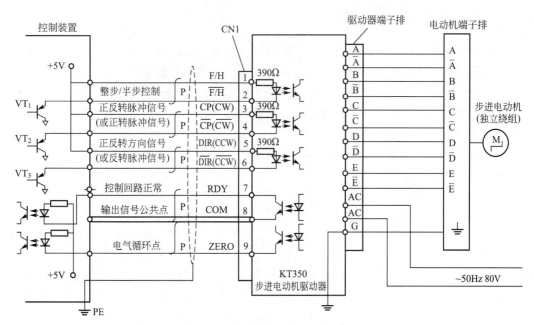

图 6.14　KT350 步进电动机驱动器接线图

PWR：驱动器电源指示灯，驱动器通电时亮。

CP：电动机运行时闪烁，闪烁频率等于电气循环原点信号的频率。

6.3　交流电动机伺服系统

长期以来，在调速性能要求较高的场合，直流电动机调速一直占据主导地位。但是由于它的电刷和换向器易磨损，有时会产生火花，以及其最高速度受到限制，并且结构复杂，成本较高，所以在使用上受到一定的限制。而近年来飞速发展的交流电动机伺服系统不仅克服了直流电动机结构上存在换向器、电刷，维护困难，造价高，寿命短，应用环境受限等缺点，同时又充分发挥了交流电动机坚固耐用、经济可靠、动态响应好、输出功率大等优点。因此，在数控机床上，交流伺服电动机已逐渐取代了直流伺服电动机。

6.3.1　交流伺服电动机的分类

交流伺服电动机分为交流永磁式伺服电动机和交流感应式伺服电动机。交流永磁式伺服电动机相当于交流同步电动机，常用于进给伺服系统。交流感应式伺服电动机相当于交流感应异步电动机，常用于主轴伺服系统。两种伺服电动机的工作原理都是由定子绕组产生旋转磁场，使转子跟随定子旋转磁场一起运行。不同点是交流永磁式伺服电动机的转速与外加交流电源的频率存在着严格的同步关系，即电动机的转速等于同步转速，而交流感应式伺服电动机由于需要转速差才能产生电磁转矩，所以电动机的转速低于同步转速，转速差随外负载的增大而增大。同步转速的大小等于交流电源的频率除以电动机极对数，因而交流伺服电动机可以通过改变供电电源频率的方法来调节转速。

6.3.2 永磁式交流同步电动机

永磁式交流同步电动机由定子、转子和检测元件 3 部分组成,其结构如图 6.15 所示。定子具有齿槽,槽内嵌有三相绕组,其形状与普通感应电动机的定子结构相同。但为了改善伺服电动机的散热性能,齿槽有的呈多边形且无外壳。转子由多块永久磁铁冲片组成。这种结构的转子的特点是气隙磁密度较高,极数较多。转子结构还有一类是具有极靴的星形转子,采用矩形磁铁或整体星形磁铁。

永磁式交流同步伺服电动机的工作原理与电磁式同步电动机的工作原理相同,即定子三相绕组产生的空间旋转磁场和转子磁场相互作用,使定子带动转子一起旋转。所不同的是转子磁极不是由转子中励磁绕组产生的,而是由永久磁铁产生的。其工作过程是,当定子三相绕组通以交流电后,产生一旋转磁场,这个旋转磁场以同步转速 n_s 旋转,如图 6.16 所示。根据磁极的同性相斥、异性相吸的原理,定子旋转磁场与转子永久磁场磁极相互吸引,并带动转子一起旋转。因此转子也将以同步转速 n_s 旋转。当转子轴加上外负载转矩时,转子磁极的轴线将与定子磁极的轴线相差一个 θ 角,负载越大,θ 也随之增大,只要外负载不超过一定限度,转子就会与定子旋转磁场一起旋转。设转子转速为 n,则

$$n = n_s = 60f/p \qquad (6-2)$$

式中,n_s 为旋转磁场同步转速;n 为转子转速;f 为电源频率;p 为磁极对数。

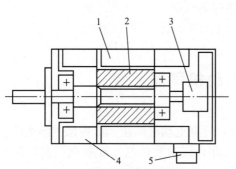

图 6.15 永磁式交流同步电动机结构
1—定子;2—转子;3—脉冲编码器;
4—三相绕组;5—接线盒

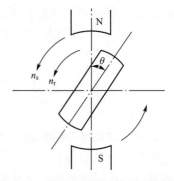

图 6.16 永磁式交流同步电动机原理

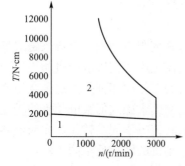

**图 6.17 永磁交流同步伺服电动机
的转矩-速度特性曲线**

永磁式交流同步电动机的特点是电动机定子铁心上装有三相电枢绕组,接在可控的电源上,用以产生旋转磁场,转子由永磁材料制成,用于产生恒定磁场,无需励磁绕组和励磁电流。当定子接通电源后,电动机异步启动,当转子转速接近同步转速时,在转子磁极产生的同步转矩的作用下,进入同步运行。永磁式交流同步电动机的转速采用改变电源频率的办法进行控制。

永磁式交流同步伺服电动机的性能用特性曲线来表示,转矩-速度特性曲线如图 6.17 所示。在连续工作区 1 区,速度和转矩的任何组合都可连续工作。但连续工

作区的划分受到一定条件的限制。连续工作区划定的条件有两个，一是供给电动机的电流是理想的正弦波，二是电动机工作在某一特定温度下。断续工作区2区的范围更大，尤其在高速区，这有利于提高电动机的加、减速能力。永磁式交流同步伺服电动机的机械特性，在连续工作区一般比直流伺服电动机硬，尤其在高速区加减速能力较强。

6.3.3 交流感应式伺服电动机

交流感应式伺服电动机常用于主轴伺服系统。交流主轴伺服电动机要提供很大的功率，如果用永久磁体，当容量做得很大时，电动机的成本太高。主轴驱动系统的电动机还要具有低速恒转矩、高速恒功率的工况。因此，采用专门设计的笼型交流异步伺服电动机。

交流感应式伺服电动机的结构是定子上装有对称的三相绕组，而在圆柱体的转子铁心上嵌有均匀分布的导条，导条两端分别用金属环把它们连在一起，称为笼式转子。图6.18中垂直线左侧为交流主轴伺服电动机，右侧为普通交流异步感应电动机，交流主轴伺服电动机为了增加输出功率，缩小电动机的体积，采用了定子铁心在空气中直接冷却的办法，没有机壳，而且在定子铁心上做出轴向孔以利通风，在电动机外形上是呈多边形而不是圆形。电动机轴的尾部同轴安装有检测元件。

交流主轴伺服电动机与普通感应电动机的工作原理相同，由电工学原理可知，当电动机定子的三相绕组通以三相交流电时，就会产生旋转磁场，这个磁场切割转子中的导体，导体感应电流与定子磁场相作用产生电磁转矩，从而推动转子转动，其转速为

$$n = n_s(1-s) = \frac{60f(1-s)}{p} \tag{6-3}$$

式中，s 为转差率；n_s 为旋转磁场转速；n 为转子转速；f 为电源频率；p 为磁极对数。

交流主轴伺服电动机的特性曲线如图6.19所示，在基速 n_0 以下为恒转矩区域1，而在基速 n_0 以上为恒功率区域2。交流主轴伺服电动机是经过专门设计的鼠笼式三相异步电动机。恒转矩的速度范围只有1:3的速度比，当速度超过一定值后，转矩-速度特性曲线会向下倾斜。交流主轴伺服电动机广泛采用矢量控制调速方法进行速度控制。

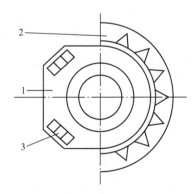

图 6.18 交流主轴伺服电动机与
普通交流异步电动机对比
1—交流主轴伺服电动机；2—普通交流
异步电动机；3—通风孔

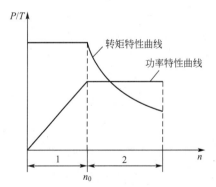

图 6.19 主轴电动机的特性曲线

为了满足数控机床切削加工的特殊要求，出现了一些新型主轴电动机，如液体冷却主轴电动机和内装主轴电动机等。通过改善润滑和散热条件、简化机床主轴箱结构，减少噪声和振动，使电动机转速得以大幅度提高。通常把这样的主轴伺服电动机称为电主轴，它的最高转速可以达到 30000～120000r/min，大大提高了生产效率。

6.3.4　交流伺服电动机驱动模块应用

交流闭环进给伺服系统采用的电动机是伺服电动机，其具有功率大、速度快和精度高等特点。闭环伺服系统根据位置测量元件在机床上安装部位的不同，分为全闭环进给伺服系统和半闭环伺服系统两种类型，二者原理基本相同。交流伺服电动机速度的控制是由数控装置来的速度指令值经比例积分环节，在转速控制器与速度检测元件和电路来的速度反馈信号比较后，由速度控制器经过电流负反馈处理后输出速度控制电流，送至脉宽调制器，产生一定频率的控制脉冲，脉冲信号放大后由交流换向逻辑电路控制逆变器的输出，完成对交流电动机速度的控制。在系统内部还有许多的保护电路，如电压、电流的监控电路，产生过载、过热报警等，外界也有很多信号控制系统的工作状态，如电流设定、准备好信号等。

随着交流伺服电动机应用日益广泛，系列化、模块化的交流伺服电动机驱动模块不断涌现，各生产厂家的交流伺服电动机驱动模块接口定义基本相同，为简化交流伺服控制系统的设计、调试，提供了重要的基础。下面具体介绍上海开通公司数控有限公司生产的KT220 系列交流伺服电动机驱动模块及其应用。

KT220 系列交流伺服电动机驱动模块为双轴驱动模块，即在一个驱动模块内含有两个驱动器，可以同时驱动两个交流伺服电动机。表 6-3 介绍了 KT220 系列交流伺服电动机驱动模块的功能及性能指标。交流伺服电动机本身附装了增量式光电编码器，用于电动机控制的速度及位置反馈，目前大多数数控机床都采用这种半闭环控制方式。若需要进行全闭环控制，则在机床导轨上安装直线位置测量传感器，如光栅、磁栅等。

表 6-3　KT220 系列交流伺服电动机驱动模块功能及性能指标

驱动模块规格	1515		3015		3030		5030		5050	
轴号	Ⅰ	Ⅱ	Ⅰ	Ⅱ	Ⅰ	Ⅱ	Ⅰ	Ⅱ	Ⅰ	Ⅱ
适配电动机型号	19	19	30	19	30	30	40	30	40	40
电流规格/A	15	15	25	15	25	25	50	25	50	50
控制方式	矢量控制 IPM 正弦波 PWM									
速度控制范围	1:10000									
转矩限制	0～122% 额定力矩									
转矩监测	连接 DC 1mA 表头									
转速监测	连接 DC 1mA 表头									
反馈信号	增量式编码器 2048P/R									
位置输出信号	相位差为 90° 的 A、$\overline{A}$、B、$\overline{B}$、Z、$\overline{Z}$									
报警功能	过电流、短路、过速、过热、过电压、欠电压									

在交流伺服电动机驱动模块中还有转矩和转速监测两个输出信号，可供用户对电动机的转矩和转速进行显示或控制。

交流伺服电动机驱动模块的外形和接口如图 6.20 所示。交流伺服电动机驱动模块面板由接线端子排(左侧)、Ⅰ轴驱动信号连接器 CN2（Ⅰ）、Ⅱ轴驱动信号连接器端子 CN2（Ⅱ）、编码器连接器端子 CN3（Ⅰ）和 CN3（Ⅱ）、工作状态显示部分等组成。接线端子排中各端子含义见表 6-4。

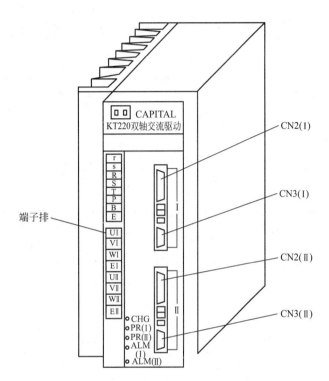

图 6.20　交流伺服电动机驱动模块的外形和接口

表 6-4　KT220 接线端子排中各端子含义

	端子记号	名称	意义
TB₁ 输入侧	r、s	控制电源端子	单相交流电源 220V(−15％～10％)50Hz
	R、S、T	主回路电源端子	三相交流电源 220V(−15％～10％)50Hz
	P、B	再生放电电阻端子	接外部放电电阻
	E	接地端子	接大地
TB₂ 输出侧	UⅠ、VⅠ、WⅠ、EⅠ	电动机接线端子	接电动机Ⅰ的 T_1、T_2、T_3 三相进线及地
	UⅡ、VⅡ、WⅡ、EⅡ	电动机接线端子	接电动机Ⅱ的 T_1、T_2、T_3 三相进线及地

当机械负载惯量折算到电动机轴端惯量的 4 倍以下时，交流伺服电动机驱动模块都能正常运行。当惯量太大时，在电动机减速或制动时将出现过电压报警，面板上 ALM（Ⅰ）

和 ALM(Ⅱ)灯亮。因此 KT220 交流伺服电动机驱动模块需要外接再生放电电阻，通过再生放电电阻释放能量，避免电压过高而造成故障。

　　Ⅰ轴驱动信号连接器 CN2(Ⅰ)和Ⅱ轴驱动信号连接器端子 CN2(Ⅱ)相同，脚号定义见表 6−5。

表 6−5　轴驱动信号连接器 CN2 脚号定义

脚号	记号	名称	意义
CN2−1	−5V	−5V 电源	调试用，用户不能使用
CN2−2	GND	信号公共端	
CN2−7	+DIFF	速度指令(+差动)	0～±10V 对应于 0～±2000 r/min
CN2−19	−DIFF	速度指令(−差动)	
CN2−22	BCOM	0V(−24V)	+24V 的参考点
CN2−23	−ENABLE	负使能(输入)	接入+24V，允许反转
CN2−11	+ENABLE	正使能(输入)	接入+24V，允许正转
CN2−8	TORMO	转矩监测(输出)	输出与电动机转矩成比例的电压(±2V 对应于正反转最大转矩)
CN2−20	VOMO	转速监测(输出)	输出与电动机转速成比例的电压(±2V 对应于正反转最大转速)
CN2−21	GND	监测公共点	
CN2−18	$\overline{Z}$	$\overline{Z}$ 相信号(输出)	编码脉冲输出(线驱动方式)
CN2−5	Z	Z 相信号(输出)	
CN2−17	$\overline{B}$	$\overline{B}$ 相信号(输出)	
CN2−4	B	B 相信号(输出)	
CN2−16	$\overline{A}$	$\overline{A}$ 相信号(输出)	
CN2−3	A	A 相信号(输出)	
CN2−6	GND	信号公共端	
CN2−14	E	接地端子	用于屏蔽线接地
CN2−24	PR	驱动能使(输入)	接+24V，允许电动机运行
CN2−13	RCOM	伺服准备好公共端	集电极开路输出
CN2−12	READY	伺服准备好(输出)	正常时，输出晶体管射极、集电极导通
CN2−15	+5V	+5V 电源	调试用，用户不能使用

表 6-5 中各信号说明如下：

(1) 速度指令信号：±DIFF(CN2-7、CN2-19)。速度指令信号范围为 0～±10V，对应电动机转速为 0～±2000r/min（最大转速），当＋DIFF 输入电压相对于－DIFF 为正电压时，电动机正转(从负载端看为逆时针方向)，否则电动机反转。

(2) 驱动使能信号 PR(CN2-24)。驱动使能信号 PR 为＋24V 时，驱动模块工作，速度指令电压有效，若驱动使能信号 PR 在电动机运转时断开，电动机将自由运转直至停止。

(3) 正使能信号＋ENABLE(CN2-11)和负使能信号－ENABLE(CN2-23)。正使能信号＋ENABLE 和负使能信号－ENABLE 与＋24V 接通后，允许电动机正转或反转。正使能信号＋ENABLE 或负使能信号－ENABLE 又可用作正向和反向限位开关的动断触点，一旦被断开，正转或反转转矩指令即为零，此时电动机立即停止转动。

(4) 伺服准备好信号 READY(CN2-12)。当开机正常时，驱动器输出伺服准备好信号。

表 6-6 为各轴编码器连接器连接端子 CN3(Ⅰ)和 CN3(Ⅱ)脚号定义。驱动器连接端子 CN2 与编码器侧连接端子 CN3 的连接方式参见图 6.21，而 CN2 中输出的位置信号是供控制器进行位置监测使用的信号。由此可见，对于交流伺服电动机的控制主要是通过 CN2-7、CN2-19 输入 0～±10V 的模拟电压，来控制电动机的转速和转向。交流伺服电动机、伺服驱动模块、数控系统的典型连接如图 6.22 所示。

表 6-6　CN3 脚号定义

脚号	记号	名称	编码器侧连接器端子
CN3-1	Z	Z 相信号	C
CN3-2	$\overline{B}$	$\overline{B}$ 相信号	I
CN3-3	B	B 相信号	B
CN3-4	$\overline{A}$	$\overline{A}$ 相信号	H
CN3-5	A	A 相信号	A
CN3-6	$\overline{Z}$	$\overline{Z}$ 相信号	J
CN3-7	GND	信号公共端(0V)	F
CN3-8	＋5V	＋5V 电源	D
CN3-9	E	接线端子，接屏蔽线	G

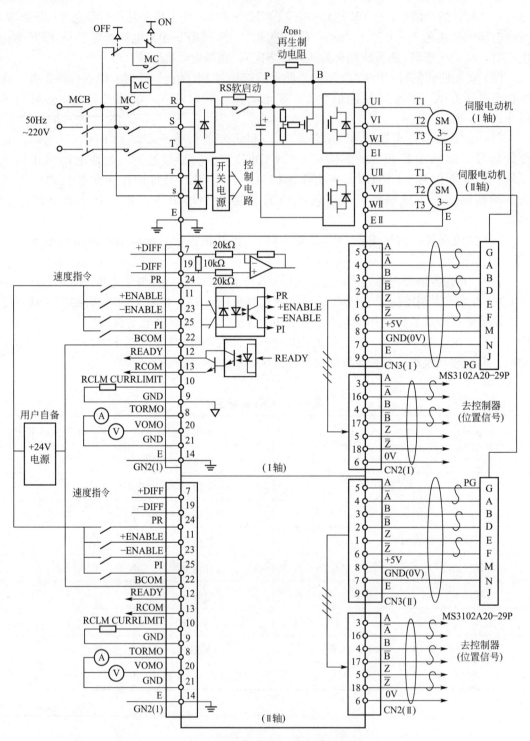

图 6.21　KT220 驱动器与编码器连接方式

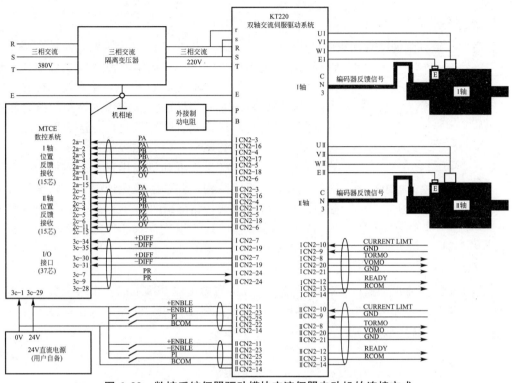

图6.22 数控系统伺服驱动模块交流伺服电动机的连接方式

6.4 直流电动机伺服系统

6.4.1 直流伺服电动机的分类

常用的直流伺服电动机有永磁式直流电动机、励磁式直流电动机、混合式直流电动机、无刷直流电动机和直流力矩电动机等。直流进给伺服系统使用永磁式直流电动机类型中的普通型有槽电枢永磁直流电动机，直流主轴伺服系统使用励磁式直流电动机类型中的他励直流电动机。此外，永磁式直流电动机还包括无槽电枢永磁直流电动机、杯型电枢永磁直流电动机和印制绕组电枢永磁直流电动机等。这几种电动机均为小惯量电动机，适用于要求快速响应和频繁起动的伺服系统，但其过载能力低，电枢惯量与机械传动系统匹配较差。普通型永磁式直流电动机产量大，应用广泛。

无槽永磁直流伺服电动机的铁心为无槽平滑圆柱体，电枢绕组由成型的线圈元件组成，直接绑扎分布在电枢铁心表面上，该电动机转矩脉动小。杯型电枢永磁直流伺服电动机的电枢由漆包线编织成杯型，称为动圈转子，这种电动机非常轻巧，电气时间常数小。印制绕组电枢永磁直流伺服电动机的电枢制作一般采用印制电路的制作方法，目前，该方法早已被先进的冲制技术所代替，该电动机的电枢圆盘很轻，惯量很小。

6.4.2 普通型永磁直流伺服电动机

1. 结构及工作原理

普通型永磁直流伺服电动机的转子惯量大，调速范围宽，所以也叫做大惯量宽调速永磁直流伺服电动机，广泛用在进给直流伺服系统中。永磁直流伺服电动机的结构如图6.23所示，由极靴、机壳、定子瓦状磁极、转子电枢等组成。反馈用的检测元件有测速发电机、旋转变压器和光电脉冲编码器，这3种检测元件均可安装在电动机的尾部。定子磁极是一个永久磁体，由此建立磁场。高性能直流电动机采用稀土永磁材料。磁极的形状大都为瓦状结构，并加上极靴或磁轭，以聚集气隙磁通。电枢由有槽铁心和绕组两部分组成，属于转动部分。换向器由电刷、换向片等组成，它的作用是将外加的直流电源引向电枢绕组，完成换向工作。

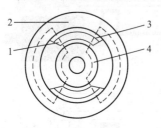

图 6.23 永磁直流伺服电动机的结构

1—极靴；2—机壳；3—定子瓦状磁极；4—转子电枢

1) 静态特性

一般励磁式直流电动机的工作原理是建立在电磁力定律基础上的，由励磁绕组和磁极建立磁场，电枢绕组作为通电导体切割磁力线，产生电磁转矩，转矩的大小正比于电动机中气隙磁场和电枢电流，电磁转矩 T 由式(6-4)表示：

$$T = C_T \phi I_a \qquad (6-4)$$

式中，C_T 为转矩常数；ϕ 为磁场磁通；I_a 为电枢电流。

电枢回路的电压平衡方程式为

$$U_a = I_a R_a + E_a \qquad (6-5)$$

式中，U_a 为电枢上的外加电压；R_a 为电枢电阻；E_a 为电枢反电势。

电枢反电势与转速之间有以下关系

$$E_a = C_e \phi \omega \qquad (6-6)$$

式中，C_e 为电势常数；ω 为电动机角速度。

根据以上各式可以求得

$$\omega = \frac{U_a}{C_e \phi} - \frac{R_a}{C_e C_T \phi^2} T \qquad (6-7)$$

式(6-7)表明了电动机转速与电磁力矩的关系，此关系称为电动机的机械特性，如图6.24所示，机械特性是静态特性，稳定运行时，电磁转矩与所带负载转矩相等。当负载转矩为零时，电磁转矩也为零，这时可得

$$\omega_0 = \frac{U_a}{C_e \phi} \qquad (6-8)$$

式中，ω_0 为理想空载转速。

当转速为零，即电动机刚通电时的启动转矩 T_S 可由式(6-7)求得

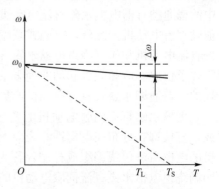

图 6.24 直流电动机的机械特性

$$T_S = \frac{U_a}{R_a} C_T \phi \tag{6-9}$$

T_S 又称为堵转转矩，式(6-9)中 U_a/R_a 为启动时的电流，一般直流电动机的值均很小，因此启动力矩不能满足要求。

当电动机带动某一负载时，电动机转速与理想空载转速 ω_0 会有一个差值 $\Delta\omega$，$\Delta\omega$ 的大小表明了机械特性的硬度，$\Delta\omega$ 越小则机械特性越硬。由式(6-7)可得

$$\Delta\omega = \frac{R_a}{C_e C_T \phi^2} T_L \tag{6-10}$$

式中，T_L 为所带负载转矩。

$\Delta\omega$ 的大小与电动机的调速范围有密切关系。$\Delta\omega$ 值大，不可能实现宽范围的调速。进给系统要求很宽的调速范围，为此采用永磁直流伺服电动机。

2) 动态特性

电动机处于过渡过程工作状态时，其动态特性直接影响生产率、加工精度和表面质量，直流伺服电动机有优良的动态品质。直流电动机的动态力矩平衡方程式为

$$T - T_L = J \frac{\mathrm{d}\omega}{\mathrm{d}t} \tag{6-11}$$

式中，T 为电动机电磁转矩；T_L 为折算到电动机轴上的负载转矩；ω 为电动机转子角速度；J 为电动机转子上总转动惯量；t 为时间自变量。

式(6-11)表明动态过程中，电动机由直流电能转换来的电磁转矩克服负载转矩，其剩余部分用来克服机械惯量，产生加速度，使电动机由一种稳定状态过渡到另一种稳定状态。在负载转矩 T_L 一定的情况下，为了取得平稳、快速、无振荡、单调上升的转速过渡过程，需要减小过渡过程时间。这可以从两方面着手，一是减小转动惯量 J，二是提高电动机电磁转矩。对于小惯量电动机采取的措施是从结构上减小其转子转动惯量 J；对于大惯量电动机采取的措施是从结构上提高起动力矩 T_S。

2. 性能特点与特性曲线

普通型大惯量宽调速永磁直流伺服电动机的工作原理与一般励磁式直流电动机基本相同，但磁场的建立由永久磁铁实现，当电流通过电枢绕组时，电流与磁场相互作用，产生感应电动势、电磁力和电磁转矩，使电枢旋转。永磁直流伺服电动机的特性原则上与一般直流电动机相同，但有很大的改进和变化，已不能简单的用电压、电流、转矩等参数来描述，需要用数据表和特性曲线来描述，使用时要查阅这些表和特性曲线。

1) 性能特点

(1) 低转速大惯量。这种电动机具有较大的惯量，额定转速较低。可以直接和机床的进给传动丝杠相连，因而省掉了减速机构。

(2) 宽调速范围。低速运行平稳，力矩波动小，这种电动机转子的槽数增多，并采用斜槽，使低速运行平稳，能在 0.1r/min 的转速下平稳运行，恒转矩调速范围可达 1：100～1000。

(3) 起动力矩大。具有很大的电流过载倍数，起动时，加速电流允许为额定电流的 10 倍，因而使得力矩/惯量比大，快速性好。

(4) 低转速大转矩。该电动机输出转矩比较大，特别是低速时转矩大。能满足数控机床在低速时，进行大吃刀量加工的要求。

2）特性曲线

（1）转矩-速度特性曲线。转矩-速度特性曲线又称为工作曲线，如图 6.25 所示，伺服电动机的工作区域被温度极限线、转速极限线、换向极限线、转矩极限线及瞬时换向极限线分成 3 个区域。1 区为连续工作区，在该区域内可对转矩和转速作任意组合，都可长期连续工作。2 区为断续工作区，此时电动机只能根据图 6.26 所示的负载-工作周期曲线所决定的允许工作时间和断电时间做间歇工作。3 区为瞬时加速和减速区域，电动机只能用作加速或减速，工作一段极短的时间。选择该类电动机时要考虑负载转矩、摩擦转矩和惯性转矩，其中特别要考虑的是惯性转矩。

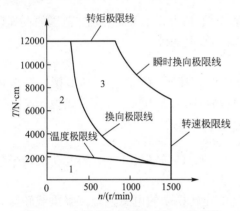

图 6.25　永磁直流伺服电动机工作曲线

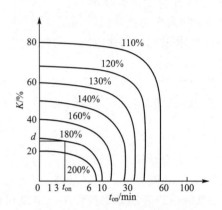

图 6.26　负载-工作周期曲线

（2）负载-工作周期曲线。该曲线给出了在满足机械所需转矩，而又确保电动机不过热的情况下，允许电动机的工作时间。因此，这些曲线是由电动机温度极限所决定的。负载-工作周期曲线的使用方法为，首先根据实际负载转矩的要求，求出电动机在该时的过载倍数 K_T，然后在负载-工作周期曲线的水平轴线上找到实际机械所需要的工作时间 t_{on}，并从该点向上作垂线，与过载倍数 K_T 曲线相交，再从该交点作水平线，与纵轴相交的点即为允许的负载工作周期比 K。最后由式（6-13）可以求出最短断电时间 t_{off}。电动机的数据表，给出了有关电动机性能的一些参数值，使用时需查阅，这里不作叙述。

$$K_T = \frac{T_L}{T} \tag{6-12}$$

式中，K_T 为过载倍数；T_L 为负载转矩；T 为连续工作额定转矩。

$$K = \frac{t_{on}}{t_{on} + t_{off}} \tag{6-13}$$

式中，K 为负载工作周期比；t_{on} 为电动机的工作时间；t_{off} 为电动机的断电时间。

6.4.3　直流主轴伺服电动机

1. 直流主轴伺服电动机的结构组成

机床主轴驱动和进给驱动有很大的差别，对主轴直流伺服电动机要求有很宽的调速范围和提供大的转矩、功率。一般要求主轴电动机功率范围为 2.2～250kW，恒转矩调速范围为 1∶100～1000，恒功率调速范围为 1∶10。而且要求主轴正反向均可进行传动和加减速。主轴直流伺服电动机因换向的原因，恒功率调速范围小，因此 20 世纪 80 年代以后开始采用交流主轴伺服电动机。

为了满足数控机床对主轴驱动的要求，直流主轴电动机的结构与进给驱动用的永磁式直流伺服电动机不同。因为要求主轴电动机有大的输出功率，所以在结构上不做成永磁式，而与普通励磁直流电动机相同，为他励式。其结构示意图如图 6.27 所示，由定子和转子两大部分组成。转子与永磁直流伺服电动机相同，由电枢绕组和换向器组成。而定子则完全不同，由主磁极和换向极组成。有的主轴电动机在主磁极上不但有主磁极绕组，而且带有补偿绕组。这类电动机为了改善换向性能，在电动机结构上都设有换向极；为了缩小体积，改善冷却效果，采用轴向强制通风冷却。电动机的主磁极和换向极都采用硅钢片叠成，以便在负荷变化或在加速、减速时有良好的换向性能。电动机外壳为密封式，以适应恶劣的机械加工车间环境。在电动机的尾部一般都同轴安装测速发电机作为速度反馈元件。

2. 直流主轴伺服电动机的工作原理和特性

直流主轴电动机虽然在结构上有很大的变化，但工作原理同一般他励直流电动机一样，电枢绕组中的电流与磁场相互作用产生电磁力、电磁转矩。其性能主要表现在转矩-速度特性曲线上，如图 6.28 所示，与交流主轴伺服电动机特性曲线一致。在基本转速 n_e 以下属于恒转矩调速范围，用改变电枢电压来调速，在基本转速以上属于恒功率调速范围，采用控制励磁的调速方法调速。一般来说，恒转矩速度范围与恒功率速度范围之比为 $1:2$。另外，直流主轴伺服电动机一般都有过载能力，且大都以能过载 150%（即连续额定电流的 1.5 倍）为指标。至于过载时间，则因生产厂家的不同有较大差别，从 1min 到 30min 不等。

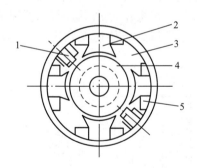

图 6.27　直流主轴电动机结构示意图
1—换向极；2—主磁极；3—定子；4—转子；5—线圈

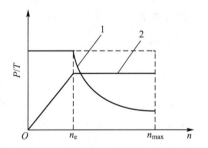

图 6.28　直流主轴电动机特性曲线
1—转矩特性曲线；2—功率特性曲线

6.4.4　晶闸管直流调速

直流电动机速度控制多采用晶闸管，它是一种大功率半导体器件，由阳极 A、阴极 K 和控制极 G 组成。当阳极与阴极间施加正电压且控制极出现触发脉冲时，晶闸管导通，触发脉冲出现的时刻称为触发角。控制触发角即可控制可控硅的导通时间，从而达到控制电压的目的。

在改变转速时，要求在速度指令发出后，电动机的转速能以最大的加减速度达到新的

指令速度值，在速度指令值不变时，要求电动机速度保持恒定。直流伺服电动机的机械特性比较软，在外加电压不变时，电动机的转速随负载的变化而变化。对电动机的调速，要求在负载变化时或电动机驱动电源电压波动时保持电动机的转速稳定不变。

1. 晶闸管调速系统的组成

晶闸管调速系统组成框图如图 6.29 所示。

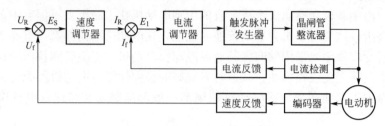

图 6.29   晶闸管调速系统组成框图

（1）控制回路：速度环、电流环、触发脉冲发生器等。

（2）主回路：晶闸管整流器等。

（3）速度环：速度调节。作用：好的静态、动态特性。

（4）电流环：电流调节。作用：加快响应，启动、低频稳定等。

（5）触发脉冲发生器：产生移相脉冲，使晶闸管触发角前移或后移。

（6）晶闸管整流器：整流、放大、驱动，使电动机转动。

2. 主回路工作原理

由大功率晶闸管构成三相全控桥式反并联可逆电路，分成Ⅰ和Ⅱ两大部分，每部分按三相桥式连接，两组反并联，分别实现正转和反转，如图 6.30 所示。每组晶闸管都有整流和逆变两种工作状态。一组处于整流工作时，另一组处于待逆变状态，在电动机降速时，逆变组工作。

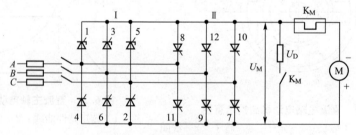

图 6.30   SCR 主回路工作原理

三相整流器由两个半波整流电路组成。每部分内又分成共阴极组(1、3、5)和共阳极组(2、4、6)。这两组中必须各有一个晶闸管同时导通才能构成通电回路，为此必须同时控制。1、3、5 在正半周导通，2、4、6 在负半周导通。每组内两相间触发脉冲相位相差 120°，每相内两个触发脉冲相差 180°。按管号排列，触发脉冲的顺序为 1—2—3—4—5—6，相邻相位差 60°。为保证合闸后两个串联晶闸管能同时导通，或已截止的相再次导通，采用双脉冲控制。即每个触发脉冲在导通 60°后，再补发一个辅助脉冲。也可以采用宽脉冲控制，脉冲宽度大于 $60°$，小于 $120°$，如图 6.31 所示。只要改变晶闸管导通角，就能改变晶闸管的整流输出电压，从而改变直流伺服电动机的转速。触发脉冲提前来，增大整流输出电压，触发脉冲延后来，减小整流输出电压。

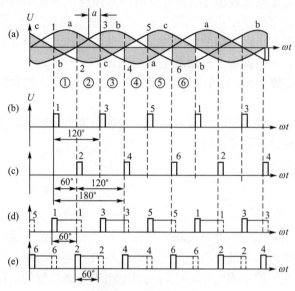

图 6.31　主回路波形图

3. 控制回路分析

晶闸管直流调速中，控制晶闸管的触发角即可控制导通时间，改变输出电压，实现调速。但是，电动机调速范围小，特性软，无反馈，属于开环系统。为了满足数控机床的调速范围需求，可采用带有速度反馈的闭环系统。为了增加调速特性的硬度，需再加一个电流反馈环节，实现双环调速系统，如图 6.29 所示具体分析如下。

（1）速度指令电压 U_R 和速度反馈电压 U_f 分别经过阻容滤波后，在比较放大器中进行比较放大，得到速度误差信号 E_S，E_S 为速度调节器的输入信号。

（2）速度调节器采用比例-积分调节器，其目的是为了获得满意的静态和动态的调速特性。

（3）电流调节器可以由比例调节器或比例-积分调节器组成，其中 I_R 为电流给定值，I_f 为电流反馈值，E_I 为比较后的误差。经过电流调节器输出后还要变成电压。其目的是为了减小系统在大电流下的开环放大倍数，加快电流环的响应速度，缩短启动过程，同时减小低速轻载时由于电流断续对系统平稳性的影响。

（4）触发脉冲发生器可使电路产生晶闸管的移相触发脉冲。该脉冲接至整流电路中晶闸管的控制栅极，触发晶闸管整流。

4. 晶闸管调速系统的工作原理

（1）调速：当给定的指令信号增大时，则有较大的偏差信号加到调节器的输入端，产生前移的触发脉冲，晶闸管整流器输出直流电压提高，电动机转速上升。此时测速反馈信号也增大，与大的速度给定相匹配达到新的平衡，电动机以较高的转速运行。

（2）干扰：假如系统受到外界干扰，如负载增加、电动机转速下降、速度反馈电压降低，则速度调节器的输入偏差信号增大，其输出信号也增大，经电流调节器使触发脉冲前移，晶闸管整流器输出电压升高，使电动机转速恢复到干扰前的数值。

（3）电网波动：电流调节器通过电流反馈信号起快速地维持和调节电流的作用，如电网电压突然短时下降，整流输出电压也随之降低，在电动机转速由于惯性还未变化之前，首先引起主回路电流的减小，立即使电流调节器的输出增加，触发脉冲前移，使整流器输出电压恢复到原来值，从而抑制了主回路电流的变化。

（4）启动、制动、加减速：电流调节器能保证电动机启动、制动时的大转矩、加减速的良好动态性能。

这种双环调速系统的缺点是在低速轻载时，电枢电流出现断续，机械特性变软，总放大倍数下降，同时也使动态品质恶化。

6.4.5　晶体管直流脉宽调速

1. 系统的组成及特点

直流脉宽调速利用脉宽调制器对大功率晶体管开关放大器的开关时间进行控制，将直流电压转换成某一频率的矩形波电压，加到直流电动机的电枢两端，通过对矩形波脉冲宽度的控制，改变电枢两端的平均电压，达到调节电动机转速的目的。脉宽调速的主要缺点是不能承受高的过载电流，功率也不能做得很大。目前在中小功率的伺服驱动装置中，大多采用脉宽调速，而在大功率的场合中采用晶闸管调速。

1）直流脉宽调速系统的结构组成

直流脉宽调速系统主要采用转速电流双闭环的系统结构。图 6.32 就是脉宽调速系统的结构框图，由大功率晶体管开关放大器、功率整流器等组成。

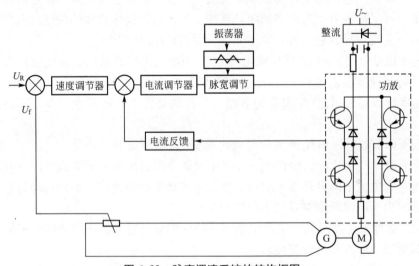

图 6.32　脉宽调速系统的结构框图

2）控制回路

脉宽调速系统的控制回路由速度调节器、电流调节器、固定频率振荡器及三角波发生器、脉宽调制器和基极驱动电路组成。与晶闸管调速系统相比，速度调节器和电流调节器工作原理相同。不同的是脉宽调制器和功率放大器。

直流脉宽调制的基本原理：所谓脉宽调制，就是使功率放大器中的大功率晶体管工作在开关状态下，开关频率和加在晶体管上的输入电压保持恒定，控制信号的大小来改变每一周期内接通或断开的时间长短，也就是改变接通脉宽，使晶体管输出到电动机电枢上电压的占空比改变，从而改变电动机电枢的平均电压，达到调节电动机转速的目的。脉宽的变化使电动机电枢的直流电压随着变化。脉冲宽度正比于代表速度值的直流电压的高低，脉宽调速系统的工作波形图如图6.33所示。

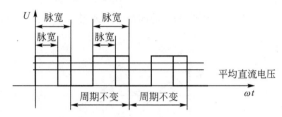

图6.33　脉宽调速系统的工作波形图

3）脉宽调速系统优点

（1）频带宽。由于晶体管的结电容小，截止频率高，所以它允许系统有较高的工作频率。目前，脉宽调速系统的开关工作频率多数为2kHz，远远大于晶闸管调速系统的100Hz。较宽的频带可以获得较好的系统动态性能，动态响应也迅速。

（2）电流脉动小，波形系数小。脉宽调速系统的直流电源为不控整流输出，相当于晶闸管导通角为最大时的工作状态。功率因数与输出电压无关，整个工作范围内的功率因数可达0.9，从而大大改善了电源的利用率。

（3）电源的功率因数高。电动机为感性负载，电路的电感与频率成正比。因此，电流脉动的幅度随频率的升高而下降。脉宽调速系统的工作频率很高，因而可以使电流的脉动幅度大大削弱，电流的波形系统接近于1。波形系数小，电动机的内部发热就少，输出转矩平稳，这有利于低速加工。

（4）动态硬度好。脉宽调速系统具有优良的动态硬度，即伺服系统校正瞬态负载扰动的能力强。由于脉宽调速系统的频带宽，系统的动态硬度就高，而且脉宽调速系统有良好的线性，尤其是接近于零点处的直线性好。

2. 脉宽调制器

脉宽调制器的作用是将由插补器输出的速度指令直流电压信号，转换成具有一定脉冲宽度的脉冲电压，该脉冲电压随直流电压的变化而变化。其调制电路采用同向加法放大器，如图6.34所示，用三角波和电压信号进行调制将电压信号转换为脉冲宽度。这种调制器由三角波信号发生器和比较器组成。U_{sr}为速度指令转化过来的直流电压，$U_{\triangle}$为三角波信号，将$U_{\triangle}$和U_{sr}一起送入比较器同向输入端进行比较，U_{sc}为脉宽调制器的输出电压。

当$U_{sr}=0$时，如图6.35（a）所示，比较器输出脉冲的正负半周相等，输出平均电压为零。

当$U_{sr}>0$时，如图6.35（b）所示，比较器输出脉冲的正半周宽度大于负半周宽度，输出平均电压大于零。

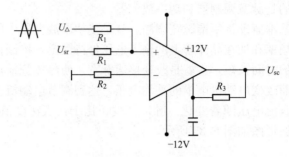

图 6.34　同向加法放大器

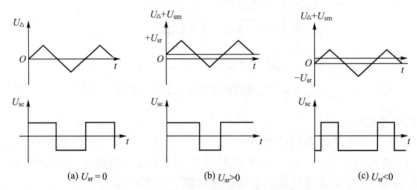

(a) $U_{sr}=0$　　　　　　(b) $U_{sr}>0$　　　　　　(c) $U_{sr}<0$

图 6.35　三角波脉冲宽度调制器工作波形图

当 $U_{sr}<0$ 时，如图 6.35(c)所示，比较器输出脉冲的负半周宽度大于正半周宽度，输出平均电压小于零。

3. 开关功率放大器

1）开关功率放大器主电路

开关功率放大器是脉宽调制速度单元的主回路。图 6.36 所示为可逆 H 型双极性开关功率放大器的电路图，由 4 个大功率晶体管（GTR）VT_1、VT_2、VT_3、VT_4 及 4 个续流二极管 VD_1、VD_2、VD_3、VD_4 组成桥式电路。U_{b1}、U_{b2}、U_{b3}、U_{b4} 为调制器输出，经脉冲分配、基极驱动转换过来的脉冲电压，分别加到 VT_1、VT_2、VT_3、VT_4 的基极。

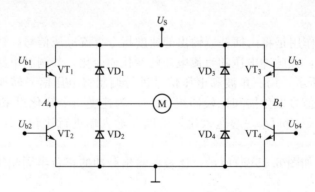

图 6.36　可逆 H 型双极性开关功率放大器的电路图

2）工作原理

开关功率放大器的工作原理如图 6.37 所示。VT_1 和 VT_4 同时导通和关断，其基极驱动电压 $U_{b1}=U_{b4}$。VT_2 和 VT_3 同时导通和关断，基极驱动电压 $U_{b2}=U_{b3}$。以正脉冲较宽为例，即正转时，H 型双极性驱动时的工作波形。

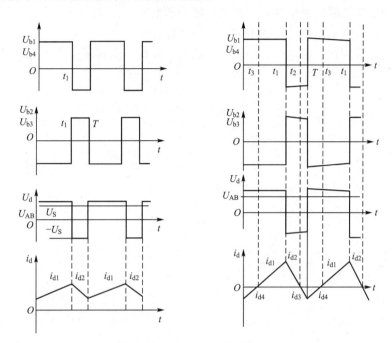

图 6.37　开关功率放大器工作原理图

① 电动状态。当 $0 \leqslant t \leqslant t_1$ 时，U_{b1}、U_{b4} 为正，VT_1 和 VT_4 导通，U_{b2}、U_{b3} 为负，VT_2 和 VT_3 截止。电动机端电压 $U_{AB}=U_S$，电枢电流 $i_d=i_{d1}$，流向由 $U_S \rightarrow VT_1 \rightarrow VT_4 \rightarrow$ 接地。

② 续流维持电动状态。在 $t_1 \leqslant t \leqslant T$ 时，U_{b1}、U_{b4} 为负，VT_1 和 VT_4 截止，U_{b2}、U_{b3} 变正，但 VT_2 和 VT_3 并不能立即导通，因此在电枢电感储能的作用下，电枢电流 $i_d=i_{d2}$，由 $VD_2 \rightarrow VD_3$ 续流，在 VD_2、VD_3 上的电压降使 VT_2、VT_3 的 c-e 极承受反向电压不能导通。$U_{AB}=-U_S$。接着再变到电动状态、续流维持电动状态反复进行。

③ 反接制动状态。在状态②中，若负载变小，则 i_d 小，续流电流很快衰减到零，即 $t=t_2$ 时 $i_d=0$。在 $t_2 \sim T$ 区段，VT_2、VT_3 在 U_S 和反电动势 E 的共同作用下导通，电枢电流反向，$i_d=i_{d3}$，流向由 $U_S \rightarrow VT_3 \rightarrow VT_2 \rightarrow$ 接地，电动机处于反接制动状态。

④ 电枢电感储能维持电流反向。在 $T \sim t_3$ 区段时，驱动脉冲极性改变，VT_2、VT_3 截止，因电枢电感维持电流 $i_d=i_{d4}$，由 $VD_4 \rightarrow VD_1$。

⑤ 电动机正转、反转、停止。由正、负驱动电压脉冲宽窄而定。当正脉冲较宽时，即 $t_1 > T/2$，平均电压为正，电动机正转。当正脉冲较窄时，即 $t_1 < T/2$，平均电压为负，电动机反转。如果正、负脉冲宽度相等，$t_1=T/2$，平均电压为零，电动机停转。

⑥ 电动机速度的改变。电枢上的平均电压 U_{AB} 越大，转速越高。它是由驱动电压脉冲宽度决定的。

⑦ 双极性。以上分析表明，可逆 H 型双极性开关功率放大器，无论负载是重还是轻、电动机是正转还是反转，加在电枢上的电压极性在一个开关周期内，都在 U_S 和 $-U_S$ 之间

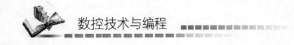

变换一次，故称为双极性。

思考与练习

1. 闭环伺服系统的位置传感器应该选用哪种类型?
2. 三相六拍步进电动机反转通电方式是什么样的?
3. 通过交流感应式伺服电动机的转速公式查阅资料写出其调速方法与应用。

第7章

数控程序编制基本知识

 本章教学要点

知识要点	掌握程度	相关知识
程序编制的内容与方法	了解数控编程的内容与步骤； 了解数控机床程序编制方法	数控加工工艺规程； 坐标计算、定位夹紧
数控机床坐标系	了解标准坐标系； 掌握数控机床的两种坐标系； 熟悉绝对指令与增量指令	笛卡尔坐标； 机械坐标系； 工件坐标系
数控加工程序格式与代码	了解数控加工程序格式； 熟悉程序字的功能	程序段、程序名； 字地址格式、程序字功能

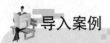 **导入案例**

先进制造与自动化技术发展

世界各国十分重视发展先进制造与自动化技术,许多跨国公司应用先进制造与自动化技术实现了设计、制造管理和经营的一体化,加强了在国际市场的垄断地位。例如,美国波音公司在波音 777 客机的研制中,由于使用了先进的产品开发设计技术,使开发周期从过去的 8~9 年缩短到 4.5 年,缩短了 40% 以上,成本降低 25%,出错返工率降低 75%,用户满意度也大幅度提高。美国通用汽车公司应用现代集成制造系统技术,将轿车的开发周期由原来的 48 个月缩短到 24 个月,碰撞试验的次数由原来的几百次降到几十次,应用电子商务技术降低销售成本 10%。美国 Exxon-Mobil 石油公司应用先进的综合自动化技术后,企业的效益提高 5%~8%,劳动生产率提高 10%~15%。机器人技术与自动化工艺装备的核心技术,一直受到世界各国的重视,面向未来服务的水下机器人、微机器人、医用机器人、仿人形机器人等特种机器人,面向国防、航空、航天等方面的超精密加工装备,面向基础设施建设的智能化大型工程机械,面向制造业的高精度、高效率、低成本和高柔性基础制造装备等,已成为目前的研究开发重点,先进制造与自动化技术已经成为带动制造业发展的重要推动力。

为了占领先进制造与自动化技术的制高点,许多国家提出了跨世纪的研究计划。例如,美国政府提出了《美国国家关键技术》《先进制造技术计划》《敏捷制造与制造技术计划》和《下一代制造(NGM)》等计划。在欧共体的《尤里卡计划(EURE-KA)》《信息技术研究发展战略计划(ESPRIT)》和《第五届框架研究计划》中,与先进制造技术有关的项目占有相当大的比重。德国政府提出了《制造 2000 计划》《微系统 2000 计划》和《面向未来的生产》等计划。日本的《智能制造系统计划》《极限作业机器人研究计划》《微机器研究计划》和《仿人形机器人研究计划》。英国的《国家纳米技术计划》(NION)。韩国的《高级先进技术国家计划》(G7 计划)等。这些国家均将先进制造与自动化技术列为重要研究内容,通过政府、企业、大学和科研院所的合作实施,大大促进了先进制造与自动化技术的发展。

近 10 多年来,我国有关部门有计划地部署了一系列国家级重点科技项目,有效地促进了我国先进制造与自动化技术的研究与应用推广。例如,科技部组织实施的 863 计划的 CIMS 主题、智能机器人主题、“九五”国家科技攻关计划的 CAD 应用工程、精密制造技术开发与应用、数控技术与装备、现场总线控制技术开发与应用、工业机器人应用、激光技术应用等重点项目。总装备部(原国防科工委)在“九五”期间,组织实施了我国武器装备先进制造技术的发展项目。航空、航天、兵器和机械等许多行业和部门在“九五”期间组织实施了行业先进制造技术项目。国家计委、经贸委等部委在用高技术改造传统产业方面也推行了一系列计划。上述计划和项目极大地推动了我国先进制造与自动化技术的发展,数控技术长足进步,数控机床从数量到质量都有很大提高。

图 7.01 和图 7.02 所示为利用先进制造技术及自动化技术制成的 3D 激光切割机和焊接机器人。

图 7.01　3D 激光切割机

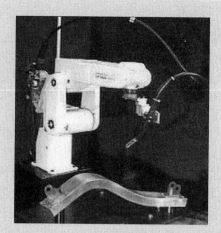

图 7.02　焊接机器人

7.1　程序编制的内容与方法

由于数控机床是按照预先编制好的程序自动加工零件，程序的好坏直接影响到数控机床的正确使用和数控加工特点的发挥。因此，编程人员除了要熟悉数控机床、刀具、夹具及数控系统的性能以外，还必须熟悉数控机床编程的方法、内容与步骤、编程标准与规范等，并不断地积累编程经验，以提高编程质量和效率。

7.1.1　数控机床编程的内容与步骤

数控机床编程的内容主要包括分析被加工零件，确定加工工艺过程，数值计算，编写程序单，输入数控系统，程序校验和首件试切等。

数控机床编程的步骤一般如图 7.1 所示。

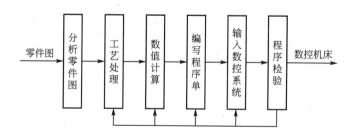

图 7.1　数控机床编程的步骤

1. 分析零件图

通过对工件材料、形状、尺寸精度及毛坯形状和热处理的分析，确定工件在数控机床上进行加工的可行性。

2. 工艺处理

选择适合数控加工的加工工艺是提高数控加工技术经济效果的首要因素。制订数控加工工艺除需考虑通常的一般工艺原则外，还应考虑充分发挥所有数控机床的指令功能，正确选择对刀点，尽量缩短加工路线，减少空行程时间和换刀次数，尽量使数值计算方便，程序段少等。

3. 数值计算

数值计算是指根据加工路线计算刀具中心的运动轨迹。对于带有刀补功能的数控系统，只需计算出零件轮廓相邻几何元素的交点（或切点）的坐标值，得出各几何元素的起点、终点和圆弧的圆心坐标。对于形状比较复杂的零件，如非圆曲线、曲面组成的零件，需要用直线段或圆弧段逼近，计算出逼近线段的交点坐标值，并限制在允许的误差范围以内。这种情况一般要用计算机来完成数值计算。

4. 编写程序单

在完成工艺处理和数值计算后，可以编写零件加工程序，编程人员根据所使用数控系统的指令、程序段格式，逐段编写零件加工程序。编程人员应对数控机床的性能、程序指令代码及数控机床加工零件的过程等非常熟悉，才能编写出合理的零件加工程序。

5. 输入数控系统

程序编写好后，可通过键盘等直接将程序输入数控系统，也可通过磁盘驱动器或RS-232接口输入数控系统。比较老一些的数控系统需要制作穿孔带、磁带等控制介质，再将控制介质上的程序输入数控系统，现在已被淘汰，但是规定的穿孔带代码标准没有变。

6. 程序校验和首件试切

程序送入数控系统后，通常需要经过试运行和试加工两步检查后，才能进行正式加工。通过试运行，校对检查程序，也可利用数控机床的空运行功能进行检验，检查机床的动作和运动轨迹的正确性。对带有刀具轨迹动态模拟显示功能的数控机床，可进行数控模拟加工，以检查刀具轨迹是否正确。通过试加工可以检查其加工工艺及有关切削参数设定得是否合理，加工精度能否满足零件要求，加工工效如何，以便进一步改进，直到加工出满意的零件为止。

7.1.2 数控机床程序编制方法

数控机床程序编制方法可分为手工编程和自动编程两种。

1. 手工编程

手工编程是指各个步骤均由手工完成，即从零件分析、工艺处理、数据计算、编写程序单、输入程序到程序检验等各步骤主要由人工完成的编程过程。对形状简单的工件，计算比较简单，程序段不多，采用手工编程较容易完成，而且经济、及时。在简单的点定位加工及由直线与圆弧组成的轮廓加工中，手工编程仍广泛应用。但对于几何形状复杂的零件，特别是具有列表曲线、非圆曲线及曲面的零件，如汽轮机叶片、复杂模具，或者表面的几何元素并不复杂而程序量很大的复杂箱体等零件，手工编程就有一定的困难，出错的概率增大，有的甚至无法编出程序，因此必须采用自动编程的方法编制程序。

2. 自动编程

自动编程是指在编程过程中，除了分析零件图样和制订工艺方案由人工进行外，其他数控加工程序均用计算机及相应编程软件编制的过程。自动编程主要有语言编程、图形交互式编程和语音编程等方法，图形交互式编程基于 CAD/CAM 软件。常见 CAD/CAM 软件有 MasterCAM、Pro/ENGINEER、UG、CAXA、Cimatron、SolidWorks 等。自动编程时，编程人员只需根据零件图样及工艺要求，对加工过程与要求进行较简便的描述，而由编程系统自动计算出加工运动轨迹并输出零件数控加工程序。例如，使用 CAD/CAM 软件自动编程时，先利用 CAD 功能模块进行造型，然后利用 CAM 模块产生刀具路径，进而再利用后置处理程序产生数控加工程序。自动编程与手工编程相比，具有编程时间短、编程人员劳动强度低、出错概率小、编程效率高等优点。因此，它适用于加工形状复杂或由空间曲面组成的零件的编程。

7.2 数控机床坐标系

在数控编程时，为了描述机床的运动，简化程序编制，数控机床的坐标系和运动方向均已标准化。

7.2.1 标准坐标系

1. 标准坐标系的规定

国际标准化组织(ISO)已制定了数控机床坐标系标准，我国国家标准 GB/T 19660—2005《工业自动化系统与集成　机床数值控制　坐标和运动命名》与 ISO 841：2001，IDT 等效，其中规定的确定原则如下。

1) 机床相对运动的规定

机床的结构不同，有的机床是刀具运动，零件静止不动，有的机床是刀具不动，零件运动。无论机床采用什么形式，都假设零件静止，刀具运动。这样编程人员在不考虑机床上零件与刀具具体运动的情况下，就可以依据零件图样，确定机床的加工过程。

2) 机床坐标系的规定

在数控机床上，机床的动作是由数控装置来控制的，为了确定数控机床上的成形运动和辅助运动，必须先确定机床上运动的位移和运动的方向，这就需要通过坐标系来实现，这个坐标系被称为机床坐标系。标准机床坐标系中 X、Y、Z 轴的相互关系用右手笛卡尔直角坐标系决定，如图 7.2 所示。A、B、C 3 个旋转坐标如图 7.3 所示，用右手螺旋法则确定。

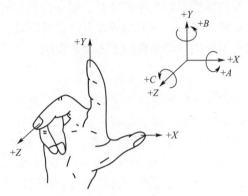

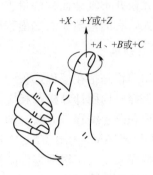

图 7.2　右手笛卡尔直角坐标系　　　　　图 7.3　右手螺旋法则

3）运动方向的规定

增大刀具与零件距离的方向即为各坐标轴的正方向。

2. 建立坐标系的步骤

先确定 Z 轴，再确定 X 轴，然后确定 Y 轴，最后确定回转轴 A、B、C。

1）先确定 Z 轴

Z 轴的运动方向是由传递切削动力的主轴所决定的，即平行于主轴轴线的坐标轴即为 Z 轴，Z 轴的正向为刀具离开零件的方向。

2）再确定 X 轴

X 轴平行于零件的装夹平面，一般在水平面内。确定 X 轴的方向时，要考虑两种情况：

（1）如果零件做旋转运动，则刀具离开零件的方向为 X 轴的正方向，如图 7.4（a）所示。

（2）如果刀具做旋转运动，则分为两种情况：Z 轴垂直时，观察者面对刀具主轴看向立柱时，$+X$ 运动方向指向右方，如图 7.4（b）所示。Z 轴水平时，观察者沿刀具主轴看向零件时，$+X$ 运动方向指向右方，如图 7.4（c）所示。

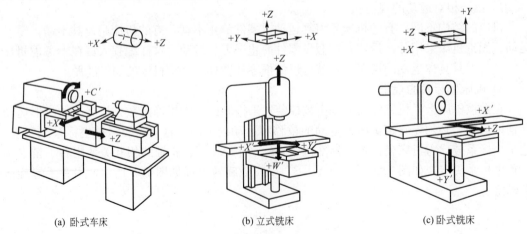

(a) 卧式车床　　　　　　(b) 立式铣床　　　　　　(c) 卧式铣床

图 7.4　典型数控机床的坐标系

3）然后确定 Y 轴

在确定 X、Z 轴的正方向后，根据 X 轴和 Z 轴的方向，按照右手直角坐标系来确定 Y 轴的方向。数控铣床的 Y 轴方向如图 7.4(b) 和图 7.4(c) 所示。

4）确定回转轴 A、B、C

根据已确定的 X、Y、Z 轴，用右手螺旋法则确定回转轴 A、B、C 三轴坐标。

7.2.2 数控机床的两种坐标系

数控机床的坐标系包括机械坐标系和工件坐标系。

1. 机械坐标系与机械原点

1）机械坐标系

机床上某一特定点可作为该机床的基准点，该点就称为机械原点。机械原点由机床制造商根据机床予以设定。把机械原点设定为坐标系原点的坐标系称为机械坐标系。接通电源后，通过手动参考点返回来建立机械坐标系。机械坐标系一旦被建立之后，在切断电源之前，一直保持不变。参考点并不总是机械坐标系的原点。

机械坐标系的设定。若在接通电源后进行手动返回参考点操作，机械坐标系应该这样设定，使参考点处于坐标值处，如图 7.5 所示。(α, β) 值用参数(No.1240)设定。

选择机械坐标系指令 G53。在指定机械坐标系中的位置时，刀具则快速移动到该位置。由于选择机械坐标系的 G53 是单步 G 代码，只有指定了 G53 的程序段才有效。另外，G53 指令必须是绝对指令，如果是增量指令，G53 指令就被忽略。当要将刀具移到机床的特定位置(如换刀位置)时，应在基于 G53 的机械坐标系中编制程序。其程序格式为：

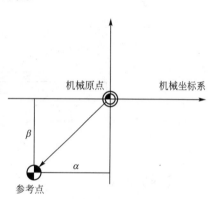

图 7.5 机械坐标系的设定

```
G53 IP_;
```

其中，IP_为绝对指令的维数字。

在指定 G53 之前，必须先设定机械坐标系，因此，接通电源后，必须进行至少一次手动返回参考点，或由 G28 指令进行返回参考点操作。但是，若是绝对位置检测器的机床，则不必进行上述操作。

当给定 G53 指令时，则取消刀具半径补偿、刀具长度补偿、刀尖半径补偿、刀具位置偏置等补偿功能。

通常数控车床中，根据刀架相对零件的位置，其机械坐标系可分为前置刀架和后置刀架两种形式，图 7.6(a) 所示为前置刀架式普通数控车床的机械坐标系，图 7.6 (b) 所示为后置刀架式带卧式刀塔的数控车床的机械坐标系。前、后置刀架式数控车床的机械坐标系，X 轴方向正好相反，而 Z 轴方向是相同的。

2）机械原点

机械坐标系的原点称为机械原点或机床原点，图 7.7 所示的 O 点就是数控铣床机械坐

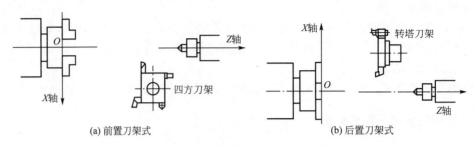

(a) 前置刀架式　　　　　　　　　　(b) 后置刀架式

图 7.6　数控车床的机械坐标系

标系的原点，它是机床上的一个固定的点，由制造厂家确定。机械坐标系是通过回参考点操作来确立的。

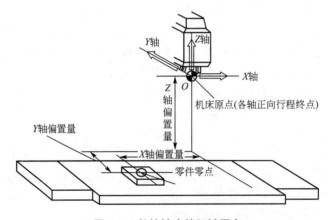

图 7.7　数控铣床的机械原点

2. 机床参考点

机床参考点是机床上的某一固定位置，利用返回参考点功能就容易把刀具移动到该处。例如，可把参考点用作自动换刀的位置。通过在参数（No. 1240～1243）中设定的坐标值，最多可以指定机床坐标系的 4 个参考点，图 7.8 所示为机床坐标系和参考点。

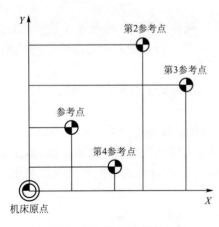

图 7.8　机床坐标系和参考点

机床参考点是用于对机床运动进行检测和控制的点，大多数机床将刀具沿其坐标轴正向运动的极限点作为参考点，其位置用机械行程挡块来确定。参考点位置在机床出厂时已调整好，一般不作变动，必要时可通过设定参数或改变机床上各挡块的位置来调整。

数控铣床的参考点一般设在机械坐标系原点上，如图 7.7 所示，是用于对机床工作台（或滑板）与刀具相对运动的测量系统进行定位与控制的点，一般设定在各轴正向行程极限点的位置上。该位置是在每个轴上用挡块和限位开关精确地预先调整好的，它相对于机械原点的坐标是一个已知数、固定值。数控车床的机床坐标原点一般位于卡盘端面与主轴中心线的交点处，如图 7.9(a)所示；或者离卡盘有一定距离处，如图 7.9(b)所示；或者机床参考点处，如图 7.9(c)所示。

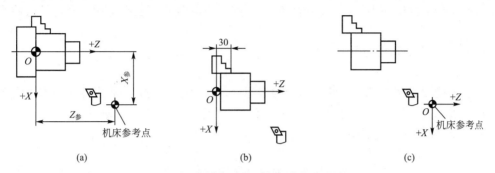

图 7.9 数控车床的坐标原点与参考点

3. 机床回参考点指令与机械坐标系的建立

数控系统通电时并不知道机械原点的位置，也就无法在机床工作时准确地建立坐标系。由于机床参考点对机械原点的坐标是一个已知定值，因此可以根据机械坐标系中的参考点坐标值来间接确定机械原点的位置。如图 7.10 所示，当执行返回参考点的操作后，刀具(或工作台)退离到机床参考点，使装在 X、Y、Z 轴向滑板上的各个行程挡块分别压下对应的开关，向数控系统发出信号，系统记下此点位置，并在显示器上显示出位于此点的刀具中心在机械坐标系中的各坐标值，这表示在数控系统内部已自动建立起机械坐标系，这样，通过确认参考点就确定了机械原点。对于将参考点设在机械原点上的数控机床，参考点在机械坐标系中的各坐标值均为零，如图 7.9(c)所示，因此参考点又称机床零点，故通常把回参考点的操作称为"机械回零"。

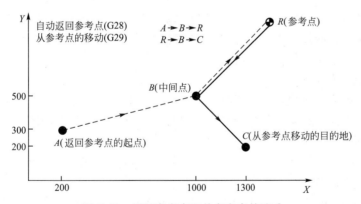

图 7.10 返回参考点和从参考点的移动

回参考点除了用于建立机械坐标系外，还可用于消除漂移、变形等引起的误差，机床使用一段时间后，工作台会有一些漂移，使加工产生误差，进行回参考点操作，就可以使机床的工作台回到准确位置，消除误差。所以在机床加工前，也需进行回机床参考点的操作。当机床开机回参考点之后，无论刀具运动到哪一点，数控系统对其位置都是已知的。

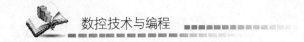

1）自动返回参考点指令 G28

格式：G28 X_ Y_ Z_ ;

功能是使刀具经过给定的中间点快速移动到参考点，G28 指令后给定的坐标值是刀具回参考点路径上的中间点。执行此指令时，原则上应取消刀具长度补偿、半径补偿或半径偏置。

2）从参考点的移动指令 G29

格式：G29 X_ Y_ Z_ ;

功能是使刀具从参考点返回到指定的坐标处。G29 指令后给定的坐标值是刀具移动的目的点，返回时要经过 G28 所指定的中间点。G28 和 G29 常常成对使用。

3）返回参考点检查指令 G27

格式：G27 X_ Y_ Z_ ;

功能是检查执行返回参考点指令后刀具是否正确到达参考点，G27 指令后给定的坐标值是参考点的坐标值。执行此指令，刀具快速移动，自动减速并在指定坐标值处作定位校验，当指令轴确实定位在参考点时，该轴参考点信号灯亮，尚未到达参考点时，会有报警（PS0092），指示回零检查错误。若程序中有刀具偏置或补偿时，应先取消偏置或补偿后再作参考点校验。在连续程序段中，即使未到参考点，也要继续执行程序，为了便于校对，可以插入 M00 或 M01 使机床暂停或有计划停止。

例如，对应图 7.10 有：

```
G28 G90 X1000.0 Y500.0;      刀具从点 A,经过中间点 B,移动到参考点 R
T08;                          选择 08 号刀具
M06;                          在参考点换刀
G29 X1300.0 Y200.0;           刀具从参考点 R,经过中间点 B,移动到指定点 C
```

4．工件坐标系与程序原点

为加工工件所使用的坐标系称为工件坐标系。工件坐标系事先设定在 CNC 中，称为设定工件坐标系。在所设定的工件坐标系中编制程序并加工工件，称为选择工件坐标系。移动所设定的工件坐标系的原点，称为改变工件坐标系。

1）设定工件坐标系

可用以下 3 种方法来设定工件坐标系。

（1）使用工件坐标系设定 G 代码法。通过程序指令，以紧跟工件坐标系设定 G 代码的值建立工件坐标系。

（2）自动设定法。参数 ZPR（No.1201♯O）为 1 时，在执行手动返回参考点操作时，自动地确定工件坐标系。

（3）使用工件坐标系选择 G 代码法。事先用 MDI 面板的设置设定 6 个工件坐标系，并通过程序指令 G54～G59 来选择使用哪个工件坐标系。

使用工件坐标系设定 G 代码设定工件坐标系的指令格式：

M 系列用于铣床或加工中心　　　　G92 IP_ ;

T 系列用于车床　　　　　　　　　G50 IP_ ;

工件坐标系建立：使目前时刻的刀具上的一个点（如刀尖）成为一个指定的坐标值。

应用举例。铣床或加工中心设定工件坐标系，以刀尖为程序的起点，用 G92 X25.2

Z23.0 的指令设定坐标系，如图 7.11 所示。以刀架上基准点为程序的起点，用 G92 X600.0 Z1200.0 的指令设定坐标系，如图 7.12 所示。

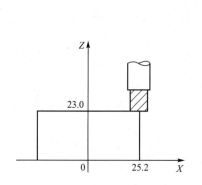

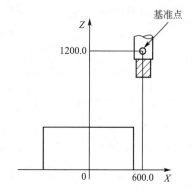

图 7.11　刀尖为程序起点的工件坐标系　　图 7.12　刀架上基准点为程序起点的工件坐标系

车床设定工件坐标系，以刀尖为程序的起点，用 G50 X128.7 Z375.1 的指令设定坐标系（直径指定），如图 7.13 所示。以刀架上基准点为程序的起点，用 G50 X1200.0 Z700.0 的指令设定坐标系（直径指定），如图 7.14 所示。

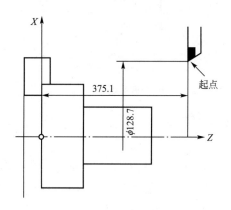

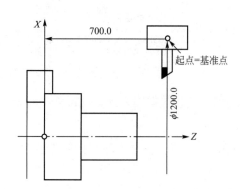

图 7.13　刀尖为程序起点的工件坐标系　　图 7.14　刀架上基准点为程序起点的工件坐标系

2）选择工件坐标系

用户可以选用下面已设定的工件坐标系。

（1）若以工件坐标系设定 G 代码或工件坐标系自动设定来设定工件坐标系，以后指定的绝对指令，就成为该坐标系中的位置。

（2）事先用 MDI 面板设定 6 个工件坐标系 G54～G59，选择 G54～G59 指令之一，即可选择工件坐标系 1～6 中之一。

G54——工件坐标系 1；G55——工件坐标系 2；G56——工件坐标系 3；G57——工件坐标系 4；G58——工件坐标系 5；G59——工件坐标系 6。

工件坐标系 1～6 在接通电源和参考点返回之后正确建立，接通电源后，G54 坐标系被选定。

例如，在图 7.15 中，执行如下指令

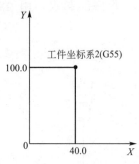

图 7.15　选择工件
坐标系 G55 指令

```
G90 G55 G00 X40.0 Y100.0;
```

刀具定位到工件坐标系 2，$X=40.0$，$Y=100.0$ 的位置。

3）改变工件坐标系

通过改变一个外部工件原点偏置量或工件原点偏置量，就可以改变在 G54～G59 中指定的 6 个坐标系，如图 7.16 所示。改变一个外部工件原点偏置量或工件原点偏置的方法有以下 3 种。

（1）利用 MDI 面板。

（2）利用程序（使用可编程数据输入 G 代码或者工件坐标系设定 G 代码）。

（3）使用外部数据输入功能（通过至 CNC 的输入信号改变外部工件原点偏置量）。

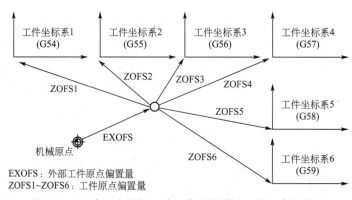

EXOFS：外部工件原点偏置量
ZOFS1~ZOFS6：工件原点偏置量

图 7.16　改变一个外部工件原点偏置量或工件原点偏置量

利用可编程数据输入的方法改变工件坐标系的指令格式：

```
G10 L2 Pp IP_ ;
```

其中，p＝0 为指定外部工件原点偏置量，p＝1～6 为指定相对于工件坐标系 1～6 的工件原点偏置量；IP_ 若是绝对指令，则指每个轴的工件原点偏置量。若是增量指令，则该值要加到每个轴原设置的工件原点偏置量上，其结果为工件原点偏置量。

利用工件坐标系设定的方法改变工件坐标系的指令格式：

M 系列用于铣床或加工中心　　G92 IP_ ;

T 系列用于车床　　　　　　　G50 IP_ ;

通过指定可编程数据输入 G 代码，即可改变每个工件坐标系的工件原点偏置量。

用工件坐标系设定 G 代码加以指定，工件坐标系（G54～G59 中选定的坐标系）将变换到新的工件坐标系，使当前的刀具位置与所指定的坐标值 IP_ 相适应。这时，坐标系的移动值加到之后的所有工件原点偏置量上，因此，所有工件坐标系也都仅移动相同的值。

例如，图 7.17 中，在选择了 G54 的状态下，刀

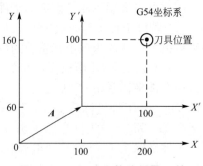

图 7.17　G92 建立偏移矢量 A 的
工件坐标系 $X'-Y'$

具在(200，160)的位置上时，则可用下列指令

G92 X100. Y100. ；

建立仅偏移矢量 A 的工件坐标系 $X'-Y'$。

在图 7.18 中，$X'-Z'$ 为新建的工件坐标系，$X-Z$ 为原来的工件坐标系，A 为由 G92 产生的偏置量，B 为 G54 中的工件原点偏置量，C 为 G55 中的工件原点偏置量。假设给定 G54 工件坐标系，而且 G54 工件坐标系和 G55 工件坐标系之间的相对关系已经正确设定，则可用下列指令设置工件坐标系 G55，图 7.18 中刀具上的黑点位于(600.0，1200.0)。

G92 X600. 0 Z1200. 0 ；

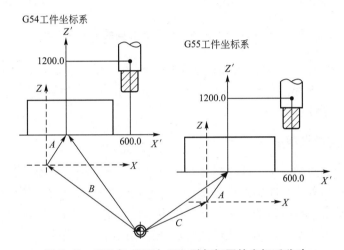

图 7.18 G54 与 G55 由 G92 引起相同的坐标系移动

因此，假设两个托板位于两个不同的位置，如果按照 G54 与 G55 两个坐标系之间的关系正确设定两个托板之间的相对关系，那么 G92 在一个托板上引起坐标系的改变，在另一个托板上也引起相同的坐标系移动。这就是说，只要指定 G54 或 G55，就可在相同的程序中加工放在两个托板上的工件。

图 7.19 中，在选择了 G54 的状态下，刀具在(160，200)的位置上时，则可用下列指令

G50 X100. Z100. ；

建立仅偏移矢量 A 的工件坐标系 $X'-Z'$。

在图 7.20 中，$X'-Z'$ 为新建的工件坐标系，$X-Z$ 为原来的工件坐标系，A 为由 G50 产生的偏置量，B 为 G54 中的工件原点偏置量，C 为 G55 中的工件原点偏置量。假设给定 G54 工件坐标系，而且 G54 工件坐标系和 G55 工件坐标系之间的相对关系已经正确设定，则可用下列指令设置工件坐标系 G55，图 7.20 中刀具上的黑点位于(600，1200.0)。

G50 X600. 0 Z1200. 0 ；

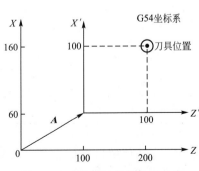

图 7.19 G50 建立偏移矢量 A 的工件坐标系 $X'-Z'$

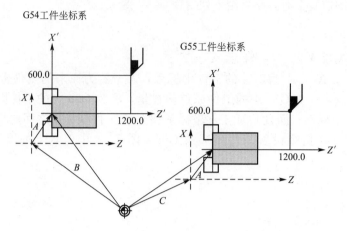

图 7. 20   G54 与 G55 由 G50 引起相同的坐标系移动

因此，与 M 系列一样，只要正确设定工件坐标系的相对关系，即使在某一坐标系中通过 G50 指令移动坐标系，同样在所有坐标系上坐标系移动。所以，只要切换坐标系，就可以通过相同的程序进行加工。

7. 2. 3   绝对指令与增量指令

指定刀具移动有两种方法，绝对指令和增量指令。绝对指令是对刀具移动的终点位置的坐标值进行编程的方法，即绝对指令是以零件原点为坐标原点表示的坐标位置。增量指令是对刀具的移动量进行编程的方法，即增量指令是以相对于前一点位置坐标的增量来表示坐标位置，即在坐标系中，运动轨迹的终点坐标是以起点计量的。

M 系列数控系统使用绝对指令还是增量指令，采用 G90 和 G91 来指定，指令格式为：

绝对指令　　G90 IP_；

增量指令　　G91 IP_；

T 系列数控车床使用绝对指令还是增量指令，通过下面的指令来区分。数控车床使用 G 代码体系 A 的绝对指令与增量指令见表 7-1。

表 7-1   数控车床使用 G 代码体系 A 的绝对指令与增量指令

	绝对指令	增量指令
X 轴移动指令	X	U
Z 轴移动指令	Z	W
Y 轴移动指令	Y	V
C 轴移动指令	C	H

数控车床使用 G 代码体系 B 或 C，指令格式为：

绝对指令　　G90 IP_；

增量指令　　G91 IP_；

例如，铣削加工绝对值与增量值编程，起点到终点(图 7.21)。

绝对指令　　G90 X40.0 Y70.0；

增量指令　　G91 X-60.0 Y40.0；

例如，车削加工绝对值与增量值编程，P 点到 Q 点(图 7.22)。

G 代码体系 A

绝对指令　　X400.0 Z50.0；

增量指令　　U200.0 W-400.0；

G 代码体系 B 或 C

绝对指令　　G90 X400.0 Z50.0；

增量指令　　G91 X200.0 Z-400.0；

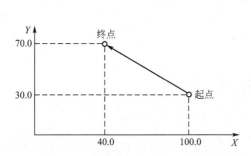

图 7.21　铣削加工绝对值与增量值编程示例

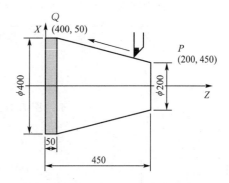

图 7.22　车削加工绝对值与增量值编程示例

7.3　数控加工程序格式与代码

7.3.1　数控加工程序格式

1. 加工程序的结构

数控加工程序的一般格式如图 7.23 所示。

程序代码开头：表示一个程序文件开头的符号。

前导节：用于程序文件的标题等。

程序开头：表示一个程序开头的符号。

程序节：指定实际加工的信息。

注释节：给予操作者的注释或指导等信息。

程序代码结尾：表示一个程序文件最后的符号。

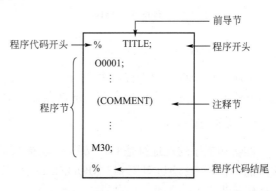

图 7.23　程序的结构

程序节由若干个程序段组成，由一个程序号开始并由一个程序结尾码结束。

程序号　　　O0001

程序段 1　　N1 G91 G00 X120.0 Y80.0 ；

程序段 2　　N2 G43 Z-32.0 H01

⋮　　　　　⋮

程序段 n　　Nn Z0

程序结尾　　M30

2. 程序段格式

现在一般使用字地址可变程序段格式。程序段格式如图 7.24 所示。

图 7.24　程序段一般格式

3. 主程序与子程序

当程序中存在以相同的模型进行加工的几个部位时，创建该模型的程序，叫做子程序。而相对于子程序，原先的程序叫做主程序。在执行主程序指令时，如果调用执行子程序指令，即执行子程序，当子程序的指令执行结束时，再次执行主程序的指令。程序执行顺序如图 7.25 所示。

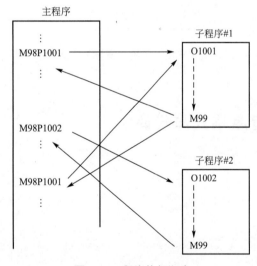

图 7.25　程序执行顺序

7.3.2　程序字的功能

组成程序段的每一个字都有特定的功能含义，以下是以 FANUC 0i - MODEL D 数控系统的规定为主进行介绍的，实际工作中，请遵照机床数控系统说明书使用各个功能字。

1. 顺序号字 N

顺序号位于程序段之首，由 N 和后续数字组成。其主要作用一是便于对程序的校对和检索修改，二是作为子程序调用或者条件转向的目标。

2. 准备功能字 G

准备功能字的地址符是 G，又称 G 功能或 G 指令，是用于建立机床或控制系统工作方式的一种指令。FUNUC 0i - MODEL D 数控系统 M 系列的 G 代码见表 7-2，T 系列的 G 代码见表 7-3。

表 7 - 2   FUNUC 0i - MODEL D 数控系统 M 系列 G 代码

代码	组	功能		代码	组	功能
★G00		定位(快速移动)		G56		工件坐标系 3 选择
★G01	01	直线插补(切削进给)		G57	14	工件坐标系 4 选择
G02		圆弧插补/螺旋插补 cw		G58		工件坐标系 5 选择
G03		圆弧插补/螺旋插补 ccw		G59		工件坐标系 6 选择
G04		暂停、准确停止		G60	00	单向定位
G05.1		AI 先行控制/ AI 轮廓控制		G61		准确停止方式
G05.4		HRV3 接通/断开		G62	15	自动拐角倍率
G07.1 (G107)	00	圆柱插补		G63		攻螺纹方式
G09		准确停止		★G64		切削方式
G10		可编程数据输入		G65	00	宏程序调用
G11		可编程数据输入方式取消		G66		宏模态调用
★G15	17	极坐标指令取消		★G67	12	宏模态调用取消
G16		极坐标指令		G68		坐标旋转方式 ON
★G17		XpYp 平面	Xp: X 轴或者其平行轴	★G69	16	坐标旋转方式 OFF
★G18	02	ZpXp 平面	Yp: Y 轴或者其平行轴	G73		深孔钻削循环
★G19		YpZp 平面	Zp: Z 轴或者其平行轴	G74	09	反向攻螺纹循环
G20	06	英制输入		G75	01	切入式磨削循环(磨床用)
G21		公制输入		G76	09	精细钻孔循环
★G22		存储行程检测功能 ON		G77		切入式直接恒定尺寸磨削循环(磨床用)
G23	04	存储行程检测功能 OFF		G78	01	连续进给表面磨削循环(磨床用)
G27		返回参考点检测		G79		间歇进给表面磨削循环(磨床用)
G28		自动返回至参考点		★G80	09	固定循环取消/电子齿轮箱同步取消
G29	00	从参考点移动		★80.4	34	电子齿轮箱同步取消
G30		返回第 2、第 3、第 4 参考点		G81.4		电子齿轮箱同步开始
G31		跳过功能		★G81		钻孔循环、点镗孔循环/电子齿轮箱同步
G33	01	螺纹切削		G82		钻孔循环、镗阶梯孔循环
G37		刀具长度自动测定		G83	09	深孔钻削循环
G39	00	刀具半径补偿拐角圆弧插补		G84		攻螺纹循环
★G40	07	刀具半径补偿取消		G84.2		刚性攻螺纹循环(FSIO/11 格式)

（续）

代码	组	功能	代码	组	功能
G41	07	刀具半径补偿左	G84.3		反向刚性攻螺纹循环(FS10/11 格式)
G42		刀具半径补偿右	G85	09	镗孔循环
G40.1	18	法线方向控制取消方式	G86		镗孔循环
G41.1		法线方向控制左侧 ON	G87		反镗循环
G42.1		法线方向控制右侧 ON	G88		镗孔循环
G43	08	刀具长度补偿＋	G89		镗孔循环
G44		刀具长度补偿－	★G90	03	绝对指令
G45	00	刀具位置偏置伸长	★G91		增量指令
G46		刀具位置偏置缩小	G91.1		最大增量指令值检测
G47		刀具位置偏置伸长 2 倍	G92	00	工件坐标系的设定/主轴最高转速钳制
G48		刀具位置偏置缩小 1/2	G92.1		工件坐标系预置
★G49	08	刀具长度补偿取消	G93		反比时间进给
★G50	11	比例缩放取消	★G94	05	每分钟进给
G51		比例缩放	G95		每转进给
★G50.1	22	可编程镜像取消	G96	13	周速恒定控制
G51.1		可编程镜像	★G97		周速恒定控制取消
G52	00	局部坐标系设定	★G98	10	固定循环返回初始平面
G53		机械坐标系选择	G99		固定循环返回 R 点平面
★G54	14	工件坐标系 1 选择	★G160	20	横向进磨控制(磨床用)
G54.1		选择追加工件坐标系	G161		横向进磨控制(磨床用)
G55		工件坐标系 2 选择			

表 7-3　FUNUC 0i - MODEL D 数控系统 T 系列 G 代码

G 代码体系			组	功能
A	B	C		
★G00	★G00	★G00	01	定位(快速移动)
G01	G01	G01		直线插补(切削进给)
G02	G02	G02		圆弧插补/螺旋插补 cw
G03	G03	G03		圆弧插补/螺旋插补 ccw
G04	G04	G04	00	暂停
G05.4	G05.4	G05.4		HRV3 接通/断开

（续）

G 代码体系			组	功能
A	B	.C		
G07.1(G107)	G07.1(G107)	G07.1(G107)		圆柱插补
G08	G08	G08		先行控制
G09	G09	G09	00	准确停止
G10	G10	G10		可编程数据输入
G11	G11	G11		可编程数据输入取消
G12.1(G112)	G12.1(G112)	G12.1(G112)	21	极坐标插补方式
★G13.1(G113)	★G13.1(G113)	★G13.1(G113)		极坐标插补取消方式
G17	G17	G17		XpYp 平面选择
★G18	★G18	★G18	16	ZpXp 平面选择
G19	G19	G19		YpZp 平面选择
G20	G20	G70	06	英制输入
G21	G21	G71		公制输入
★G22	★G22	★G22	09	存储行程检测功能 ON
G23	G23	G23		存储行程检测功能 OFF
★G25	★G25	★G25	08	主轴速度变动检测 OFF
G26	G26	G26		主轴速度变动检测 ON
G27	G27	G27		返回参考点检测
G28	G28	G28		返回至参考点
G30	G30	G30	00	返回第 2、第 3、第 4 参考点
G31	G31	G31		跳过功能
G32	G33	G33		螺纹切削
G34	G34	G34		可变导程螺纹切削
G36	G36	G36	01	刀具自动补偿(X 轴)
G37	G37	G37		刀具自动补偿(Z 轴)
G39	G39	G39		刀尖半径补偿拐角圆弧插补
★G40	★G40	★G40		工具半径补偿取消
G41	G41	G41	07	工具半径补偿 左
G42	G42	G42		工具半径补偿 右
G50	G92	G92	00	坐标系设定或主轴最高转速钳制
G50.3	G92.1	G92.1		工件坐标系预置

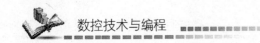

（续）

G 代码体系			组	功能
A	B	C		
★G50.2(250)	★G50.2(250)	★G50.2(250)	20	多边形加工取消
G51.2(251)	G51.2(251)	G51.2(251)		多边形加工
G50.4	G50.4	G50.4		同步控制结束
G50.5	G50.5	G50.5		混合控制结束
G50.6	G50.6	G50.6		重叠控制结束
G51.4	G51.4	G51.4	00	同步控制开始
G51.5	G51.5	G51.5		混合控制开始
G51.6	G51.6	G51.6		重叠控制开始
G52	G52	G52		局部坐标系设定
G53	G53	G53		机械坐标系选择
★G54	★G54	★G54		工件坐标系 1 选择
G55	G55	G55		工件坐标系 2 选择
G56	G56	G56	14	工件坐标系 3 选择
G57	G57	G57		工件坐标系 4 选择
G58	G58	G58		工件坐标系 5 选择
G59	G59	G59		工件坐标系 6 选择
G61	G61	G61		准确停止方式
G63	G63	G63	15	攻螺纹方式
★G64	★G64	★G64		切削方式
G65	G65	G65	00	宏程序调用
G66	G66	G66		宏模态调用
★G67	★G67	★G67	12	宏模态调用取消
G68	G68	G68		相向刀具台镜像 ON 或均衡切削方式
★G69	★G69	★G69	04	相向刀具台镜像 OFF 或均衡切削方式取消
G70	G70	G72		精削循环
G71	G71	G73		外径/内径粗削循环
G72	G72	G74		端面粗削循环
G73	G73	G75	00	闭环切削循环
G74	G74	G76		端面切断循环
G75	G75	G77		外径/内径切断循环
G76	G76	G78		复合形螺纹切削循环

（续）

G 代码体系			组	功能
A	B	C		
G71	G71	G72	01	纵向走刀磨削循环（磨床用）
G72	G72	G73		纵向走刀直接尺寸磨削循环（磨床用）
G73	G73	G74		振荡磨削循环（磨床用）
G74	G74	G75		振荡直接尺寸磨削循环（磨床用）
★G80	★G80	★G80	10	钻孔用固定循环取消
G81	G81	G81		定点钻孔（FS10/11-T 格式）
G82	G82	G82		键阶梯孔（FS10/11-T 格式）
G83	G83	G83		正面钻孔循环
G83.1	G83.1	G83.1		高速深孔钻削循环（FS10/11-T 格式）
G84	G84	G84		正面攻螺纹循环
G84.2	G84.2	G84.2		刚性攻螺纹循环（FS10/11 格式）
G85	G85	G85	10	正面钻孔循环
G87	G87	G87		侧面钻孔循环
G88	G88	G88		侧面攻螺纹循环
G89	G89	G89		侧面键孔循环
G90	G77	G20	01	外径/内径车削循环
G92	G78	G21		螺纹切削循环
G94	G79	G24		端面车削循环
G91.1	G91.1	G91.1	00	最大增量指令值检测
G96	G96	G96	02	周速恒定控制
★G97	★G97	★G97		周速恒定控制取消
G96.1	G96.1	G96.1	00	主轴分度执行（有完成等待）
G96.2	G96.2	G96.2		主轴分度执行（无完成等待）
G96.3	G96.3	G96.3		主轴分度完成确认
G96.4	G96.4	G96.4		SV 旋转控制方式 ON
G98	G94	G94	05	每分钟进给
★G99	★G95	★G95		每转进给
—	★G90	★G90	03	绝对指令
—	G91	G91		增量指令
—	G98	G98	11	固定循环返回初始平面
—	G99	G99		固定循环返回 R 点平面

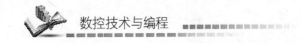

对表 7-2、表 7-3 的说明如下：

(1) 接通电源或机床被复位时，如果机床进入清零状态(见参数 CLR(No. 3402♯6)，模态 G 代码则发生以下变化。

① 成为表 7-3 中带有★符号的 G 代码的状态。

② 当系统由于接通电源或复位而清零时，G20 和 G21 保持不变。

③ 可以用参数 G23(No. 3402♯7)表示接通电源后是选择 G22 还是 G23。复位清零不影响 G22 或 G23。

④ G00 和 G01，可以根据参数 G01(No. 3402♯0)设定处在哪个 G 代码的状态。

⑤ G90 和 G91，根据参数 G91(No. 3402♯3)设定处在哪个 G 代码的状态。T 系列在 G 代码体系 B、C 下可设定。

⑥ M 系列中 G17、G18、G19 可以由参数 G18(No. 3402♯1)、G19(CNo. 3402♯2)来设定处在哪个 G 代码的状态。

(2) 00 组中的 G 代码除 G10 和 G11 外，都是单步 G 代码。

(3) 当指定的 G 代码不在 G 代码表中或没有相对应的选项时，会有报警(PSOOI0)显示。

(4) 在同一程序段中可指定不同组的 G 代码。如果在同一程序段中指定了多个同一组的 G 代码，则最后指定的那个 G 代码有效。

(5) 钻孔用固定循环中如果指定 01 组的 G 代码，则取消钻孔用固定循环，与指定了 G80 相同。01 组的 G 代码不受用来指定钻孔用固定循环的 G 代码的影响。

(6) T 系列若采用 G 代码体系 A，其绝对/增量指令不是由 G 代码(G90/G91)进行区分，而是由地址字(X/U、Z/W、C/H、Y/V)进行区分。另外，钻孔用固定循环的返回点水平，仅限初始平面。

(1) 准备功能指令的组。准备功能指令按其功能分为若干组，不同组的指令可以出现在同一程序段中，如果两个或两个以上同组指令出现在同一程序段中，只有最后面的指令有效。

(2) 准备功能指令的模态。准备功能指令按其有效性的长短分属于两种模态，00 组的 G 代码除 G10 和 G11 外是非模态指令，其余组的指令为模态指令。模态指令具有长效性、延续性，即在同组其他指令未出现以前一直有效，不受程序段多少的限制，而非模态指令只在当前程序段有效。

(3) 钻孔固定循环指令。在固定循环指令中，如果使用了 01 组的 G 代码，则取消钻孔固定循环，成为与指定了 G80 相同的状态。

(4) 默认设置。默认设置是指在机床开机时，控制系统自动所处的初始状态。

说明：不同的数控系统，准备功能指令 G 代码的定义可能有所差异，在实际加工编程之前，一定要搞清楚所用控制系统每个 G 代码的实际意义。

3. 尺寸字 X、Y、Z、U、V、W

尺寸字 X、Y、Z、U、V、W 用于确定机床上刀具运动终点的坐标位置。

4. 进给功能字 F

进给功能字的地址符是 F，又称 F 功能或 F 指令，用于指定切削的进给速度。

5. 主轴转速功能字 S

主轴转速功能字的地址符是 S,用于指定主轴转速,单位为 r/min。

6. 刀具功能字 T

刀具功能字的地址符是 T,用于指定加工时所用刀具的编号及刀补号。

7. 辅助功能字 M

辅助功能也称 M 功能,它是指令机床做一些辅助动作的代码,如主轴的正转、反转、停止,切削液的开、停等。从 M00 至 M99 共 100 种。

表 7-4 是 FANUC 数控系统常用 M 代码,某些 M 代码的含义可能不同,这些 M 代码机床生产厂家可自定义,请以机床说明书为准。

表 7-4　FANUC 数控系统常用 M 代码

M 代码	用于数控车床的功能	用于数控铣床的功能	备注
M00	程序停止	程序停止	非模态
M01	程序选择停止	程序选择停止	非模态
M02	程序结束	程序结束	非模态
M03	主轴顺时针旋转	主轴顺时针旋转	模态
M04	主轴逆时针旋转	主轴逆时针旋转	模态
M05	主轴停止	主轴停止	模态
M06		换刀	非模态
M08	切削液打开	切削液打开	模态
M09	切削液关闭	切削液关闭	模态
M30	程序结束并返回	程序结束并返回	非模态
M98	子程序调用	子程序调用	模态
M99	子程序调用返回	子程序调用返回	模态

1) 程序暂停指令 M00

系统执行 M00 后,机床的进给运动停止,机床处于暂停状态,按循环启动,系统将从 M00 后的程序段开始执行。

例如:N10 G54 G21 G99;

　　　N20 G97 M03 S800;

　　　N30 G00 X50 Z5;

　　　N40 M00;

　　　N50 G01 X42;

执行到 N40 程序段,进入暂停状态,等待面板的控制信号,如果按循环启动,将从 N50 开始执行,按复位键,程序回到开始位置。

说明:

（1）M00 一般单独为一程序段。

（2）M00 的用途：

① 暂停下来测量尺寸，修正刀补。

② 检查安全点是否正确。

③ 加工过程中的一些手动动作，如手动变轴、尾架移动。

2）程序选择暂停指令 M01

机床的操作面板上有一个"选择停止"开关，当此开关在接通状态下，M01 的功能与 M00 完全相同；当此开关在断开状态下，M01 不起作用，执行下一条指令。因此，应根据加工需要，把"选择停止"开关放在合适的位置，以确定是否需要暂停。

3）程序结束指令 M02

执行该程序，切断机床所有动作，并使程序复位。该指令必须单独作为一个程序段，在主程序结束时使用。

4）主轴的正转、反转、停止指令 M03、M04、M05

M03 为主轴正转指令；M04 为主轴反转指令；M05 为主轴停止指令。

说明：

（1）主轴正转、反转的定义：从工件往主轴看，逆时针为正转，顺时针为反转。

（2）M03、M04 指令一般与主轴转速 S 指令一起使用。

5）换刀指令 M06

执行此指令，主轴返回参考点，停在准停位置，实现主轴上刀具与刀库指定刀具的交换，只用于加工中心。

例如：N50 T18 M06；

该指令表示主轴上的刀具与刀库中的 18 号刀交换。

6）切削液的启停 M08、M09

M08 为切削液打开指令；M09 为切削液关闭指令。

7）主程序结束并返回程序的起始位置指令 M30

在记忆方式下操作时，执行此指令使程序运行结束，光标返回起始位置，等待面板的命令，在记忆重新启动方式下操作时，程序运行结束，光标返回到起始位置，而后又从程序的开头再次运行，一般与自动夹紧机构一起实现全自动加工，常用于 FMC 系统。

8）子程序的调用和返回主程序指令 M98、M99

（1）子程序的调用 M98 P×××× L××。

P×××× 表示指定调用的子程序号；L×× 表示连续调用次数。

例如：M98 P1234 L03

该指令表示调用子程序号 01234 的程序 3 次。

（2）返回主程序 M99。一般用于子程序的结束位置，执行此指令后，程序运行返回到 M98 后一条的程序段。

思考与练习

1. 什么是数控编程？

2. 试述手工数控编程的主要步骤。

3. 数控加工程序的程序段由哪些部分组成?

4. 数控加工程序的主要构成是什么?

5. 数控机床上有几种坐标系? 机械坐标系是如何确定的?

6. 机械坐标系与工件坐标系有何不同? 为什么要建立工件坐标系?

7. 建立工件坐标系的方法有几种? 怎样建立工件坐标系?

8. 绝对输入方式与增量输入方式的区别是什么?

9. 回参考点指令有几个? 写出其指令格式,简述它们之间的区别。

10. 暂停指令有几种使用格式? G04 X1.5、G04 P2000、G04 U300 F100 各代表什么意义?

11. 指出 G90、G01、G02、M03 指令的功能及使用方法。

12. 如何确定编程原点?

第 8 章

镗铣类数控机床与加工中心编程

 本章教学要点

知识要点	掌握程度	相关知识
数控镗铣加工概述	了解工艺特点; 掌握数控镗铣刀具对刀; 了解数控镗铣床的编程特点	铣削类型、顺铣、逆铣; 铣削常用刀具; 铣床工件坐标系
数控镗铣床的特殊编程指令	了解极坐标编程功能; 掌握可编程镜像功能; 了解旋转变换功能	极坐标编程; 镜像数控加工; 旋转数控加工
数控铣床常用编程指令	掌握快速定位和直线插补; 掌握圆弧插补; 掌握刀具半径补偿; 掌握刀具长度补偿	工作进给速度; 快速移动速度; 过切、欠切; 刀具补偿
孔加工固定循环指令	了解固定循环指令格式; 了解固定循环指令简介	循环加工; 自动循环
数控加工中心编程的特点	了解加工中心功能及加工对象; 了解加工中心的分类; 了解加工中心常用指令代码	数控镗铣床; 自动换刀; 加工中心

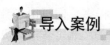

CAD/CAM 技术的典范

CAD/CAM 技术是随着计算机技术、电子技术和信息技术的发展而形成的一门新技术。CAD/CAM 技术被视为 20 世纪最杰出的工程成就之一，在各行各业都得到了广泛应用。美国国家科学基金会指出"CAD/CAM 对直接提高生产率比电气化以来的任何发展都具有更大的潜力，应用 CAD/CAM 技术将是提高生产率的关键"。美国波音 777 客机(图 8.01)，100％采用数字化设计技术，是全球第一个全机无图样数字化样机，成为成功应用 CAD/CAM 技术的典范。汽车、船舶、机床制造也是国内外应用 CAD/CAM 技术较早和较为成功的领域。

图 8.01　波音 777 客机

由于信息、电子及软件技术的飞速发展，CAD/CAM 技术的内涵也在快速地变化和扩展。随着 CAD/CAM 技术的推广和应用，它已经从一门新兴技术发展成为一种高新技术产业，CAD/CAM 技术已经成为未来工程技术人员必备的基本工具之一，成为数控加工程序编制必不可少的重要工具。

8.1　数控镗铣加工概述

数控镗铣加工在数控机床加工中所占的比例较大，应用也非常广泛，在航空航天、汽车制造、模具制造和一般机械加工中的应用越来越普及。它可以进行平面铣削、平面型腔铣削、外形轮廓铣削和三维复杂型面铣削，还可以进行钻孔、铰孔、镗孔、螺纹切削加工等。加工中心、柔性制造单元等都是在数控镗铣床的基础上发展起来的。数控镗铣床的品种繁多，结构及数控系统各异，但在许多方面仍有共同之处。本章介绍 FANUC 0i Mate-D 数控镗铣床与加工中心的程序编制。

数控铣床是数控加工中最常见、也最常用的数控加工设备，它可以进行平面轮廓曲线加工和空间三维曲面加工，而且换上孔加工刀具，能方便地进行数控钻、镗、锪、铰及攻螺纹等孔加工操作。数控铣床操作简单,维修方便,价格较加工中心低得多,同时由于数控铣床没有刀库,不具有自动换刀功能,所以其加工程序的编制比较简单,通常数值计算量不大的平面轮廓加工或孔加工可直接手工编程。数控铣床可以用来加工许多普通铣床难以加工甚至无法加工的零件,它以铣削功能为主,主要适合铣削下列三类零件,一是平面类零件,即加工面与水平面的夹角为定角的零件。目前,在数控铣床上加工的绝大多数零件属于平面类零件。二是变斜角类零件,即加工面与水平面的夹角呈连续变化的零件,这类零件的特点是加工面不能展开为平面,但在加工中,铣刀圆周与加工面接触的瞬间为一直线。三是曲面类零件,即加工面为空间曲面的零件。曲面类零件的特点,一是加工面不能展开为平面,二是加工面与铣刀始终为点接触,这类零件在数控铣床的加工中也较为常见。

孔加工是常见的加工工序,主要有钻孔、锪孔、镗孔、攻螺纹等操作。孔加工可在数控钻镗床上加工,也可以在数控铣床或加工中心上安装钻头、锪刀、镗刀、丝锥等不同的孔加工刀具,完成孔加工工序。

加工中心(Machining Center,MC)是由数控铣、数控钻镗类机床发展而来的,集铣削、钻镗、攻螺纹等各种功能于一体,并配备有规模庞大的刀具库,具有自动换刀功能,是适用于加工复杂零件的高效率、高精度的自动化机床。加工程序的编制,是决定加工质量的重要因素。加工中心是高效、高精度数控机床,零件在一次装夹中便可完成多道工序的加工,加工中心所具有的这些丰富的功能,决定了加工中心程序编制的复杂性。

8.1.1　数控镗铣削加工的工艺特点

数控铣削加工工艺的内容较多,有些内容与普通铣床的加工工艺相近,有些内容与数控车床的加工工艺相似。编程人员在进行工艺分析时,应处理好与程序运行有关的工艺特点,主要包括以下几个方面:

1. 程序起始点、返回点、切入点、切出点的确定

(1)程序起始点、返回点的确定。在同一程序中,起始点和返回点最好相同。如果一个零件的加工需要几个程序才能完成,那么这几个程序的起始点和返回点最好完全相同。程序起始点和返回点的坐标值最好设置 X 坐标值和 Y 坐标值均为零,这样能够使得加工操作更为方便。若生成起刀点的 G 代码是 G92,而 G92 代码的含义为只进行坐标换算,不产生机床的运动。如果 X、Y 坐标不为零,为了确保加工后零件表面位置的准确性,对刀后必须人工使刀具的刀位点调整到 G92 规定的 X、Y、Z 值上。如果 X、Y 值均为零,则按照工件坐标系原点对刀后就不必进行 X、Y 坐标方向的移动,只需 Z 方向移动到 G92 指定的 Z 坐标位置即可。若生成起刀点的 G 代码是 G54～G59,则 X、Y 坐标为零时,可判断对刀操作是否正确,工件坐标系是否合理。程序中的起始点和返回点应定义在高出被加工工件最高点 $50～100mm$ 的某一位置上,即起始平面所在的位置上,这样设置主要是出于对数控加工的安全性考虑。在加工中,为防止碰刀,同时也考虑到数控加工的效率,应使非切削加工时间控制在一定的范围之内。

(2)切入点选择的原则。在进刀或切削曲面的加工过程中,要使刀具不受损坏,对于粗加工而言,选择曲面内的最高点作为曲面的切入点,从该点切入的背吃刀量逐渐增加,进刀时不容易损坏刀具,对于精加工而言,选择曲面内某个曲率比较平缓的角点作为曲面的切入点,刀具所受力矩最小,进刀时不容易折断刀具。必须避免在数控铣削加工中把铣

刀当作钻头来使用。

（3）切出点选择的原则。主要应考虑曲面能够连续完整地进行加工，或者是使曲面加工的非切削时间尽可能短，并使换刀方便。

2. 程序进刀、退刀方式与进刀、退刀路线的确定

程序进刀方式是指零件加工前，刀具接近工件切削表面的运动方式。程序退刀方式是指零件加工完成后，刀具离开工件切削表面的运动方式。进刀、退刀路线是为了防止加工中刀具与工件发生过切或碰撞，在切削前和切削后设置引入到切入点和从切出点引出的线段。

（1）沿坐标轴 Z 轴方向直接进刀和退刀。此方式是数控加工中最常用的进刀、退刀方式，其优点是简单、直接、方便。其缺点是在工件表面的进刀、退刀处会留下驻刀痕迹，影响工件表面的精度和粗糙度，因此，在铣削平面轮廓时，应当尽量避免在垂直工件表面的方向上进刀和退刀。

（2）沿给定的矢量方向进刀和退刀。这种方式是先定义一个矢量方向，以此来确定刀具进刀和退刀运动的方向。

（3）沿曲面的切线方向以直线方式进刀和退刀。该方式是从被加工工件曲面的切线方向切入或切出工件表面，其优点是在工件表面的进刀、退刀处不会留下停刀痕迹，工件表面的加工精度好。例如，用立铣刀的端刃和侧刃铣削加工平面轮廓零件时，为了避免在轮廓的切入点留下刀痕，应该沿着工件轮廓的切线方向切入或切出工件表面。切入点或切出点一般选取在与工件轮廓曲线相切的直线上，这样可以保证零件轮廓曲线的加工形状平滑。

（4）沿曲面的法线方向进刀和退刀。该方式是从被加工工件曲面切入点或切出点的法线方向切入或切出工件表面，其特点与沿坐标轴 Z 轴方向直接入刀和退刀方式相同。

（5）沿圆弧段方向进刀和退刀。该方式是以圆弧段的运动方式切入或切出工件表面，引入线、引出线为圆弧。圆弧的作用是使加工刀具与加工曲面相切。使用此方式时必须首先定义切入段或切出段的圆弧。

（6）沿螺旋线或斜线方式进刀和退刀。该进给方式是在两进给层之间，刀具从上一层的高度沿着螺旋线或者斜线以渐进的方式切入工件，直到工件下一层的高度，然后开始进行切削加工。

对于加工精度要求很高的工件轮廓，应该选择沿曲面的切线方向进刀和退刀，这样可以避免在工件表面进刀、退刀处留下刀痕，影响工件表面的加工质量和精度。为了防止加工中刀具或铣头与被加工表面发生干涉和相撞，在加工起始点和进刀路线之间，应该增加刀具移动和定位的控制指令。在开始进行加工时，应该使刀具先向上运行到引入线上方某个位置，向上运行后的刀具位置应该到达安全高度或者与加工起始点的 Z 值相同。

3. 起始平面、返回平面、进刀平面、退刀平面和安全平面的确定

（1）起始平面。起始平面是程序开始时刀具的初始位置所在的 Z 平面，一般定义在被加工表面的最高点之上的 50～100mm 的某个位置上。此平面应该高于安全平面，其对应的高度称为起始高度。在安全平面以上刀具以 G00 的速度运行。

（2）返回平面。返回平面是指在程序结束时，刀具刀尖处所在的 Z 平面。此平面定义在被加工表面的最高点之上 50～100mm 的某个位置上，一般与起始平面重合。由此可知，刀具处于返回平面时是安全的。

（3）进刀平面。在数控铣削加工中，刀具先以 G00 速度高速运行到被加工工件的开始切削位置处，然后转换为切削进给速度。进刀平面高度一般在工件加工平面和安全平面之间，距零件加工面 5～10mm 的某个位置上。工件加工面为毛坯时取最大值，工件加工面为已加工面时取最小值。

（4）退刀平面。在数控铣削加工结束后，刀具以切削进给速度离开工件表面 5～10mm 的距离后，再以较高速度返回安全平面，此转折位置即为退刀平面，其高度为退刀高度。

（5）安全平面。安全平面是指当一个曲面切削完毕后，刀具沿刀轴方向返回运动一段距离后，刀尖所在的 Z 平面。它一般被定义在高出被加工工件最高点 5～10mm 的某个位置上。刀具处于安全平面以上时，是不会与工件发生碰撞的，因此可用 G00 速度进行移动。这样设置安全平面既能防止刀具与工件发生碰撞，又能减少非切削运动时间，其对应高度称安全高度。在加工过程中，刀具在一个位置加工完成后，退回至安全高度，然后沿安全高度移动到下一个位置再下刀对另一个加工面进行加工。

8.1.2　数控镗铣刀具对刀

1. 对刀点的确定

机床坐标系是机床出厂后已经确定不变的，但工件在机床加工尺寸范围内的安装位置却是任意的，要确定工件在机床坐标系中的位置，就要靠对刀。简单地说，对刀就是要告诉机床工件装夹在工作台的什么地方，这要通过确定对刀点在机床坐标系中的位置来实现。对刀点是工件在机床上定位装夹后，用于确定工件坐标系在机床坐标系中的位置的基准点。为保证加工的正确，在编制程序时，应合理设置对刀点。一般来说，对刀点应选在工件坐标系原点上，这样有利于保证对刀精度，减少对刀误差，也可以将对刀点或对刀基准设在夹具定位元件上，这样可直接以定位元件为对刀基准进行对刀，有利于批量生产时工件坐标系位置的准确。

2. 对刀的方法

对刀的准确程度将直接影响加工精度，因此，对刀操作一定要仔细，对刀方法一定要同零件加工精度相适应。下面介绍几种具体的对刀方法。

1）对刀点在圆柱孔（或圆柱面）的中心线上的对刀方法

（1）采用杠杆百分表对刀，操作步骤如下：

① 用磁性表座将杠杆百分表吸附在主轴上，手动输入 M03、S5 指令，使主轴低速正转。

② 手动操作，使旋转的表头按 X、Y、Z 顺序靠近工件表面。

③ 移动 Z 轴，使表头压住被测表面，指针转动约 0.1mm。

④ 手轮操作逐步降低 X、Y 值，使表头旋转一周时，其指针的跳动量在对刀误差范围内，如 0.01mm，此时可认为主轴的旋转与被测孔中心重合。

⑤ 记下此时机床坐标系中 X、Y 坐标值，此 X、Y 坐标值即为 G54 指令建立工件坐标系时的 X、Y 偏置值。

（2）采用寻边器对刀。寻边器主要用于确定工件坐标系原点在机床坐标系中的 X、Y 值，也可以测量工件的简单尺寸。寻边器有偏心式和光电式等类型，其中以光电式较为常用。光电式寻边器的测头一般为 10mm 的钢球，用弹簧拉紧在光电式寻边器的测杆上，碰到工件时可以退让，并将电路导通，发出光信号。通过光电式寻边器的指示和机床坐标系位置即可得到被测表面的坐标位置。

2) 对刀点为两相互垂直直线的交点的对刀方法

(1) 碰刀(或试切)方式对刀。如果对刀精度要求不高,为方便操作,可以采用这种刀具和工件直接接触的方式进行对刀,其操作步骤如下:

① 将所用铣刀装到主轴上并使主轴中速旋转。

② 手动移动铣刀沿 $X(Y)$ 方向靠近被测边,直到铣刀周刃轻微接触到工件表面,即听到刀刃与工件的摩擦声,但没有切屑。

③ 保持 $X(Y)$ 坐标不变,铣刀沿 $+Z$ 方向退离工件。

④ 将此时机床坐标系下的 $X(Y)$ 值加上(减去)铣刀半径值,输入系统偏置寄存器中,该值就是被测边的 $X(Y)$ 偏置值。

这种方法较简单,但会在工件表面留下痕迹,且对刀精度不高。为避免损伤工件表面,可以在刀具和工件之间加入塞尺进行对刀,这时应将塞尺厚度减去。

(2) 采用寻边器对刀。与对刀点在圆柱孔(或圆柱面)的中心线上的对刀方法中的寻边器对刀相同。

3) 机外对刀仪对刀

机外对刀的本质是测量出刀具假想刀尖点到刀具基准之间 X、Y 及 Z 方向的距离。

4) Z 向对刀

刀具 Z 向对刀数据与刀具在刀柄上的装夹长度及工件坐标系的 Z 向零点位置有关,它确定工件坐标系的零点在机床坐标系中的位置。Z 向对刀可以采用刀具直接碰刀进行对刀,也可利用 Z 向设定器进行精确对刀。当使用 Z 向设定器进行对刀时,要将 Z 向设定器的高度考虑进去。

8.1.3 数控镗铣床的编程特点

(1) 铣削加工是机械切削加工中最常见的加工方法之一,它包括平面铣削加工、二维轮廓铣削加工、平面型腔铣削加工、钻孔加工、镗孔加工、螺纹加工及三维复杂型面的加工,其中复杂曲线轮廓的外形铣削、复杂型腔的铣削和三维复杂型面的加工一般采用计算机辅助数控编程,其他加工可采用手工编程。

(2) 铣床的数控系统具有多种插补功能,一般都具有直线插补和圆弧插补功能。有的还具有随机坐标插补、抛物线插补、螺旋线插补等插补功能。编程要充分合理地选择这些功能,以提高加工精度和效率。

(3) 程序编制就是要充分利用数控铣床齐全的功能,如刀具半径补偿、刀具长度补偿、固定循环、子程序、旋转和镜像等多种功能。

8.2 数控镗铣床的特殊编程指令

8.2.1 极坐标编程(G16、G15)

格式:G16

    X_ Y_

G15

G16 为极坐标有效，定义极点；

X、Y 为极点在工件坐标系下的极坐标值；

Y 为终点的极角；

X 为终点的极半径；

G15 为取消极坐标。

说明：极坐标指令编程可与工件坐标指令编程混用。

【例 8-1】 利用极坐标指令编辑图 8.1 所示轮廓的加工程序。设刀具起点距工件上表面 50mm，切削深度 2mm。

程序如下：

```
%
O0001;
N10 G92 X0 Y0 Z50;
N20 G00 X-50. Y-60;
N30 G00 Z-3;
N40 S1000 M03;
N50 G01 G41 X-42 D01 F1000;
N60 Y0;
G70 G17 G16;
N80 G02 X42. Y0 R42.;
N90 G15;
N100 G01 Y-50;
N110 X-50;
N120 G00 G40 Y-60.;
N130 Z50;
N140 G00 X0 Y0;
N150 M30;
%
```

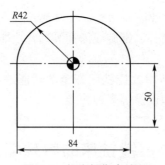

图 8.1 极坐标指令编程

8.2.2 可编程镜像功能(G51.1、G50.1)

格式：G17 G51.1 X_ Y_;

G50.1 X_ Y_;

G51.1 为建立镜像；G50.1 为取消镜像；X、Y 为镜像位置。

当工件相对于某一轴具有对称形状时，可以利用镜像功能和子程序，只对工件的一部分进行编程，能够加工出工件的对称部分，这就是镜像功能。

G51.1 X10.0;

该指令表示以 $X=10.0$mm 的直线为对称轴，该轴线与 Y 轴平行且与 X 轴在 $X=10.0$mm 处相交。当 G51.1 指令后有两个坐标字时，表示镜像是以该点作为对称点进行镜像。例如：

G51.1 X10.0 Y10.0;

该指令表示镜像是以点（10.0，10.0）为对称点进行镜像。

G51.1 和 G50.1 为模态指令，可相互注销。

【例 8 - 2】 使用镜像功能编制图 8.2 所示轮廓的加工程序。设刀具起点距工件上表面 100mm，切削深度 5mm。

程序如下：

```
%
O0002;
N10 G92 X0 Y0 Z100.;
N20 G90 G17 S800 M03;
N30 M98 P1000;                加工图 8.2 中轮廓①
N40 G51.1 X0;                 Y 轴镜像，镜像位置为 X= 0
N50 M98 P1000;                加工图 8.2 中轮廓②
N60 G51.1 Y0;                 X、Y 轴镜像，镜像位置为(0,0)
N70 M98 P1000;                加工图 8.2 中轮廓③
N80 G50.1 X0;                 X 轴镜像继续有效，取消 Y 轴镜像
N90 M98 P1000;                加工图 8.2 中轮廓④
N100 G50.1 X0 Y0;            取消镜像
N110 M30;
%
```

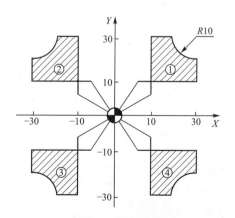

图 8.2 镜像功能

```
%
O1000;                          子程序(图 8.2 中轮廓①的加工程序)
N100 G41 G00 X10 Y4 D01;
N110 G43 Z10 H01;
N120 G01 G90 Z-5 F300;
N130 G91 Y26;
N140 X10;
N150 G03 X10 Y-10 I10 J0;
N160 G01 Y-10;
N170 X-26;
N180 G00 Z10;
N190 G90 G49 G00 Z100;
N200 G40 X0 Y0;
N210 M99;
%
```

8.2.3　比例缩放功能(G50、G51)

格式：G51 X_ Y_ Z_ P_;

G51 为建立缩放；G50 为取消缩放；X、Y、Z 为缩放中心的坐标值；P 为缩放倍数。

说明：G51 既可指定平面缩放，也可指定空间缩放。在 G51 后，以坐标值 (X, Y, Z) 为缩放中心，按 P 规定的比例进行缩放。在有刀具补偿的情况下，先进行缩放，然后才进行刀具半径补偿、刀具长度补偿。G51、G50 为模态指令，可相互注销，G50 为默认值。

【例 8-3】　$\triangle ABC$ 缩放前后轮廓尺寸如图 8.3 所示，已知 $\triangle ABC$ 的顶点为 $A(10, 30)$，$B(90, 30)$，$C(50, 110)$，$\triangle A'B'C'$ 是缩放后的图形，其中，缩放中心为 $D(50, 50)$，缩放系数为 0.5 倍，设刀具起点距工件上表面 50mm。使用缩放功能编制缩放前后轮廓的数控加工程序。

程序如下：

```
%
O0003;
N10 G92 X0 Y0 Z50.;
N20 G17 S600 F300 M03;
N30 G43 G00 Z15.H01;
N40 X110.Y0;
N50#51=0;
N60 M98 P2000;                  加工△ABC
N70#51=6;
N80 G51 X50.Y50.P0.5;           缩放中心(50, 50)，缩放系数 0.5
N90 M98 P2000;                  加工△A'B'C'
N100 G50;                       取消缩放
N110 G49 Z50.;
N120 G00 X0 Y0;
```

N130 M05;

N140 M30;

%

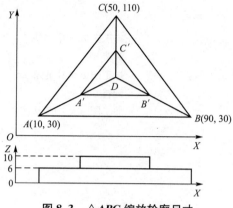

图 8.3 △*ABC* 缩放轮廓尺寸

%

O2000;   子程序（△ABC 的加工程序）

N100 G41 G00 Y30 D01;

N110 Z# 51;

N120 G01 X10;

N130 X50 Y110;

N140 X90 Y30;

N150 Z15;

N160 G40 G00 X110 Y0;

N170 M99;

%

8.2.4 旋转变换功能（G68、G69）

格式：G17 G68 X_ Y_ R_ ;

　　　 G18 G68 X_ Z_ R_ ;

　　　 G19 G68 Y_ Z_ R_ ;

　　　 G69;

G68 为建立旋转；G69 为取消旋转；X、Y、Z 为旋转中心的坐标值；R 为旋转角度，−360°≤R≤360°。

说明：旋转角度的零度方向为第一坐标轴的正方向，逆时针方向为角度正方向。在有刀具半径补偿或者刀具长度补偿的情况下，先旋转后刀补。在有缩放功能的情况下，先缩放后旋转。

G68、G69 为模态指令，可相互注销，G69 为默认指令。

【例 8-4】 工件尺寸如图 8.4 所示，设起刀点距工件上表面 70mm，切削深度 8mm。使用旋转功能编制数控加工程序。

程序如下：

```
%
O0004;
N10 G92 X0 Y0 Z70;
N20 G90 G17 S500 M03;
N30 G43 Z-8 H01;
N40 M98 P3000;                          加工图 8.4 中轮廓①
N50 G68 X0 Y0 R45;                      旋转 45°
N60 M98 P3000;                          加工图 8.4 中轮廓②
N70 G68 X0 Y0 R90;                      旋转 90°
N80 M98 P3000;                          加工图 8.4 中轮廓③
N90 G49 Z70;
N100 G69 M05;
N110 M30;
%
```

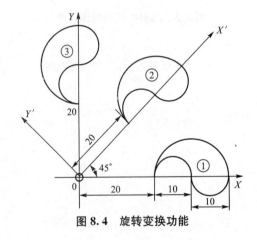

图 8.4   旋转变换功能

```
%
O3000;                                  子程序 (图 8.4 中轮廓①的加工程序)
N10 G41 G01 X20. Y-8. D02 F400;
N20 Y0;
N30 G02 X40. I10. J0. ;
N40 X30. I-5. ;
N50 G03 X20. I-5. ;
N60 G00 Y-8. ;
N70 G40 X0 Y0;
N80 M99;
%
```

8.3   数控铣床常用编程指令

数控铣床的编程指令随控制系统的不同会有所不同，但一些常用的指令，如某些准备功能、辅助功能，还是符合 ISO 标准的。下面以 FANUC 0i－MODEL D 数控系统 M 系列为例，介绍数控铣床的常用编程指令和编程方法。

8.3.1 快速定位和直线插补(G00、G01)

1. 快速定位指令 G00

格式：G00 X_ Y_ Z_ ;

执行该指令时，机床以自身设定的最大移动速度移向指定位置。仅在刀具非加工状态快速移动时使用，运动轨迹因具体的数控系统不同而异，一般以直线方式移动到指定位置，进给速度对 G00 指令无效。

2. 直线插补指令 G01

格式：G01 X_ Y_ Z_ F_ ;

【例 8-5】 编制加工图 8.5 所示的轮廓加工程序，零件的厚度为 5mm。设起刀点相对零件的坐标为(−10，−10，200)。按 $A \rightarrow B \rightarrow C \rightarrow D$ 顺序编程。

```
%
O0005;
N10 G92 X-10 Y-10 Z200;          设定起刀点的位置
N20 G90 G42 G00 X8 Y8 Z2;        快速移动至 A 点的上方
N30 S1000 M03;                   启动主轴
N40 G01 Z-6 F50;                 下刀至切削厚度
N50 G17 X40;                     铣 AB 段
N60 X32 Y28;                     铣 BC 段
N70 X16;                         铣 CD 段
N80 X8 Y8;                       铣 DA 段
N90 G00 Z20 M05;                 抬刀且主轴停
N100 X-10 Y-10 Z200;             返回起刀点
N110 M02;                        程序结束
%
```

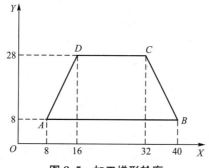

图 8.5 加工梯形轮廓

8.3.2 圆弧插补(G02、G03)

1. 圆弧插补指令 G02、G03

格式：XpYp 平面的圆弧

$$G17 \begin{Bmatrix} G02 \\ G03 \end{Bmatrix} Xp\_ \ Yp\_ \ \begin{Bmatrix} I\_ \ J\_ \\ R\_ \end{Bmatrix} F\_;$$

ZpXp 平面的圆弧

$$G18 \begin{Bmatrix} G02 \\ G03 \end{Bmatrix} Zp\_ \ Xp\_ \ \begin{Bmatrix} I\_ \ K\_ \\ R\_ \end{Bmatrix} F\_;$$

YpZp 平面的圆弧

$$G19 \begin{Bmatrix} G02 \\ G03 \end{Bmatrix} Yp\_ \ Zp\_ \ \begin{Bmatrix} J\_ \ K\_ \\ R\_ \end{Bmatrix} F\_;$$

G17 为 XpYp 平面选择；G18 为 ZpXp 平面选择；G19 为 YpZp 平面选择；G02 为顺时针圆弧插补；G03 为逆时针圆弧插补；Xp_ 为 X 轴或其平行轴的移动量；Yp_ 为 Y 轴或其平行轴的移动量；Zp_ 为 Z 轴或其平行轴的移动量；I_ 为 X 轴方向圆弧中心相对圆弧起点的坐标增量值；J_ 为 Y 轴方向圆弧中心相对圆弧起点的坐标增量值；K_ 为 Z 轴方向圆弧中心相对圆弧起点的坐标增量值；R_ 为圆弧半径(带有符号)；F_ 为插补圆弧的进给速度。

2. 圆弧插补的方向与圆心坐标

顺时针方向、逆时针方向是指相对于 XpYp 平面(ZpXp 平面、YpZp 平面)，在笛卡尔坐标系中沿 Zp 轴(Yp 轴、Xp 轴)的负方向看。圆弧插补的方向如图 8.6 所示。

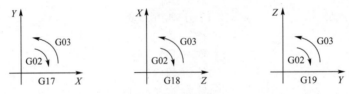

图 8.6　圆弧插补的方向

在圆弧上的移动量。圆弧的终点由地址 Xp、Yp 或 Zp 所指定，根据 G90 或者 G91，以绝对值或增量值来表示，增量值带有符号。

到圆弧中心的距离。相应于 Xp、Yp、Zp 轴，圆弧中心分别用地址 I、J、K 来指定。I、J、K 后的数值是圆弧中心相对圆弧起点的坐标增量值，根据 I、J、K 的方向确定正负号。圆弧中心、圆弧终点相对起点的位置关系如图 8.7 所示。

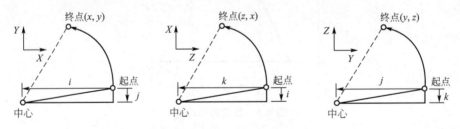

图 8.7　圆弧中心与圆弧的终点

圆弧半径也可以用 R 来指定，而不用 I、J、K。在这种情况下，可能会出现小于 $180°$ 和大于 $180°$ 的圆弧。M 系列数控系统在指定大于 $180°$ 圆弧时，以负值指定半径。T 系列数控系统无法指令大于 $180°$ 的圆弧，即无法以负值来指令半径，指令时，将发生报警

（PS0023）。

【**例 8-6**】 图 8.8 所示的小于 180°和大于 180°的圆弧，半径指令指定 R 的正负取值。

图中①的圆弧小于 180°，指令格式为

G91 G02 X60.0 Y25.0 R50.0 F300.0;

图中②的圆弧大于 180°，指令格式为

G91 G02 X60.0 Y25.0 R-50.0 F300.0;

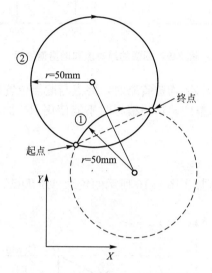

图 8.8　小于 180°和大于 180°的圆弧

【**例 8-7**】 对图 8.9 所示圆弧的绝对值和增量值编程。

（1）绝对值的情形。

G92 X200.0 Y40.0 Z0;
G90G03 X140.0 Y100.0 R60.0 F300.;
G02 X120.0 Y60.0 R50.0;

或者

G92 X200.0 Y 40.0 Z0;
G90G03 X140.0 Y100.0 I-60.0 F300.;
G02 X120.0 Y60.0I-50.0;

（2）增量值的情形。

G92 X200.0 Y40.0 Z0;
G91G03 X-60.0 Y60.0 R60.0 F300.;
G02 X-20.0 Y-40.0 R50.0;

或者

G92 X200.0 Y40.0 Z0;

```
G91G03 X-60.0 Y60.0 I-60.0 F300.;
G02 X-20.0 Y-40.0I-50.0;
```

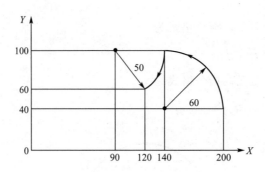

图 8.9　圆弧的绝对值和增量值编程

整圆指令，当 Xp、Yp、Zp 均被省略时，终点与起点位置相同，使用 I、J、K 来指定中心时，指定的是一个 360°整圆。整圆编程时不能使用 R，而只能用 I、J、K。如下指令格式为整圆指令：

```
G02 I_;
```

【例 8-8】　用数控铣床加工图 8.10 所示的轮廓 ABCDEA。分别用绝对坐标和相对坐标方式编写加工程序。

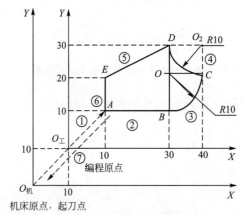

图 8.10　铣削轮廓 ABCDEA

（1）绝对坐标程序：

```
%
O0006;
N10 G92 X-10 Y-10 Z0;
N20 G90 G17 G00 X10 Y10;
N30 G01 X30 F100;
N40 G03 X40 Y20 I0 J10;
N50 G02 X30 Y30 I0 J10;
N60 G01 X10 Y20;
```

N70 Y10;

N80 G00 X-10 Y-10 M02;

N90 M02;

%

（2）相对坐标程序：

%

O0007;

N10 G92 X-10 Y-10 Z0;

N20 G91 G17 G00 X20 Y20;

N30 G01 X20 F100;

N40 G03 X10 Y10 I0 J10;

N50 G02 X-10 Y10 I0 J0;

N60 G01 X-20 Y-10;

N70 Y-10;

N80 G00 X-20 Y-20 M02;

N90 M02;

%

8.3.3 刀具半径补偿(G40、G41、G42)

1. 刀具半径补偿指令格式

（1）建立刀具半径补偿。

格式：G00(G01) G41(G42)D_ X_ Y_ F_ ;

G41 为建立刀具左补偿，如图 8.11 (a)所示；G42 为建立刀具右补偿，如图 8.11 (b)所示；D_ 为刀具半径补偿地址，地址中存放的是刀具半径的补偿量；X_ Y_ 为由非刀补状态进入刀具半径补偿状态的终点坐标。

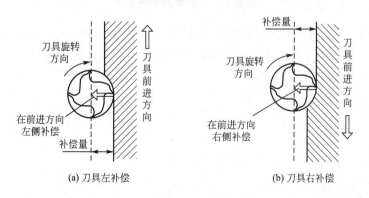

（a）刀具左补偿　　　　　　　　（b）刀具右补偿

图 8.11　刀具半径补偿方向

（2）取消刀具半径补偿。

格式：G00(G01) G40 X_ Y_ ;

G40 为取消刀具半径补偿；X_ Y_ 为由刀补状态过渡到非刀补状态的终点坐标。

只能在 G00 或 G01 指令下建立刀具半径补偿状态及取消刀具半径补偿状态。

2. 刀具半径补偿编程举例

【例 8 - 9】 如图 8.12 所示，按增量方式进行刀具半径补偿编程。

程序如下：

```
%
O00007;
N10 G54 G91 G17 S300 M03;        G17 指定 XOY 平面
N20 G41G00 X20.0 Y10.0 D01;      建立刀具左补偿
N30 G01 Y40.0 F200;
N40 X30.0;
N50 Y-30.0;
N60 X-40.0;
N70 G00 G40 X-10.0 Y-20.0 M05;   取消刀补
N80 M02;
%
```

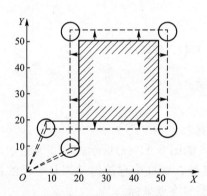

图 8.12   刀具半径补偿编程

【例 8 - 10】 某零件的外形轮廓如图 8.13 所示，厚度为 6mm。刀具为直径 10mm 的立铣刀。安全平面距离零件上表面 10mm，沿轮廓外形的延长线切入切出。要求用刀具半径补偿功能手工编制精加工程序。

程序如下：

```
%
O00008;
N10 G92 X20 Y-20 Z100;
N20 G90 G42 G00 X0 D01;
N30 G01 Z-6 F200 M03 S600;
N40 Y50;
N50 G02 X-50 Y100 R50;
N60 G01 X-100;
N70 X-110 Y40;
N80 X-130;
N90 G03 X-130 Y0 R20;
```

```
N100 G01 X20;
N110 Z100;
N120 G40 G00 X20 Y-20 M05;
N130 M30;
%
```

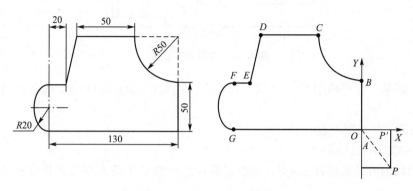

图 8.13　刀具半径补偿应用

8.3.4　刀具长度补偿(G43、G44、G49)

1. 刀具长度补偿指令格式

(1) 建立刀具长度补偿。

格式：G00(G01) G43(G44) Z_ H_;

G43 为刀具长度正补偿；G44 为刀具长度负补偿；H_ 为刀具长度补偿地址，地址中存放的是刀具长度的补偿量；Z_ 为由非刀具长度补偿状态进入刀具长度补偿状态的终点 Z 坐标。

说明：刀具长度补偿的建立、执行与撤销使用刀具长度补偿功能，在编程时可以不考虑刀具在机床主轴上装夹的实际长度，而只需在程序中给出刀具端刃的 Z 坐标，具体的刀具长度由 Z 向对刀来协调，如图 8.14 所示。当指令了 G43 时，用 H 代码表示的刀具长度偏移值(存储在偏置存储器中)加到程序中指令的刀具终点位置坐标上。当指令了 G44 时，同样的值从刀具终点位置坐标上减去。其计算结果为补偿后的终点位置坐标，而不管是否选择了增量值还是绝对值方式。如果没有运动指令，当刀具长度偏移量为正值时，用 G43 指令使刀具向正方向移动一个偏移量，用 G44 指令使刀具向负方向移动一个偏移量。当刀具长度偏移为负值时，G43、G44 指令使刀具向上面对应的反方向移动一个偏移量。H_ 为刀具补偿存储器的地址字。如 H 01 表示 01 号存储器单元，该存储器中放置刀具长度偏移值。

执行 G43、G44 的结果可用下式表示。

G43 补偿后的实际位置：

$$Z 坐标 = 指令值 + (H××)$$

G44 补偿后的实际位置：

$$Z 坐标 = 指令值 - (H××)$$

其中，指令值和偏移量都可能是正值或负值，上式为代数相加或相减。G43、G44 是

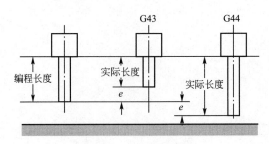

图 8.14　刀具长度补偿

模态指令，即某个程序段用了 G43 或 G44，直到同组的其他 G 代码出现之前的程序段均有效。

（2）取消刀具长度补偿。

格式：G00(G01) G49 Z_；

G49 为取消刀具长度补偿；Z_ 为由刀具长度补偿状态进入非刀具长度补偿状态的终点 Z 坐标。

用 G49 或 H00 均可取消刀具长度补偿。刀具长度补偿的值可以通过 CRT/MDI 操作面板输入到内存中。除 H00 必须放 "0" 以外，其余均可存放刀具长度偏移值。

只能在 G00 或 G01 指令下建立刀具长度补偿状态及取消刀具长度补偿状态。

2．刀具长度补偿编程举例

【例 8－11】　应用刀具长度补偿指令对图 8.15 所示工件进行编程。加工 A、B、C 孔，刀具长度偏移 $H=-4.0$ mm。

程序如下：

```
%
O00008;
N10 G92 X0 Y0 Z35;
N20 G91 G00 X120.0 Y80.0;          在 XY 平面快速定位到 A 孔上方(初始平面)
N30 G43 Z-32.0 H01;                在 Z 方向快进到工件上方 3mm 处(参考平面)
N40 G01 Z-21.0 S200 F100;          钻削加工 A 孔
N50 G04 P2000;                     在孔底暂停 2s
N60 G00 Z21.0;                     快速返回到参考平面
N70 X30.0 Y-50.0;                  快速定位到 B 孔上方
N80 G01 Z-41.0;                    钻削加工 B 孔
N90  G00 Z41.0;                    快速返回到参考平面
N100 X50.0 Y30.0;                  快速定位到 C 孔上方
N110 G01 Z-25.0;                   钻削加工 C 孔
N120 G04 P2000;                    在孔底暂停 2s
N130 G00 Z57.0 H00;                Z 向快速返回到初始平面(起刀点的 Z 向坐标)
N140 X-200.0 Y-60.0;               X、Y 向快速返回到起刀点
N150 M02;                          程序结束
%
```

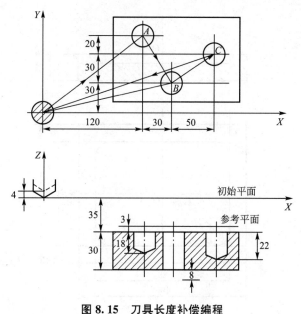

图 8.15　刀具长度补偿编程

8.4　数控铣床编程实例

【例 8 - 12】　零件尺寸如图 8.16 所示,编写零件内轮廓的精加工程序。选用刀具半径为 8mm 的立铣刀,采用刀具半径左补偿,建立工件坐标系使其在零件对称中心处,Z 轴零点取在工件上表面。

程序如下:

```
%
O0007;
N10 G92 X0 Y0 Z100;
N30 S500 M03;
N40 G00 G43 H01 Z5;
N50 G01 Z-5 F100;
N60 G41 G01 X40 Y0 D01 F200;
N70 Y30;
N80 X-40;
N90 Y-30;
N100 X40;
N110 Y2;
N120 G40 G01 X0 Y0;
N130 G49 G00 Z100;
N140 M05;
N150 M30;
%
```

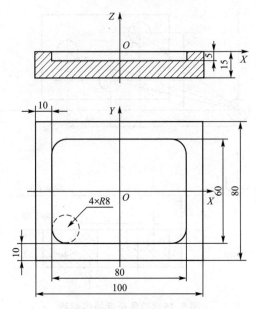

图 8.16 零件内轮廓的精加工编程

【例 8－13】 编写图 8.17 所示零件的精加工程序，编程原点建在左下角的上表面，使用刀具半径左补偿。

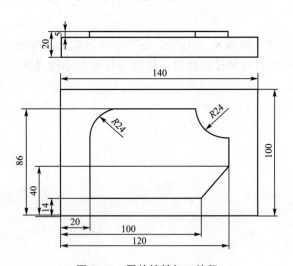

图 8.17 零件的精加工编程

程序如下：

```
%
O0001;
N10 G90 G92 X-10 Y-10 Z50;
N30 M03 S1000 F80;
N40 G43 H01 G00 Z-5;
N50 G41 G01 X20 Y0 D01;
```

```
N60 G01 Y62;
N70 G02 X44 Y86 R24;
N80 G01 X96;
N90 G03 X120 Y62 R24;
N100 G01 Y40;
N110 X100 Y14;
N120 X0;
N130 G40 G01 X-10 Y-10;
N140 G49 G00 Z50;
N150 M05;
N160 M30;
%
```

8.5 孔加工固定循环指令

数控钻镗编程时，数值计算比较简单，程序中只需要给出被加工孔的中心位置、孔的深度及孔在加工过程中刀具的几个关键位置就可以了。一般，一条加工指令仅完成一个加工动作，但孔的加工需要一套连续的几个固定动作才能完成，孔加工固定循环指令正是为了解决这一问题、方便编程而设置的。

孔加工固定循环一般包括6个动作，如图8.18所示，实线为切削进给，虚线为快速进给。动作1在 XY 面定位，动作2快速移动到 R 平面，动作3孔加工，动作4孔底动作，动作5返回到 R 平面，动作6返回到起始点。

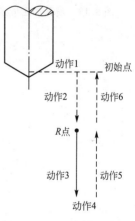

图 8.18 固定循环动作

8.5.1 固定循环指令格式

常用的孔加工固定循环指令有 13 个：G73、G74、G76、G80、G81~G89，其中 G80 为取消固定循环指令。

格式：G98(G99)G_X_Y_Z_R_Q_P_F_K_;

G98 为返回初始平面；G99 为返回 R 点平面；G_ 为固定循环代码 G73、G74、G76 和 G81~G89 之一；X_、Y_ 为孔中心在 XY 平面内的位置坐标；R_ 为绝对编程时是 R 点的 Z 坐标值，相对编程时是 R 点相对初始点的 Z 坐标增量值；Z_ 为绝对编程时是孔底的 Z 坐标值，相对编程时是孔底 Z 点相对 R 点的 Z 坐标增量值；Q_ 为每次进给深度（G73/ G83）；P_ 为刀具在孔底的暂停时间，用于 G76、G82、G88、G89；F_ 为切削进给速度；K_ 为固定循环的次数，只调用一次时可以省略。

说明：

(1) G73、G74、G76 和 G81~G89、Z、R、P、F、Q 是模态指令。

(2) G80 代码取消固定循环。另外，如在孔加工循环中出现 01 组的 G 代码，则孔加工循环也会自动取消。

8.5.2 固定循环指令简介

1. 浅孔加工指令

浅孔加工包括用中心钻钻定位孔、用钻头钻浅孔、用锪刀锪沉头孔等，指令有 G81、G82。G81 主要用于定位孔和一般浅孔的加工，G82 主要用于锪孔。

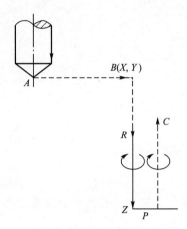

图 8.19 浅孔加工固定循环

格式：G81(G82)X_ Y_ Z_ R_ F_；

说明：

G81 加工过程如图 8.19 所示，刀具在当前初始平面高度快速定位至孔中心（X，Y），然后沿 Z 轴的负向快速降至安全平面 R 处，接着以进给速度 F 钻孔至深度（Z_），最后快速沿 Z 轴的正向退刀。G82 加工过程与 G81 类似，唯一不同的是刀具在进给加工至深度（Z_）后暂停 P 秒，然后快速退刀。

【**例 8 - 14**】 编制图 8.20 所示工件的 4 个 $\phi 10mm$ 浅孔的数控加工程序。工件坐标系原点设定于零件上表面对称中心，选用 $\phi 10mm$ 的钻头，钻头起始位置在零件上表面对称中心以上 100mm 处。

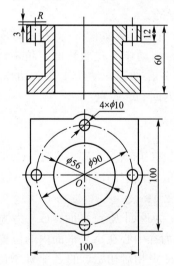

图 8.20 浅孔加工工件

程序如下：

```
%
O0010;
N10 G90 G92 X0 Y0 Z100;
N20 S500 M03 M08;
N30 G00 Z20;
N40 G99 G81 X45 Z-14 R3 F60;
```

```
N50 X0 Y45;
N60 X-45. Y0;
N70 G98 X0 Y-45;
N80 G80 M09 M05;
N90 G00 Y0 Z100;
N100 M02;
%
```

【例 8 - 15】 用 ϕ10mm 的钻头钻图 8.21 所示的 4 个孔。若孔深为 10mm 用 G81 指令，若孔深为 40mm 用 G83 指令。试用循环方式编程。要求刀具初始位置位于工件坐标系的(0，0，150)处。

程序如下：

```
%
O0030;
N10 G90 G92 X0 Y0 Z150;
N20 G00 Z20;
N30 S300 M03;
N40 G91 G99 G81 X20 Y10 Z- 13 R- 17 K4 F50;
或 N40 G91 G99 G83 X20 Y10 Z- 43 R- 17 Q10 K4 F50;
N50 G80 M05;
N60 G90 G00 X0 Y0 Z150;
N70 M02;
%
```

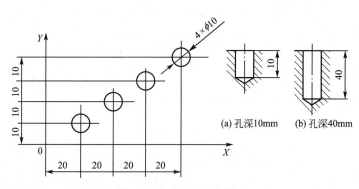

图 8.21 孔加工固定循环

【例 8 - 16】 锪刀加工沉孔工件如图 8.22 所示，工件上 ϕ5mm 的通孔已加工完毕，需要用锪刀加工 4 个 ϕ7mm、深度 3mm 的沉头孔，试编写加工程序。钻头起始位置在零件上表面对称中心以上 150mm 处。

程序如下：

```
%
O0020;
N10 G90 G92 X0 Y0 Z150;
```

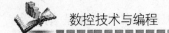

```
N20 G00 Z10;
N30 S300 M03 M08;
N40 G99 G82 X18 Z-3 R3 P1000 F40;
N50 X0 Y18;
N60 X-18 Y0;
N70 G98 X0 Y-18;
N80 G80 M09 M05;
N90 G00 X0 Y0 Z150;
N100 M02;
%
```

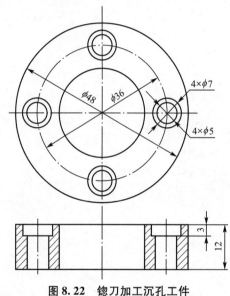

图 8.22　锪刀加工沉孔工件

2. 深孔加工指令

深孔加工固定指令有两个，G73 和 G83，分高速深孔加工和一般深孔加工。

格式：G73(G83) X_ Y_ Z_ R_ Q_ F_;

说明：

（1）G73 为高速深孔加工指令，动作如图 8.23（a）所示，G73 每次以进给速度钻进 Q 深度后，快速抬高 d，再由此处以进给速度钻孔至第二个 Q 深度，依次重复，直至完成整个深孔的加工，Q 一般取 3～10mm，末次进刀深度≤Q，d 为间断进给时的抬刀量，由机床内部设定，一般为 0.2～1mm。

（2）G83 为一般深孔加工指令，动作如图 8.23（b）所示。G83 每次进给钻进一个 Q 深度后，均快速退刀至安全平面 R 处，然后快速下降至前一个 Q 深度之上 d 处，再以进给速度钻孔至下一个 Q 深度。

3. 螺纹加工指令

螺纹加工指令有两个，G74 和 G84。它们分别用于左螺纹加工和右螺纹加工。

格式：G74(G84) X_ Y_ Z_ R_ F_;

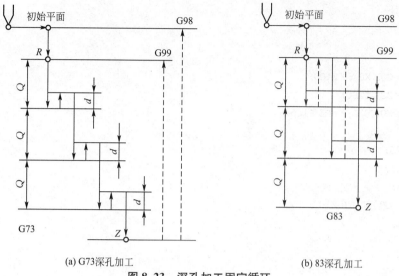

(a) G73深孔加工 　　　　　　　　　　　　　　　(b) 83深孔加工

图 8.23　深孔加工固定循环

说明：

（1）G74 为左螺纹加工，动作如图 8.24 所示，丝锥在初始平面高度快速平移至孔中心（X，Y），然后快速下降至安全平面 R 处，反转启动主轴，以进给速度（导程/转）F 切入至 $Z\_$ 处，主轴停转，再正转启动主轴，并以进给速度退刀至 R 平面，主轴停转，然后快速抬刀至初始平面。

（2）G84 为右螺纹加工，动作如图 8.25 所示，与 G74 不同的是，在快速降至安全平面 R 后，正转启动主轴，丝锥攻入孔底后停转，再反转退刀。

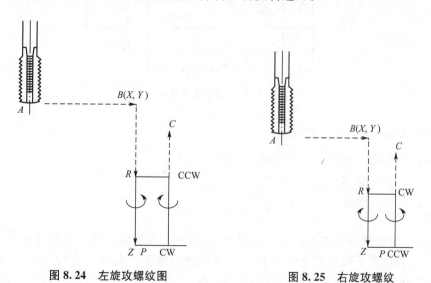

图 8.24　左旋攻螺纹图　　　　　　　**图 8.25　右旋攻螺纹**

【**例 8－17**】　螺纹加工零件如图 8.26 所示，零件上 5 个 M20×1.5 的螺纹底孔已钻好，零件厚度为 10mm，通孔螺纹，试编写右螺纹加工程序。要求工件坐标系原点位于零件上表面对称中心，丝锥起始位置在（0，0，100）处。

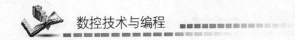

程序如下：

```
%
O0030;
N10 G90 G92 X0 Y0 Z100;
N20 G00 Z30 S200;
N30 G84 X0 Y0 Z-20 R5 F1.5;
N40 X25 Y25;
N50 X-25;
N60 Y-25;
N70 X25;
N80 G80 G00 X0 Y0 Z100;
N90 M02;
%
```

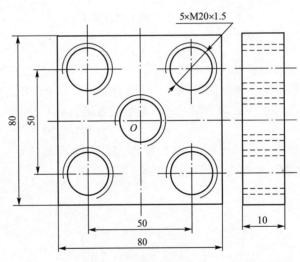

图 8.26　螺纹加工零件

4. 镗孔加工指令

1) 粗镗循环指令 G85、G86、G88、G89

格式：G85(G86) X_ Y_ Z_ R_ F_ ;

　　　G88(G89) X_ Y_ Z_ R_ P_ F_ ;

说明：

(1) G85 为粗镗循环加工，动作如图 8.27 所示，在初始高度刀具快速定位至孔中心 (X, Y)，接着快速下降至安全平面 R 处，再以进给速度 F 镗至孔底$(Z\_)$，然后以进给速度退刀至安全平面，再快速抬至初始平面高度。

(2) 如图 8.28 所示，G86 与 G85 固定循环动作不同的是，当镗至孔底后主轴停转，快速返回安全平面或初始平面后，主轴重新启动。

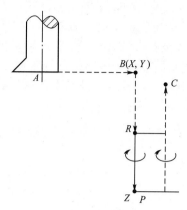

图 8.27　G85 粗镗循环

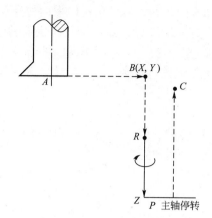

图 8.28　G86 粗镗循环

（3）G88 固定循环动作与 G86 类似，不同的是，刀具在镗至孔底后，暂停 P 秒，然后主轴停止转动，退刀在手动方式下进行。

（4）G89 固定循环动作与 G85 的唯一差别是在镗至孔底时暂停 P 秒。

2）精镗循环 G76 与背镗 G87

格式：G76(G87)X_Y_Z_R_Q_P_F_;

说明：

（1）G76 固定循环动作如图 8.29 所示，镗刀在初始平面高度快速移至孔中心（X，Y），再快速降至安全平面 R 处，然后以进给速度 F 镗孔至孔底（Z_），暂停 P 秒，主轴定向停止转动，然后反刀尖方向快速偏移 Q，再快速抬刀至安全平面（G99 时）或初始平面（G98 时），沿刀尖方向平移 Q。精镗循环与粗镗循环的区别是，刀具镗至孔底后，主轴定向停转，并反刀尖偏移，使刀具在退出时刀具不划伤精加工孔的表面。

（2）G87 背镗中的镗孔进给方向与一般孔加工方向相反，背镗时刀具主轴沿 Z 轴正向向上加工进给，安全平面 R 在孔底（Z_）的下方，一般用于镗削下大上小的孔。如图 8.30

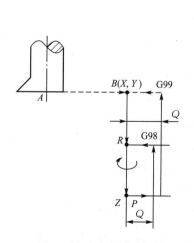

图 8.29　G76 精镗循环

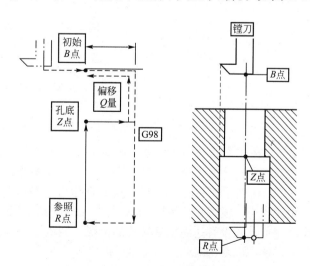

图 8.30　G87 背镗循环

所示，动作过程为，刀具在初始平面快速移至孔中心(X，Y)，主轴定向停转，刀具快速沿反刀尖方向偏移 Q，沿 Z 轴负向快速移动到孔底安全平面 R 处，刀具沿刀尖正向偏移 Q，主轴正转启动，沿 Z 轴正向以进给速度向上反镗至孔底($Z\_$)，暂停 P 秒，主轴定向停转，反刀尖方向偏移 Q，快速沿 Z 轴正向退刀至初始平面，该固定循环不使用 G99 方式，到达初始平面后沿刀尖正向横移 Q，回到初始孔中心位置，主轴再次正转启动，以便下一程序段的操作。

【例 8-18】 用 G87 指令镗削加工图 8.31 所示工件的 $\phi28mm$ 孔。要求编程原点位于工件底面的左下角点。

程序如下：

```
%
O0040;
N10 G92 X0 Y0 Z80;
N20 M03 S600;
N30 G00 Y15 Z40;
N50 G98 G87 G91 X20 Q8 R-45 P2 Z25 F200 K2;
N60 G90 G00 X0 Y0 Z80 M05;
N70 M30;
%
```

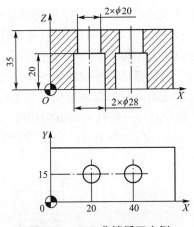

图 8.31 G87 背镗循环实例

5. 使用固定循环动作指令的注意事项

(1) 在固定循环动作指令前应使用 M03 或 M04 指令使主轴转动。

(2) 在固定循环程序段中，X、Y、Z、R 数据应至少指令一个才能进行孔加工。

(3) 在使用控制主轴回转的固定循环指令 G74、G84、G86 中，如果连续加工一些孔间距比较小，或者初始平面到 R 点平面的距离比较短的孔时，会出现在进入孔的切削动作前，主轴还没有达到正常转速的情况，遇到这种情况时，应在各孔的加工动作之间插入 G04 指令，以获得时间。

(4) 当用 G00～G03 指令注销固定循环时，若 G00～G03 指令和固定循环出现在同一程序段，按后出现的指令运行。

（5）在固定循环程序段中，如果指定了 M，则在最初定位时送出 M 信号，等待 M 信号完成，才能进行孔加工循环。

8.6　数控钻镗床编程实例

同数控铣床编程一样，数控钻镗床编程的程序编制格式，以及固定循环指令的参数使用格式，也因数控机床所配置的数控系统不同而不完全相同。所以，在实际编制加工程序时，应严格按照机床控制系统配备的编程说明书上的固定格式进行编程。尽管不同的数控系统加工指令的意义或格式会有所差异，但编程方法和步骤是相同的，本节将以两个实例进行说明。

【例 8 - 19】　零件上的 8 个 M16 螺纹孔如图 8.32 所示，板厚为 10mm，螺纹孔为通孔，编制螺纹孔加工程序，设刀具起点距工作表面 100mm。

取工件坐标系原点位于零件上表面的左下角点，刀具起始位置在(0，0，100)处。

程序如下：

```
%
O0040;                    用 G81 钻孔
N10 G92 X0 Y0 Z100;
N20 G91 G00 M03 S600;
N30 G99 G81 X40 Y40 R-95 Z-18 F200;
N40 G91 X40 K3;
N50 Y50;
N60 X-40 K3;
N70 G90 G80 X0 Y0 Z100;
N80 M05;
N90 M30;
%
```

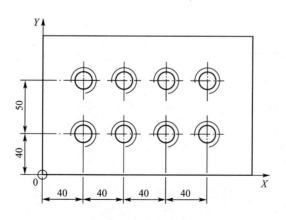

图 8.32　螺孔加工

```
%
O0050;                      用 G84 攻螺纹
N10 G92 X0 Y0 Z100;
N20 G91 G00 M03 S600;
N30 G99 G84 X40 Y40 R-95 Z-18 F1.5;
N40 G91 X40 K3;
N50 Y50;
N60 X -40 K3;
N70 G90 G80 X0 Y0 Z100;
N80 M05;
N90 M30;
%
```

【例 8-20】 如图 8.33 所示，用 ϕ20mm 的刀具加工图中轮廓，用 ϕ16mm 的刀具加工图中凹台，用中 ϕ6mm 和 ϕ8mm 的钻头加工图中孔。

取工件坐标系原点位于零件上表面的左下角点，刀具起始位置在（-20，-20，100）处。

程序如下：

```
%
O0060;
N10 G92 X-20 Y-20 Z100;
N20 S500 M03;
N30 T01 M06;
N40 G00 G43 Z-24 H01;
N50 G01 G41 X0 Y-8 D01 F100;
N60 Y42;
N70 X7 Y56;
N80 X70;
N90 Y12;
N100 G02 X60 Y0 R10;
N110 G01 X-10;
N120 G00 G40 X-20 Y-20;
N130 G49 Z100;
N140 T02 M06;
N150 G00 G43 Z-10 H02;
N160 X5 Y-10;
N170 G01 Y66 F100;
N180 X19;
N190 Y-10;
N200 X20;
N210 Y66;
N220 G49 Z100;
N230 G00 X-20 Y-20;
```

N240T03 M06;

N250 G00G43 Z10 H03;

N260 G98 G73 X14 Y26 Z-23 R-6 Q-5 F50;

N270 G99 G73 X42 Y40 Z -23 R4 Q-5 F50;

N280 G99 G73 X42 Y12 Z-23 R4 Q-5 F50;

N290 G98 G73 X56 Y26 Z-23 R4 Q-5 F50;

N300 G00 G49 Z100;

N310 X -20 Y -20;

N320 T04 M06;

N330 G00 G43 Z10 H04;

N340 G98 G81 X14 Y40 Z-23 R-6 F50;

N350 G99 G81 X42 Y26 Z-23 R4 F50;

N360 G99 G81 X56 Y12 Z-23 R4 F50;

N370 G00 G49 Z100;

N380 X -20 Y -20;

N390 M05;

N400 M30;

%

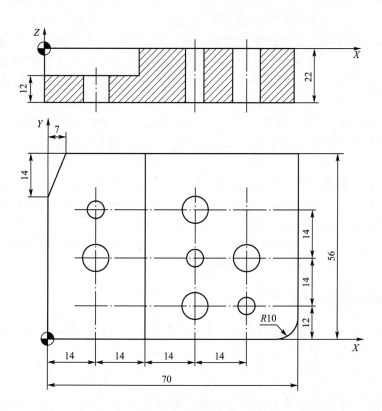

图 8.33   轮廓与孔加工

8.7　数控加工中心编程的特点

8.7.1　数控加工中心的主要功能及加工对象

1. 数控加工中心的主要功能

加工中心是一种集铣床、钻床和镗床 3 种机床功能于一体，由计算机控制的高效、高度自动化的机床，其特点是数控系统能控制机床自动更换刀具，零件经一次装夹后能连续地对各加工表面自动进行铣、镗、钻、扩、铰、攻螺纹等多种工序的加工。

2. 数控加工中心的主要加工对象

加工中心适用于加工形状复杂、工序多、精度要求较高、需用多种类型的普通机床和众多刀具、夹具，而且经多次装夹和调整才能完成加工的零件。下面介绍适合加工中心加工的零件种类。

(1) 箱体类零件。箱体类零件一般是指具有孔系和平面，内有一定型腔，在长、宽、高方向尺寸比例相差不大的零件，如汽车的发动机缸体、变速器箱体，机床的主轴箱、齿轮泵壳体等。箱体类零件一般都需要进行多工位孔系及平面加工，精度要求较高，特别是形状精度和位置精度要求严格，通常要经过铣、钻、扩、镗、铰、锪、攻螺纹等工序加工，需用刀具较多。此类零件在加工中心上加工，一次装夹可加工普通机床 $60\%\sim95\%$ 的工序内容，零件各项精度一致性好，质量稳定，同时节省费用，生产周期短。

(2) 带复杂曲面的零件。零件上的复杂曲面用加工中心加工时，与数控铣削加工基本是一样的，所不同的是加工中心刀具可以自动更换，工艺范围更宽。

(3) 异形件。异形件是外形不规则的零件，大都需要点、线、面多工位混合加工。用加工中心加工时，利用加工中心多工位点、线、面混合加工的特点，通过采取合理的工艺措施，经一次或二次装夹，即能完成多道工序或全部工序内容。加工异形件时，形状越复杂，精度要求越高，越能显示出使用加工中心的优越性。

(4) 盘、套、轴、板、壳体类零件。带有键槽、径向孔或端面有分布的孔系及曲面的盘、套或轴类零件，适合在加工中心上加工。

8.7.2　数控加工中心的分类

常用的加工中心一般分为 4 种类型：数控立式加工中心、数控卧式加工中心、数控龙门加工中心、数控复合加工中心。

1. 数控立式加工中心

数控立式加工中心的主轴是竖直设置的，主轴垂直于工作台，其特点是装夹零件方便，便于操作、观察，适宜加工板材类、壳体类等高度方向尺寸相对较小的零件。数控立式加工中心如图 8.34 所示。

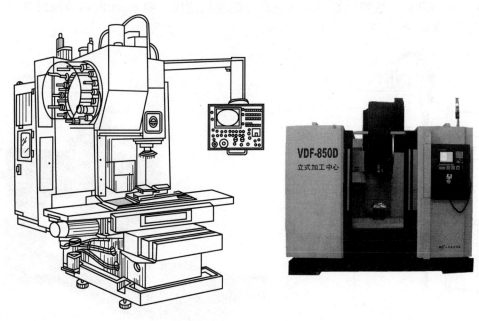

图 8.34　数控立式加工中心

2. 数控卧式加工中心

数控卧式加工中心如图 8.35 所示，其主轴是水平设置的，工作台是具有精确分度的数控回转工作台，可实现零件一次装夹的多工位加工，定位精度高，适合箱体类零件的批量加工，但装夹、观察不便，而且体积大、价格高。图 8.36 所示为沈阳机床公司制造HMC80u 卧式五轴加工中心。

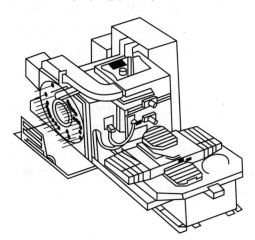

图 8.35　数控卧式加工中心

图 8.36　沈阳机床公司制造的 HMC80u
卧式五轴加工中心

3. 数控龙门加工中心

数控龙门加工中心(图 8.37)是指在数控龙门铣床基础上加装刀具库和换刀机械手，以实现自动换刀功能，达到比数控铣床更广泛的应用范围。图 8.38 所示为西班牙尼古拉斯·克雷亚集团公司制造的龙门加工中心。

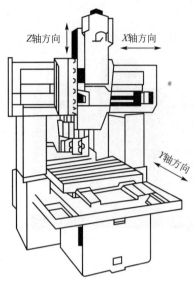

图 8.37　数控龙门加工中心

图 8.38　西班牙尼古拉斯·克雷亚集团
公司制造的龙门加工中心

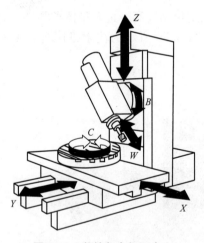

图 8.39　数控复合加工中心

4. 数控复合加工中心

数控复合加工中心是指在一台加工中心上有立、卧两个主轴，或主轴可 90°改变角度，即由立式改为卧式，或由卧式改为立式，如图 8.39 所示。主轴自动回转后，在零件一次装夹中可实现顶面和四周侧面共 5 个面的加工。复合加工中心主要适用于加工外观复杂、轮廓曲线复杂的小型零件，如叶轮、叶片、螺旋桨及各种复杂模具。

不同类型的加工中心，配备的数控系统将会有所不同，其加工指令代码的意义及程序格式均可能存在着差异。本章仅对加工中心编程的一般特点，说明加工中心程序编制的方法与步骤，实际工作中应严格按照数控系统说明书规定执行。

8.7.3　数控加工中心常用指令代码

1. 坐标系选择指令

镗铣类数控机床编程中介绍的准备功能 G 代码和辅助功能 M 代码，在加工中心编程中依然有效。由于加工中心可进行多工位加工，并频繁地自动换刀，故常常在一个程序中用到多个坐标系和换刀及刀具长度补偿指令。

前面已经介绍过，G92、G54～G59 为建立工件坐标系指令。机床一旦开机回零，显示屏即显示主轴上刀具卡盘端面中心在机械坐标系中的即时位置，而程序员是按工件坐标系编写加工程序的，故需要 G92 或 G54～G59 指令建立工作坐标系与机械坐标系的位置关系。

1）工件坐标系建立指令

使用 G92 时，操作人员必须在机床回零后，通过碰刀的方式预先测出刀具中心相对于工件坐标系原点的偏置量，并由程序员编入程序中，如图 8.40 所示，指令 G92 X400. Y200. Z300；即建立了工件坐标系与机械坐标系的偏置关系，也指出了刀具中心在工件坐标系中的当前位置，即程序中刀具的起点位置。

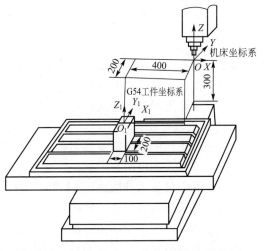

图 8.40　加工中心工件坐标系与机械坐标系

2）工件坐标系选择指令

用 G54～G59 等指令建立工件坐标系时，程序员不需要预先知道当前刀具中心与工件坐标系的位置关系，可直接按工件坐标系原点编程。加工时，由机床操作人员按程序员所设定的各零件局部坐标系原点在机械坐标系中的不同位置，分别输入到与 G54～G59 相对应的偏置寄存器中。程序中若使用 G54 所设的工件坐标系，则只需在位置坐标前直接写 G54 即可，数控系统会自动调出 G54 偏置寄存器中存放的偏置量，建立起当前工件坐标系与机床坐标系的相对位置关系。加工中心编程时，常使用 G54～G59 指令来指定工件坐标系。

2. 刀具功能指令

1）刀具选择指令

刀具的选择是把刀库上指定了刀号的刀具转到换刀位置，为下次换刀做好准备。这一动作的实现是通过 T 功能指令来实现的。

T 功能指令用 T×× 表示，如选用一号刀，则写为 T01。

2）换刀指令

换刀指令由 T ＿ 和 M06 构成。

T ＿ 为选刀指令，一般为 T00～T99，T00 为刀具库中的空刀位，不安装刀具。一般在加工程序结束前，要把主轴上的刀具送回刀具库中，执行 T00 M06 即可。T01～T99 为 1～99 号刀具位置。如果要用 3 号刀，则 T03 的功能就是把刀具库中 3 号刀位上的刀具转至待取位置。M06 为换刀指令，当执行 M06 时，自动换刀装置把待取位置上的刀具与主轴上的刀具同时取下并相互交换位置。一般选刀和换刀分开执行，选刀动作可与机床加工同时进行，即利用切削时间选好刀具。换刀必须在主轴停转条件下进行，因此换刀动作指令 M06 必须编在用新刀进行加工的程序段之前，等换上新刀启动主轴后，方可进行下面程序段的加工。

一般加工中心换刀前要执行 G28 指令，使主轴刀具卡盘端面中心返回机床参考点。

机床参考点是数控机床上的一个固定基准点。有的机床其机械坐标系的原点与机床参考点为同一位置，有的机床参考点与机械坐标系原点不重合，还有的机床具有多个机床参考点。通常机床执行回零操作时，主轴上刀具卡盘的端面中心也同时返回机床参考点。在执行 G28 指令前，必须取消刀具的半径补偿和长度补偿。G28 的使用格式如下：

G53 G28 X_ Y_ Z_;

其中，G53 为机械坐标系选择指令；X_ Y_ Z_ 为机械坐标系中的中间点位置坐标。该指令的意义是刀具经过中间点 X_ Y_ Z_ 返回机床的参考点，X_ Y_ Z_ 是刀具回机床参考点途中必须经过的中间位置。

3) 刀具长度补偿

加工中心工作中要经常变换刀具，而每把刀具的长度是不可能完全相同的，所以在程序运行前，要事先测出所有刀具在装卡后刀尖至 Z 轴机械原点的距离，即装卡高度，并分别存入相应的刀具长度补偿地址 H 中，执行程序更换刀具时，只需使用刀具长度补偿指令并给出刀具长度的补偿地址代码。刀具长度补偿指令有 G43、G44 和 G49。G43 是刀具长度正补偿指令，即把刀具向上抬，G44 是刀具长度负补偿指令，即把刀具向下降，G49 是取消刀具补偿指令，在更换刀具前应取消刀具长度补偿。

对于刀具长度补偿（G43、G44、G49）的详细介绍见 8.3.4 节。

【例 8 - 21】 图 8.41(a)所示为零件图，图 8.41(b)所示为加工毛坯，编制加工程序。工艺过程为，先用中心钻、钻头、锪刀进行孔加工，再对中间凸台盘部分进行粗、精加工，精加工余量为 0.5mm，其中 4 段 $R39$mm 圆弧可用镜像编程，4 个缺口可用子程序加工。需要进行数值计算的是 4 段 $R39$mm 圆弧的圆心，因图形对称，故仅计算处于第一象限的圆弧的圆心即可。

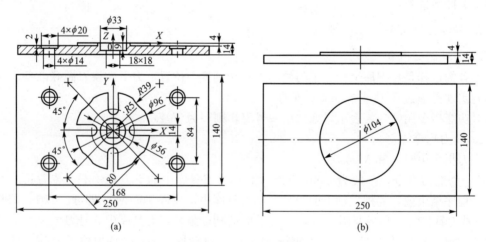

图 8.41 零件示意图

程序编制步骤：

（1）数值计算。工件坐标系原点设在零件上表面对称中心处，由图 8.41(a)可知，$R39$mm 圆弧的圆心距工件坐标系原点为 80，位于 X 轴、Y 轴夹角的平分线上。设圆心坐标为 (X_R, Y_R)，则

$$X_R = Y_R = 80\cos45° = 56.569$$

（2）加工工序。

① 用中心钻按零件图 8.41(a)所示的 5 个孔中心位置钻 5 个定位孔，深 1mm。

② 用 ϕ14mm 的钻头在 5 个定位孔的基础上钻 5 个通孔。

③ 用 ϕ20mm 的锪刀，锪 4 个沉头孔，深度为 2mm。

④ 用 ϕ33mm 的锪刀，锪中心孔，深度为 9mm。

⑤ 用 ϕ16mm 的立铣刀粗、精加工中间凸台部分，每次切削深度不超过 2mm，粗加工留 0.5mm 的余量。

⑥ 用 ϕ10mm 的立铣刀加工凸台上的 4 个豁口及中心方孔。

（3）刀具卡片见表 8-1。

表 8-1 刀 具 卡 片

刀具代码	刀具名称	刀具装卡长度/mm	长度补偿代码与补偿值/mm	刀具直径/mm	半径补偿代码与补偿值/mm	主轴转速/(r/min)	进给速度/(mm/min)
T01	ϕ3mm 中心钻	30.85	H01 30.85			S800	F50
T02	ϕ14mm 钻头	60.21	H02 60.21			S600	F50
T03	ϕ20mm 锪刀	40.73	H03 40.73			S500	F60
T04	ϕ33mm 锪刀	50.86	H04 50.86			S300	F60
T05	ϕ16mm 立铣刀	150.49	H05 150.49	ϕ16.02	D51 10.01 D52 8.51 D53 8.01	S500	F60
T06	ϕ10mm 立铣刀	120.18	H06 120.18	ϕ10	D61 5	S800	F60

注：1. 对于孔加工类的刀具不需要填写直径测量值。

2. ϕ16mm 立铣刀用 3 个半径补偿值，D51 代码的补偿值为 10.01mm，指刀具沿径向切入 2mm，D52 代码的补偿值为 8.51mm，是为了留出 0.5mm 的加工余量；D53 代码的补偿值为 8.01mm，是精加工时刀具半径的实际补偿值。

（4）程序清单。

```
%
O0080;
N01 G90 T01;
N02 G53 G28 Z0 M06;
N03 G54 G00 G43 H01 Z20;
N04 S800 M03 T02;
N05 G99 G81 X0 Y0 Z-1 R3 F50;        用 1 号刀钻 5 个定位孔
N06 Z-5. M98 P0001;
N07 G80 M05 G49;
N08 G53 G28 Z0 M06;
N09 G54 G43 H02 G00 Z20;
```

N10 S600 M03 T03;

N11 G99 G81 X0 Y0 Z-16 R3 F50;　　　　　用 2 号刀钻 5 个 ϕ14mm 的通孔

N12 M98 P0001;

N13 G80 M05 G49;

N14 G53 G28 Z0 M6;

N15 G54 G00 X0 Y0;

N16 G43 H03 Z20;

N17 S500 M03 T04;

N18 G99 G82 Z-6 R3 P1000 F60;　　　　　用 3 号刀锪 ϕ20mm 的中心沉头孔

N19 M98 P0001;

N20 G80 G49 M05;

N21 G53 G28 Z0 M06;

N22 G54 G00 G43 H04 Z20;

N23 S300 M03 T05;

N24 G98 G82 X0 Y0 Z-9 R3 P1000 F60;　　用 4 号刀锪 ϕ33mm 的中心沉头孔

N25 G80 G49 M05;

N26 G53 G28 Z0 M06;

N27 G54 G00 X0 Y-70;　　　　　　　　　用 5 号刀粗铣 ϕ96mm 的凸圆台

N28 G00 G43 H05 Z-2;　　　　　　　　　切深 2mm

N29 S500 M03 T06;

N30 G01 G41 D51 X22 F100;　　　　　　　径向切入 2mm

N31 M98 P0002;　　　　　　　　　　　　粗铣 ϕ100mm 的凸圆台

N32 G01 G41 D52 X22 F100;　　　　　　　径向切入 3.5mm

N33 M98 P0002;　　　　　　　　　　　　粗铣 ϕ97mm 的凸圆台

N34 G01 Z-4 F50;　　　　　　　　　　　切深 2mm

N35 G01 G41 D51 X22 F100;　　　　　　　径向切入 2mm

N36 M98 P0002;

N37 G01 G41 D52 X22 F100;　　　　　　　径向切入 3.5mm

N38 M98 P0002;

N39 G01 G41 D53 X22 F100;　　　　　　　粗铣 ϕ96mm 的凸圆台

N40 M98 P0002;

N41 G00 Z3;

N42 M98 P0003;　　　　　　　　　　　　铣第一象限 R39mm 的圆弧

N43 M21 M98 P0003;　　　　　　　　　　铣第二象限 R39mm 的圆弧

N44 M22 M98 P0003;　　　　　　　　　　铣第三象限 R39mm 的圆弧

N45 M23;

N46 M22 M98 P0003;　　　　　　　　　　铣第四象限 R39mm 的圆弧

N47 M23;

N48 G49 M05;

N49 G53 G28 Z0 M06;　　　　　　　　　　换用 6 号刀

N50 G54 G00 X60 Y0;

N51 G43 H06 Z-2;　　　　　　　　　　　切深 2mm

N52 S800 M03 T00;

N53 M98 P0004;　　　　　　　　　　　　铣右边横槽

N54 G01 Z-4 F100;　　　　　　　切深 4mm

N55 M98 P0004;　　　　　　　　铣右边横槽

N56 G00 X-60 Y0;

N57 Z-2;　　　　　　　　　　　分层铣左边横槽

N58 M21 M98 P0004;

N59 G01 Z-4 F100;

N60 M98 P0004;

N61 M23;

N62 G00 X0 Y60;

N63 Z-2;　　　　　　　　　　　分层铣上边竖槽

N64 M98 P0005;

N65 G01 Z-4 F100;

N66 M98 P0005;

N67 G00 X0 Y-60;

N68 Z-2;

N69 M22 M98 P0005;

N70 G01 Z-4 F100;

N71 M98 P0005;

N72 M23;

N73 G00 X0 Y0;

N74 Z-5;

N75 G01 G41 D61 X9 F60;　　　　粗铣中心方孔

N76 Y9;

N77 X-9;

N78 Y-9;

N79 X9;

N80 Y0;

N81 G03 X3 Y6 I-6 J0;　　　　　走弧线收刀

N82 G40 G00 X0 Y0 M05;

N83 G00 Z20;

N84 G49;

N85 G53 G28 Z0 M06;　　　　　　6号刀回刀库

N86 M30;

%

%

O0001;　　　　　　　　　　　　4 个角孔的中心位置

N10 X84 Y42;

N20 X-84;

N30 Y-42;

N40 G98 X84;

N50 M99;

%

%

O0002;　　　　　　　　　　　　ϕ96mm 的凸台圆周的切削

N10 G03 X0 Y-48 I-22 J0;

N20 G02 I0 J48;

N30 G03 X-22 Y-70 I0 J-22;

N40 G40 G00 X0;

N50 M99;

%

%

O0003;   R39mm 弧段的加工

N10 G00 X56.569 Y56.569;

N20 G01 Z-4 F50;

N30 G91 G41 D53 X-39 F200;

N40 G03 X39 Y-39 I39 J0 F100;

N50 G00 Z3;

N60 G90 G40;

N70 M99;

%

%

O0004;   凸台上横槽的切削

N10 G00 G41 D61 X50 Y7;

N20 G01 X28 F60;

N30 G03 Y-7 I0J-7;

N40 G01 X50;

N50 G00 G40 X60 Y0;

N60 Z10;

N70 M99;

%

%

O0005;   凸台上竖槽的切削

N10 G00 G41 D61 Y50 X-7;

N20 G01 Y28 F60;

N30 G03 X7 I7 J0;

N40 G01 Y50;

N50 G00 G40 X0 Y60;

N60 Z10;

N70 M99;

%

思考与练习

1. 精铣图 8.42 所示零件的外轮廓，试编程。
2. 精铣图 8.43 所示零件的外轮廓，试编程。

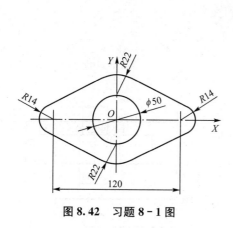

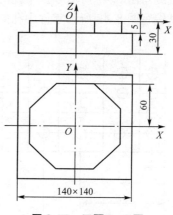

图 8.42　习题 8-1 图　　　　　　图 8.43　习题 8-2 图

3. 如图 8.44 所示，零件有 6 个形状尺寸相同的凸台，高 6mm，试用子程序编制程序。

4. 精铣图 8.45 所示零件的内部轮廓，内轮廓深 4mm，用 $\phi 8$mm 的铣刀，试编程。

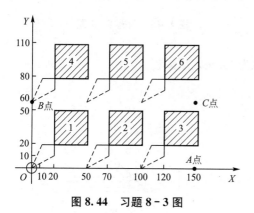

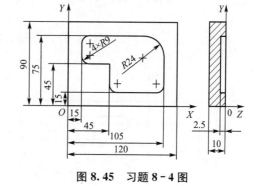

图 8.44　习题 8-3 图　　　　　　图 8.45　习题 8-4 图

5. 试编写图 8.46 所示零件中孔的加工程序。

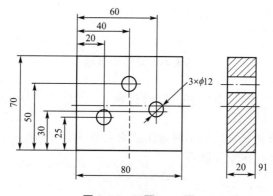

图 8.46　习题 8-5 图

6. 试编写图 8.47 所示零件中孔的加工程序。

7. 试编写图 8.48 所示零件中孔的加工程序。

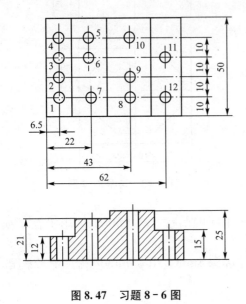

图 8.47 习题 8－6 图

图 8.48 习题 8－7 图

8. 加工图 8.49 所示零件上的 3 条槽，槽深为 2mm，试编程。

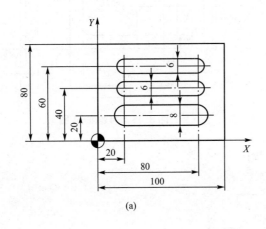

(a)

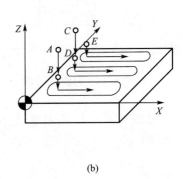

(b)

图 8.49 习题 8－8 图

9. 精铣图 8.50 所示零件中深 5mm 的内轮廓，并完成 4 个盲孔的加工，试编程。

10. 加工中心有什么特点？

11. G73 与 G83 有何区别？加工时应注意的主要事项有哪些？

12. G81 与 G82 有何区别及联系？

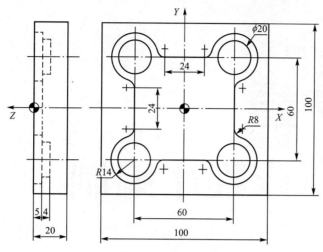

图 8.50 习题 8－9 图

第 9 章
数控车床程序编制

 本章教学要点

知识要点	掌握程度	相关知识
数控车床加工概述	了解数控车床分类与编程特点； 掌握数控车床工件坐标系设定	工件坐标系设定与选择； 前置刀架、后置刀架
数控车床的常用编程指令	掌握快速定位直线与圆弧插补； 掌握进给速度与主轴转速控制； 熟悉英制和公制与延时指令； 了解螺纹车削指令	恒转速控制； 恒线速控制； 多次走刀螺纹加工
数控车床加工循环指令	掌握单一外形固定循环指令； 了解多重循环指令	单一自动循环； 多重自动循环
刀具补偿功能	掌握刀具长度补偿； 了解刀尖圆弧半径补偿	刀具长度补偿； 刀尖方位与补偿代码

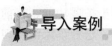

整体叶轮数控加工

　　整体叶轮(图9.01)作为航空、航天、机械、化工等行业的透平机械中的关键零件应用越来越广泛。与传统的分体式叶轮结构相比较，整体叶轮将叶片和轮毂设计成一个整体，在提高了零件性能的同时，也增加了零件加工的难度。整体叶轮的加工一直是机械加工中长期困扰工程技术人员的难题。一个叶片加工失败，将导致整个零件的报废，因此导致目前生产中整体叶轮的成品率较低。为了加工出合格的叶轮，人们想出了很多的办法。由最初的铸造成形后修光，到后来的石蜡精密铸造，还有电火花加工、电解加工等方法。但是这些方法不是加工效率低下，就是精度或产品机械性能不佳，直到数控加工技术应用到叶轮加工(图9.02)中，这些问题才得到根本解决。

图9.01　整体叶轮

图9.02　整体叶轮加工示意图

　　坐标数控加工以其灵活、高效、零件表面质量高和生产周期短等优点成为整体叶轮加工常用的方法。数控加工程序是数控机床运动与工作过程控制的依据，故数控编程是数控加工的重要内容，为解决编程工作的繁琐、困难，提高编程效率，减少并尽量避免数控加工程序错误，计算机辅助数控编程技术得到快速发展和广泛应用。

9.1　数控车床加工概述

　　数控车床主要用来加工轴类零件、盘套类零件的内外圆柱面、圆锥面、螺纹表面、成形回转体表面等。对于盘套类零件可进行钻、扩、铰、镗孔等加工。数控车床还可以完成车端面、切槽等加工。

9.1.1　数控车床的分类与编程特点

1. 数控车床的分类

1) 简易数控车床

简易数控车床是一种低档数控车床，一般用单板机或单片机进行控制。单板机不能存储程序，所以切断一次电源就得重新输入程序，且抗干扰能力差，不便于扩展功能，目前已很少采用。单片机可以存储程序，它的程序可以使用可变程序段格式，这种车床没有刀尖圆弧半径自动补偿功能，编程时计算比较繁琐。

2）经济型数控车床

经济型数控车床是中档数控车床，一般具有单色显示的 CRT、程序存储和编辑功能。它的缺点是没有恒线速度切削功能，刀尖圆弧半径自动补偿不是它的基本功能，而属于选择功能范围。

3）多功能数控车床

多功能数控车床是指较高档的数控车床，这类车床一般具备刀尖圆弧半径自动补偿、恒线速度切削、倒角、固定循环、螺纹切削、图形显示、用户宏程序等功能。

4）车削加工中心

车削加工中心的主体是数控车床，配有刀库和换刀机械手，与数控车床单机相比，自动选择和使用的刀具数量大大增加。卧式车削中心还具备动力刀具功能和 C 轴位置控制功能。动力刀具功能是指刀架上某一刀位或所有刀位可使用回转刀具，如铣刀和钻头。C 轴位置控制功能具有很高的角度定位分辨率，一般可达 $0.001°$，能使主轴和卡盘按进给脉冲作任意低速的回转，这样车床就具有 X、Z 和 C 三坐标，可实现三坐标两联动控制。例如，圆柱铣刀轴向安装，$X-C$ 坐标联动就可以铣削零件端面，圆柱铣刀径向安装，$Z-C$ 坐标联动，就可以在零件外径上铣削。

2. 数控车床编程特点

（1）在一个程序段中，可以用绝对坐标编程，也可用增量坐标编程或二者混合编程。

（2）由于被加工零件的径向尺寸在图样上和在测量时都以直径值表示，所以直径方向用绝对坐标编程时 X 以直径值表示，用增量坐标编程时以径向实际位移量的两倍值表示。

（3）不同组 G 代码可编写在同一程序段内且均有效。相同组 G 代码若编写在同一程序段内，后面的 G 代码有效。

（4）工件坐标系应与机械坐标系的坐标方向一致，X 轴对应径向，Z 轴对应轴向，C 轴的转动方向则以从机床尾架向主轴看，逆时针为 C 轴正方向，顺时针为 C 轴负方向，如图 9.1 所示。工件坐标系的原点选在便于测量或对刀的基准位置，一般在工件的右端面或左端面上。

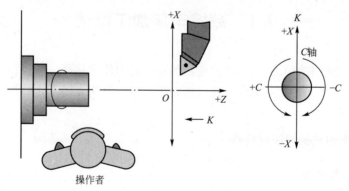

图 9.1 数控车床 X 轴、Z 轴和 C 轴方向

9.1.2　数控车床工件坐标系的设定

在编写工件的加工程序时，首先是在建立机床坐标系后设定工件坐标系。

1. 数控车床坐标系的建立

数控车床通电并完成返回机床参考点的操作后，显示屏幕上立即显示刀架中心在机床坐标系中的坐标值，即建立了机床坐标系。工件坐标系是为了确定工件几何图形上点、直线、圆弧等各几何要素的位置而建立的坐标系，数控程序中的坐标值是工件坐标系中的坐标值。工件坐标系的原点是人为设定的，数控车床工件原点一般设在主轴中心线与工件左端面或右端面的交点处。数控车床的机床坐标系、机床原点、机床参考点、加工原点、换刀点的相互关系如图9.2所示。车床刀架的换刀点是指刀架转位换刀时所在的位置。换刀点可以和刀架转位中心点重合，也可以和刀尖点重合，它的设定原则是以刀架转位时不碰撞工件和车床上其他部件。换刀点的坐标值一般用实测的方法来设定。

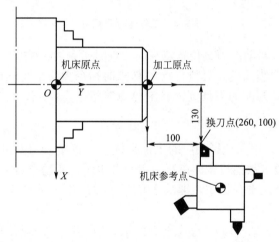

图9.2　数控车床的机床坐标系、机床原点、机床参考点、加工原点、换刀点的相互关系

在以下3种情况下，数控系统失去了对机床参考点的记忆，因此必须使刀架重新返回机床参考点。

（1）数控车床关机以后重新接通电源开关时。

（2）数控车床解除急停状态后。

（3）数控车床超程报警信号解除之后。

2. 工件坐标系的设定 G50

工件坐标系设定后，显示屏幕上显示的是基准车刀刀尖相对工件原点的坐标值。编程时，工件各尺寸的坐标值都是相对工件原点的。因此，数控车床的工件原点又是程序原点或编程原点。建立工件坐标系使用 G50 指令。

格式：G50 X_ Z_ ；

G50 为规定工件坐标系原点的指令，通过当前刀尖位置来设定工件坐标系的原点，执行 G50 指令时机床不运动；X_Z_ 为刀尖起始点在工件坐标系中 X 向和 Z 向的坐标值。

【例 9 - 1】 建立图 9.3 所示的工件坐标系。

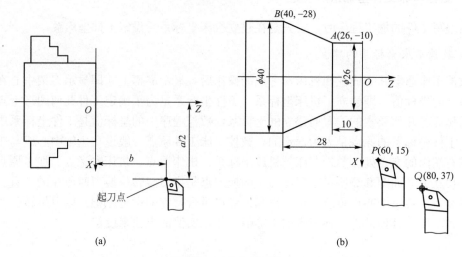

(a)

(b)

图 9.3 工件坐标系建立

如图 9.3(a)所示，当前的刀具位置点在起刀点时指令为：G50 Xa Zb;

如图 9.3(b)所示，当前的刀具位置点在 P 点时指令为：G50 X60 Z15;

如图 9.3(b)所示，当前的刀具位置点在 Q 点时指令为：G50 X80 Z37;

3. 工件坐标系的选择 G54～G59

G54～G59 指令可以用来选择相应的工件坐标系。直接采用 G54～G59 零点偏置指令建立工件坐标系时，要求数控机床先进行回参考点操作，通过对刀将工件原点相对机床坐标系的坐标值输入到指定寄存器中，即从 MDI 设定的 G54～G59 这 6 个工件坐标系中选择一个。

G54——工件坐标系 1；G55——工件坐标系 2；G56——工件坐标系 3；

G57——工件坐标系 4；G58——工件坐标系 5；G59——工件坐标系 6

机床通电时，默认选择 G54 工件坐标系。

4. G50 指令与 G54～G59 指令的区别

G50 指令是通过程序或 CRT/MDI 状态设定的，它与刀具当前所在的位置有关。G54～G59 指令只能通过 CRT/MDI 状态在 OFFSET 下设定工件坐标系，它与刀具的当前位置无关。

9.2 数控车床的常用编程指令

9.2.1 快速定位直线插补与圆弧插补指令(G00、G01、G02、G03)

1. 快速定位指令 G00

格式：G00 X(U)＿ Z(W)＿;

G00 为从当前点以快移速度向目标点移动，可以写成 G0；X(U)＿ Z(W)＿为目标点坐标值。

【例 9-2】 如图 9.4 所示，刀尖从 A 点快进到 B 点，分别用绝对坐标、增量坐标和混合坐标方式写出该程序段。

绝对坐标方式：G00 X40 Z58；

增量坐标方式：G00 U-60 W-28.5；

混合坐标方式：G00 X40 W-28.5；或 G00 U-60 Z58；

2. 直线插补指令 G01

格式：G01 X(U)＿ Z(W)＿ F＿；

G01 为刀具以 F 指定的进给速度直线移动到目标点；X(U)＿ Z(W)＿为目标点坐标值；F＿为工作进给速度。

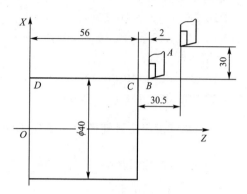

图 9.4　快速定位指令

3. 圆弧插补指令 G02、G03

格式：G02(G03) X(U)＿ Z(W)＿ R＿ F＿；

G02(G03) X(U)＿ Z(W)＿ I＿ K＿ F＿；

G02 为顺时针圆弧插补；G03 为逆时针圆弧插补；X(U)＿ Z(W)＿为目标点坐标值；R＿为圆弧半径；I＿ K＿为圆心相对圆弧起点的增量坐标；F＿为工作进给速度。

【例 9-3】 如图 9.5 所示的工件，编写顺时针加工圆弧的程序。

绝对坐标方式：

N10 G01 X20 Z-30 F0.1；

N20 G02 X40 Z-40 R10 F0.08；

增量坐标方式：

N10 G01 U0 W-32 F0.1；

N20 G02 U20 W-10 I20 K0 F0.08；

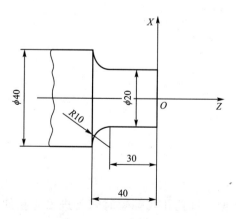

图 9.5　顺时针圆弧插补

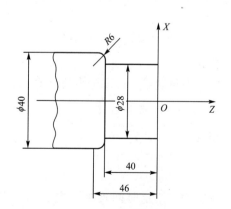

图 9.6　逆时针圆弧插补

【例 9 - 4】 如图 9.6 所示的工件，编写逆时针加工圆弧的程序。

绝对坐标方式：

N10 G01 X28 Z-40 F0.1；

N10 G03 X40 Z-46 R6 F0.08；

增量坐标方式：

N10 G01 U0 W-42 F0.1；

N20 G03 U12 W-6 R6 F0.08；

9.2.2 进给速度与主轴转速控制指令（G98、G99、G50）

1. 进给速度控制指令 G98、G99

格式：G98(G99)F_；

G98 为每分钟进给量（F_单位为 mm/min）；G99 为每转进给量（F_单位为 mm/r）。

2. 主轴转速控制指令 G96、G97

格式：G96 S_；

G96 为恒线速度控制，使用 G96 之前，最好设定 G50 限制主轴最高转速；S_为设定的切削点线速度（m/min）。

格式：G97 S_；

G97 为取消恒线速控制；S_为取消恒线速控制后的主轴转速（r/min），也可不指定 S。

3. 主轴最高转速设定指令 G50

格式：G50 S_；

G50 为主轴最高转速设定；S_为设定的主轴最高转速（r/min）。

说明：

(1) G50 指令后为坐标值时，其功能为工件坐标系设定。

(2) G50 指令后为主轴转速（S_）时，其功能为主轴最高转速设定。

9.2.3 英制和公制与程序延时指令（G20、G21、G04）

1. 英制和公制输入指令 G20、G21

格式：G20(G21)

G20 为英制输入；G21 为公制输入。

2. 程序延时指令 G04

格式：G04 X_；

　　　　G04 U_；

　　　　G04 P_；

G04 为按给定时间延时，主要用于车削环槽、盲孔孔底等短时间无进给光整加工；X_、U_为延时时间（单位为 s）；P_为延时时间（单位为 ms）。

说明：

用 X、U 给定延时时间，时间单位为 s；用 P 给定延时时间，时间单位为 ms。

例如：程序暂停 2.5s 的加工程序：G04 X2.5；或 G04 U2.5；或 G04 P2500；。

9.2.4 螺纹车削指令(G32)

格式：G32 Z(W)_ F_;   加工圆柱螺纹

      G32 X(U)_ F_;   加工端面螺纹

      G32 X(U)_ Z(W)_ F_;   加工圆锥螺纹

G32 为等螺距螺纹切削；X_ Z_ 为螺纹终点坐标；U_ W_ 为螺纹切削的终点相对于循环起点的增量值；F_ 为螺纹导程。

说明：

(1) 在螺纹切削期间进给速度倍率无效(固定 100%)。

(2) 为避免在加减速过程中进行螺纹切削，造成加减速阶段切削的螺纹螺距不均匀，要设导入长度 δ_1 和切出长度 δ_2，即升速进刀段和降速退刀段，如图 9.7 所示。一般 δ_1、δ_2 可由经验公式计算得出。

$$\delta_1 \geqslant 2P \qquad\qquad (9-1)$$

$$\delta_2 \geqslant (1\sim1.5)P \qquad\qquad (9-2)$$

式中，P 为螺纹导程(mm)。

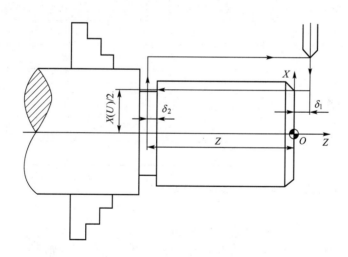

图 9.7 螺纹加工

(3) 螺纹切削期间不要使用恒表面切削速度控制，应使用 G97。

(4) 主轴速度倍率功能在切螺纹时失效，主轴倍率固定在 100%。

(5) 牙型较深螺距较大时，需多次进给，每次进给的背吃刀量为螺纹深度减去精加工背吃刀量所得之差，按递减规律分配，常用螺纹切削的进给次数与背吃刀量见表 9-1 和表 9-2。

表 9-1 常用公制螺纹切削的进给次数与背吃刀量(双边) （单位：mm）

螺距		1.0	1.5	2.0	2.5	3.0	3.5	4.0
牙深		0.649	0.974	1.299	1.624	1.949	2.273	2.598
切削次数与对应的背吃刀量	第1次	0.7	0.8	0.9	1.0	1.2	1.5	1.5
	第2次	0.4	0.6	0.6	0.7	0.7	0.7	0.8
	第3次	0.2	0.4	0.6	0.6	0.6	0.6	0.6
	第4次		0.16	0.4	0.4	0.4	0.6	0.6
	第5次			0.1	0.4	0.4	0.4	0.4
	第6次				0.15	0.4	0.4	0.4
	第7次					0.2	0.2	0.4
	第8次						0.15	0.3
	第9次							0.2

表 9-2 英制螺纹切削的进给次数与背吃刀量(双边) （单位：in）

牙数		24	18	16	14	12	10	8
牙深		0.678	0.904	1.016	1.162	1.355	1.626	2.033
切削次数与对应的背吃刀量	第1次	0.8	0.8	0.8	0.8	0.9	1.0	1.2
	第2次	0.4	0.6	0.6	0.6	0.6	0.7	0.7
	第3次	0.16	0.3	0.5	0.5	0.6	0.6	0.6
	第4次		0.11	0.14	0.3	0.4	0.4	0.5
	第5次				0.13	0.21	0.4	0.5
	第6次						0.16	0.4
	第7次							0.17

外螺纹的小径 d_1 可根据如下经验公式计算：

$$d_1 = d - 2 \times 0.65 \times P \tag{9-3}$$

式中，d_1 为螺纹小径(mm)；d 为螺纹大径(mm)。

（6）车削螺纹时，主轴转速应在保证生产效率和正常切削的情况下，选择较低转速。按机床或数控系统说明书中规定的公式进行确定，一般计算公式为：

$$n \leqslant \frac{1200}{P} - K \tag{9-4}$$

式中，P 为螺纹导程(mm)；K 为保险系数，一般取80。

【例 9-5】 试编写图 9.8 所示螺纹的加工程序。

由式(9-1)～式(9-4)解得：

$$\delta_1 \geqslant 2P = 2 \times 2\text{mm} = 4\text{mm}$$

$$\delta_2 \geqslant (1 \sim 1.5)P = 1 \times 2\text{mm} = 2\text{mm}$$

$$d_1 = d - 2 \times 0.65 \times P = (24 - 2 \times 0.65 \times 2)\text{mm} = 21.4\text{mm}$$

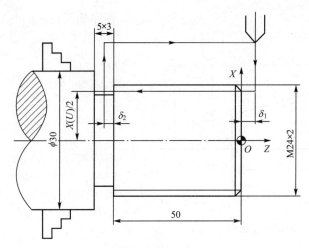

图 9.8 圆柱螺纹切削

$$n \leqslant \frac{1200}{P} - K = \left(\frac{1200}{2} - 80\right) \text{r/min} = 520 \text{r/min}$$

程序如下：

%
O0050

N10 G54G21 G99 G97;	选择工件坐标系，公制，旋转进给，取消恒线速
N20 S520 T0303 M03;	主轴正转转速为 520r/min，选择 3 号刀具及 3 号刀具补偿
N30 G00X35 Z4 M08;	刀具快速移到 Z4，切削液开
N40X22.8;	快速到达第 1 进刀点
N50G32 W-56 F2;	螺纹第 1 次切削
N60 G00X35;	退刀
N70W56;	返回
N80X22;	快速到达第 2 进刀点
N90G32 W-56 F2;	螺纹第 2 次切削
N100 G00X35;	退刀
N110W56;	返回
N120X21.5;	快速到达第 3 进刀点
N130G32 W-56 F2;	螺纹第 3 次切削
N140 G00X35;	退刀
N150W56;	返回
N160X21.4;	速到达第 4 进刀点
N170G32 W-56 F2;	螺纹第 4 次切削
N180G00 X100 M09;	刀具径向快速退离工件，切削液停
N190Z100;	刀具轴向快速退离工件
N200M30;	程序结束并返回开始处

%

【例 9-6】 编写如图 9.9 所示的圆锥螺纹加工程序。已知圆锥螺纹切削参数：螺纹螺距 $P=3.5$mm，导入长度 $\delta_1=7$mm，切出长度 $\delta_2=4$mm，分两次车削，每次背吃刀量 $a_p=0.5$mm。

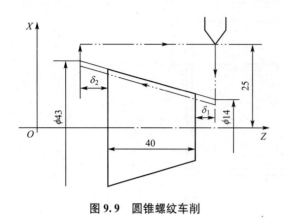

图 9.9　圆锥螺纹车削

程序如下：

```
%
O0010;
N100 G00 X13 Z72;
N110 G32 X42 W-51 F3.5;
N120 G00 X50;
N130 Z72;
N140 X12;
N150 G32 X41 W-51 F3.5;
N160 G00 X50;
N170 Z72;
N180 M02;
%
```

9.3　数控车床加工循环指令

车削加工余量较大的表面时需多次进刀切除，采取固定循环指令可以缩短程序段的长度，节省编程时间。

9.3.1　单一外形固定循环指令(G90、G92、G94)

1. 外径、内径车削循环指令 G90

格式：G90 X(U)＿ Z(W)＿ F＿;　　　　圆柱面车削循环的编程
　　　　G90 X(U)＿ Z(W)＿ R＿F＿;　　　圆锥面车削循环的编程

X＿ Z＿为终点坐标；U＿ W＿为终点相对于循环起点的增量值；F＿为进给速度；R＿为圆锥面车削起点相对终点的半径差。

说明：

图 9.10 所示为圆柱面车削循环，增量坐标编程时地址 U、W 的符号由轨迹 1、2 的方向决定，沿坐标轴正方向移动取正号，沿坐标轴负方向移动取负号。图 9.11 所示为圆锥

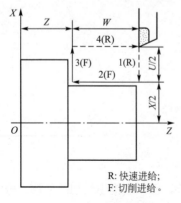

R: 快速进给;
F: 切削进给。

图 9.10　圆柱面车削循环图

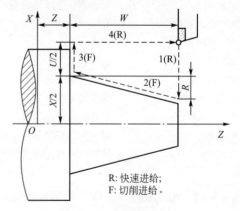

R: 快速进给;
F: 切削进给。

图 9.11　圆锥面车削循环

面车削循环，R 的正负符号确定方法是，锥面起点 X 坐标大于终点 X 坐标时为正，反之为负。

2. 螺纹车削循环指令 G92

格式：G92 X(U)_ Z(W)_F ;　　　　圆柱螺纹车削循环

　　　G92 X(U)_ Z(W)_R_F ;　　　圆锥螺纹车削循环

X_ Z_为终点坐标；U_ W_为终点相对于循环起点的增量值；F_为螺纹导程；R_为圆锥螺纹车削起点相对终点的半径差。

说明：

图 9.12 为圆柱螺纹车削循环的编程，图 9.13 为圆锥螺纹车削循环的编程，当 X 向切削起始点坐标小于切削终点坐标时 R 为负，反之为正，$R=0$ 为加工圆柱螺纹。

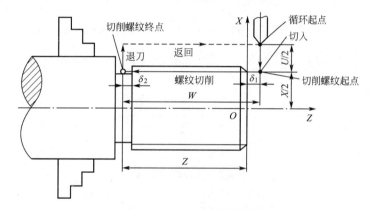

图 9.12　圆柱螺纹车削循环

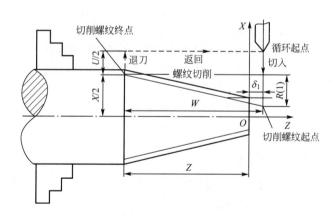

图 9.13　圆锥螺纹车削循环

【**例 9 - 7**】　圆柱螺纹尺寸如图 9.14 所示，试用螺纹车削循环指令 G92 编写加工程序。

由式(9 - 1)～式(9 - 4)解得：

$$\delta_1 \geqslant 2P = 2 \times 2mm = 4mm$$

$$\delta_2 \geqslant (1 \sim 1.5)P = 1 \times 2mm = 2mm$$

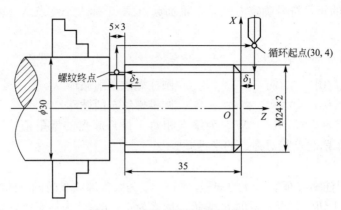

图 9.14　圆柱螺纹车削循环实例

$$d_1 = d - 2 \times 0.65 \times P = (24 - 2 \times 0.65 \times 2)\,\text{mm} = 21.4\,\text{mm}$$

$$n \leqslant \frac{1200}{P} - K = \left(\frac{1200}{2} - 80\right)\text{r/min} = 520\,\text{r/min}$$

程序如下：

```
%
O0060
N10 G50 X200 Z100;              建立工件坐标系
N20 G21 G99 G97;                公制,旋转进给,取消恒线速
N30 S520 T0202 M03;             主轴正转转速 520r/min,选择 2 号刀具及 2 号刀补
N40 G00 X30 Z4 M08;             刀具快速移到 Z4,切削液开
N50 G92 X23.1 Z-37 F2.0;        第 1 次螺纹切削循环,刀具回到循环起点
N60 X22.5;                      第 2 次螺纹切削循环,刀具回到循环起点
N70 X21.9;                      第 3 次螺纹切削循环,刀具回到循环起点
N80 X21.5;                      第 4 次螺纹切削循环,刀具回到循环起点
N90 X21.4;                      第 5 次螺纹切削循环,刀具回到循环起点
N100 G00 X200 Z100 M09;         刀具快速退到(200,100)处
N110 M30;                       程序结束并返回开始处
%
```

3. 端面车削循环指令 G94

当 X 方向的切削半径大于 Z 方向的切削长度时，为了减少走刀次数，提高工作效率，可采用端面车削循环指令 G94 进行编程。

格式：G94 X(U)＿ Z(W)＿ F＿;　　　　　平端面车削循环编程

　　　　G94 X(U)＿ Z(W)＿ R＿ F＿;　　　圆锥端面车削循环编程

X＿ Z＿ 为端面车削终点坐标；U＿ W＿ 为端面车削终点相对于循环起点的增量值；F＿ 为螺纹导程；R＿ 为圆锥螺纹车削起点相对终点的 Z 增量坐标，起点 Z 坐标小于终点 Z 坐标时 R 取负。

图 9.15 所示为平端面车削循环编程情况，图 9.16 所示为圆锥端面车削循环编程情况。

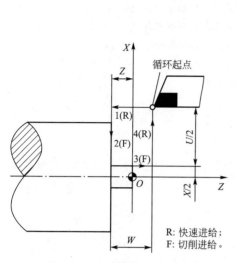

图 9.15 平端面车削循环图

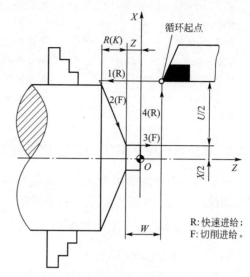

图 9.16 圆锥端面车削循环

【例 9-8】 零件尺寸如图 9.17 所示,试用端面车削循环指令 G94 编写加工圆锥端面的程序。

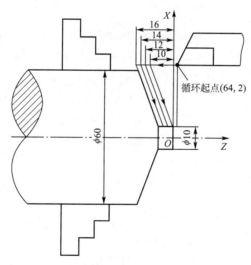

图 9.17 圆锥端面车削循环实例

程序如下:

```
%
O0070;
N10 G50 X200 Z200;          建立工件坐标系
N20 G21 G99 G97;            公制,旋转进给,取消恒线速
N30 G96 S80 T0202 M03;      主轴正转,恒线速 80mm/min,2 号刀具 2 号刀补
N40 G50 S1500;             最高限速 1500r/min
N50 G00 X64 Z2 M08;        刀具快速移到循环起点(64, 2),切削液开
```

N60 G99 G94 X10 Z0 R-10 F0.2;　　　切削终点坐标(10, 0)，进给速度 0.2mm/r

N70 Z-2;　　　　　　　　　　　　　第 2 次切削循环，刀具回到循环起点

N80 Z-4;　　　　　　　　　　　　　第 3 次切削循环，刀具回到循环起点

N90 Z-6;　　　　　　　　　　　　　第 4 次切削循环，刀具回到循环起点

N100 G00 X200 Z200 M09;　　　　　　刀具快速退到(200，200)处

N110 M30;　　　　　　　　　　　　　程序结束并返回开始处

%

9.3.2 多重循环指令(G71、G72、G73、G70)

多重循环指令主要用于无法一次走刀即能加工到规定尺寸的场合，例如粗车和多次走刀车螺纹的情况。主要有以下几种多重循环指令。

1. 外径内径粗加工循环指令 G71

格式：G71 U(Δd) R(e);

　　　　G71 P(ns) Q(nf) U(Δu) W(Δw) F(f) S(s) T(t);

Δd 为每次切削深度（半径给定），无正负号，该值是模态的；e 为每次切削的退刀量，该值是模态的；ns 为精车加工程序第一个程序段的顺序号；nf 为精车加工程序最后一个程序段的顺序号；Δu 为 X 方向精加工余量（直径指定），加工外径 Δu＞0，加工内径 Δu＜0；Δw 为 Z 方向精加工余量。

说明：

(1) 使用 G71 循环指令时，在 ns 到 nf 程序段中的 F、S、T 功能在循环中被忽略，而在 G71 程序段中的 F、S、T 功能有效，即在 ns～nf 中的 F、S、T 对 G71 无效，对 G70 有效。

(2) 零件轮廓必须符合 X 轴、Z 轴方向同时单调递增或单调递减，即不可有内凹的轮廓外形。

(3) 在顺序号 ns 的程序段中，使用 G00 或 G01，只能作 X 轴方向移动，不能有 Z 轴方向移动。

(4) 顺序号 ns 和 nf 之间的程序段不能调用子程序。

外径粗加工循环指令 G71 的刀具循环路径如图 9.18 所示。

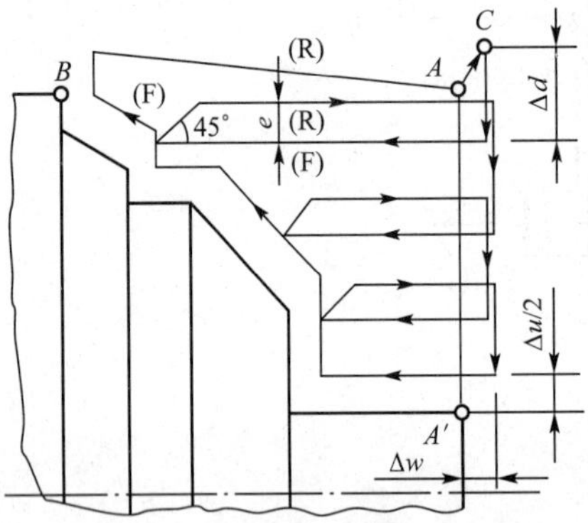

图 9.18　外径粗加工循环指令 G71 的刀具循环路径

2. 端面粗加工循环指令 G72

格式：G72 U(Δd) R(e);

　　　　G72 P(ns) Q(nf) U(Δu) W(Δw) F(f) S(s) T(t);

Δd 为每次切削深度，无正负号，该值是模态的；e 为每次切削的退刀量，该值是模态的；ns 为精车加工程序第一个程序段的顺序号；nf 为精车加工程序最后一个程序段的顺序号；Δu 为 X 方向精加工余量（直径指定）；Δw 为 Z 方向精加工余量。

端面粗加工循环指令 G72 的刀具循环路径如图 9.19 所示。

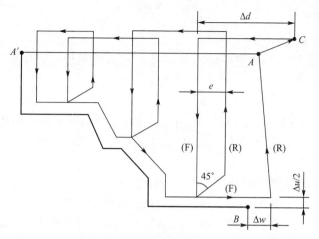

图 9.19 端面粗加工循环指令 G72 的刀具循环路径

3. 仿形粗车循环指令 G73

格式：G73 U(Δi) W(Δk) R(d)；

　　　　G73 P(ns) Q(nf) U(Δu) W(Δw) F(f) S(s) T(t)；

Δi 为 X 方向总退刀量(半径指定)；Δk 为 Z 方向总退刀量；d 为重复加工次数；ns 为精车加工程序第一个程序段的顺序号；nf 为精车加工程序最后一个程序段的顺序号；Δu 为 X 方向精加工余量(直径指定)，加工外径时 Δu>0，加工内径时 Δu<0；Δw 为 Z 方向精加工余量。

说明：

（1）使用 G73 循环指令时，在 ns 到 nf 程序段中的 F、S、T 功能在循环中被忽略，而在 G73 程序段中的 F、S、T 功能有效，即在 ns～nf 中的 F、S、T 对 G73 无效，对 G70 有效。

（2）零件轮廓无单调递增或单调递减要求，可有内凹的轮廓外形。

（3）在顺序号 ns 的程序段中，使用 G00 或 G01，对 X 轴、Z 轴方向移动无限制。

（4）顺序号 ns 和 nf 之间的程序段不能调用子程序。

仿形粗车循环指令 G73 的刀具循环路径如图 9.20 所示。

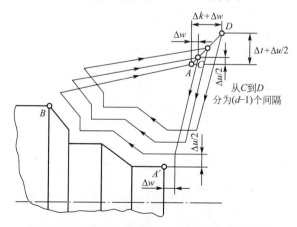

图 9.20 仿形粗车循环指令 G73 的刀具循环路径

4. 精车循环指令 G70

格式：G70 P(ns) Q(nf);

ns 为精车加工程序第一个程序段的顺序号；nf 为精车加工程序最后一个程序段的顺序号。

说明：

(1) G70 为执行 G71、G72、G73 粗加工循环指令以后的精加工循环指令。

(2) G70 按照 ns～nf 中的 F、S、T 加工，G71、G72、G73 中的 F、S、T 对 G70 无效。

(3) 顺序号 ns 和 nf 之间的程序段不能调用子程序。

(4) G70 加工循环结束时，刀具返回到起点并读取下一个程序段。

【例 9-9】 如图 9.21 所示的工件，试用 G70、G71 指令编写加工编程。

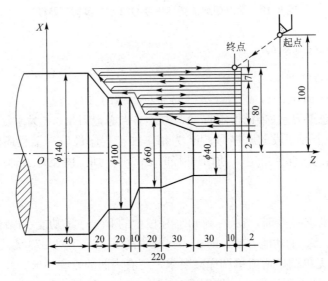

图 9.21　粗、精车削实例

程序如下：

```
%
O1000;
N010 G50 X200 Z220;                坐标系设定
N020 M04 S800 T0101;               主轴逆时针旋转,选择1号刀和1号刀补
N030 G00 X160 Z180 M08;            快速到达点(160,180),切削液开
N035 G71 U7 R2;                    背吃刀量为7mm,退刀量为2mm
N040 G71 P050 Q110 U4 W2 F0.15 S500; 粗车循环,从程序段 N050～N110
N050 G00 X40 S800;
N060 G01 W-40 F0.1;
N070 X60 W-30;
N080 W-20;
N090 X100 W-10;
N100 W-20;
```

```
N110 X140 W-20;
N120 G70 P050 Q110;                    精车循环
N130 G00 X200 Z220 M09;                快速返回点(200,220),切削液关
N140 M30;                              程序结束并返回开始处
%
```

9.4 刀具补偿功能

刀架在换刀时前一刀尖位置和更换新刀具的刀尖位置之间会产生差异,以及由于刀具的安装误差、刀具磨损和刀具刀尖圆弧半径的存在等,在数控加工中必须利用刀具补偿功能予以补偿,才能加工出符合图样形状要求的零件。此外合理利用刀具补偿功能还可以简化编程。一般数控车床都具有刀具补偿功能。

刀具选择与补偿功能指令格式:

说明:

(1) 刀具号和刀具补偿号用01开始的两位数字表示,其中00用作刀具补偿号表示取消某号刀的刀具补偿。

(2) 通常用相同编号指令刀具号和刀具补偿号,T0101表示01号刀具调用01号补偿寄存器设定的补偿值,T0200表示调用02号刀,并取消02号刀具的补偿。这样不易造成混淆。

数控车床的刀具补偿功能包括刀具长度补偿和刀尖圆弧半径补偿两个方面。

9.4.1 刀具长度补偿

刀具长度补偿也称为刀具几何及磨损补偿。刀具几何补偿是补偿刀具形状和刀具安装位置与编程时基准刀具的偏移。刀具磨损补偿是用于补偿磨损后刀具头部与原始尺寸的误差。这些补偿数据通常是通过对刀后采集到的,而且必须将这些数据准确地存储到刀具寄存器中,然后通过程序中的刀具补偿代码来提取并执行。

基准刀具与实际刀具的偏置如图9.22所示,刀具几何补偿和磨损补偿如图9.23所示。若设定刀具几何补偿和磨损补偿同时有效,则刀具补偿量是两者的矢量和。若使用基准刀具,则其几何补偿、位置补偿为零,刀具补偿只有磨损补偿。

刀具长度补偿一般在换刀指令后第一个含有移动指令的程序段中进行,程序段内必须有G00、G01指令才能生效。在一个程序段中同时含有刀具补偿指令

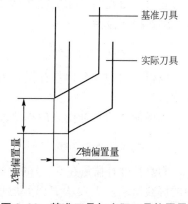

图9.22 基准刀具与实际刀具偏置量

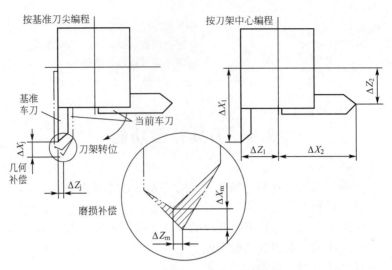

图 9.23　刀具几何补偿和磨损补偿

和刀具移动指令时，应先执行刀具补偿指令，后执行刀具移动指令。刀具补偿移动的效果是，转位后新刀具的刀尖移动到基准刀具刀尖所在的位置，这就是刀具补偿的实质。

常见的需要进行刀具长度补偿的情况有以下三种。

(1) 不同刀具刀位点的补偿。通常需要多把刀具加工同一零件，每把刀具的形状尺寸均不相同，编程时是以其中一把刀具的刀尖为基准设定工件坐标系的，利用刀具长度补偿功能可把所有刀具的刀尖都移到此基准点。

(2) 同一刀具磨损或重磨后的补偿。当刀具磨损或重磨后再把它准确地安装到程序所设定的位置是非常困难的，总是存在位置误差。这种位置误差在实际加工时便成为加工误差。因此在加工前，必须用刀具长度补偿功能来修正安装位置误差。

(3) 同一零件轮廓粗精加工余量补偿。同一零件轮廓采用同一程序进行粗精加工，为了留出精加工余量 Δ，可在粗加工前设置刀具偏置量为 Δ，利用刀具长度补偿功能实现。

刀具长度补偿一般用机床所配对刀仪自动完成，也可用手动对刀和测量工件加工尺寸的方法，测出每把刀具的长度补偿量并输入到相应的存储器中。当程序执行了刀具长度补偿功能后，刀尖的实际位置就移动到对刀时基准刀具刀尖位置上。

例如程序段为：

```
N50 G00 X50 Z78 T0100;
```

该程序段中没有刀具补偿，刀尖运动轨迹如图 9.24(a) 中的实线所示，即从 P_0 运动到 P_1。

当增加了刀具补偿之后程序段为：

```
N50 G00 X50 Z78 T0101;
```

刀具长度补偿量在 01 号的存储器中，设定 $X=+2$、$Z=-2$，其运动结果如图 9.24(a) 中的虚线所示，刀尖从 P_0 运动到 P_2，如果下一个程序段是车 $\phi 50\text{mm}$ 外圆，那么刀尖由 P_2 点开始运动，加工出的零件表面是符合零件图样要求的。

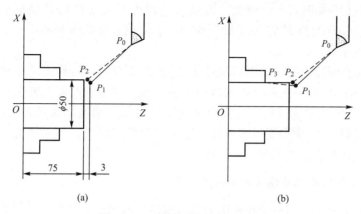

图 9.24 刀具补偿程序执行情况

如果采用下面的两程序段，其结果就不同了。

```
N50 G00 X50 Z78 T0100;
N60 G01 W-15 T0101 F0.1;
```

执行完 N50 程序段后，刀尖从 P_0 运动到 P_1，执行 N60 时再进行刀具补偿，切削出的工件表面必然是圆锥面，如图 9.24(b) 中虚线 P_1P_3 所示，故加工出的零件不合格。

取消刀具长度补偿应在加工完成，返回换刀点的程序段中进行。

9.4.2 刀尖圆弧半径补偿(G41、G42、G40)

1. 刀尖圆弧半径对加工精度的影响

编制数控车床加工程序时，将车刀刀尖看作一个点，事实上，为了提高刀具寿命和降低加工表面的粗糙度，通常将车刀刀尖磨成半径不大的圆弧，一般圆弧半径 R 为 $0.2\sim 0.8$mm。如图 9.25 所示，以理论刀尖点 P 编程，而实际切削时的切削刃是圆弧的各切点，这将导致加工表面的形状误差，刀尖圆弧半径补偿功能可以消除该误差。理论刀尖点也称刀位点，是沿刀片圆角切削刃作 X、Z 两方向切线的交点。

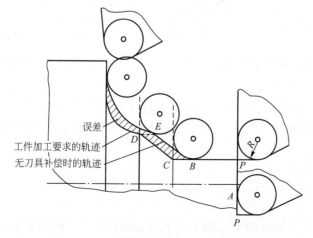

图 9.25 刀尖圆弧半径对加工精度的影响

切削工件的右端面时，车刀圆弧的切点 A 与理论刀尖点 P 的 Z 坐标值相同，车外圆时车刀圆弧的切点 B 与点 P 的 X 坐标值相同，工件没有形状误差和尺寸误差，可以不考虑刀尖圆弧半径补偿。

车削圆锥面和圆弧面时，仍然以理论刀尖点 P 来编程，刀具运动过程中与工件接触的各切点轨迹为图 9.25 中无刀具补偿时的轨迹。该轨迹与工件加工要求的轨迹之间存在图 9.25 中斜线部分所示的误差，直接影响到工件的加工精度，而且刀尖圆弧半径越大，加工误差越大，图 9.25 中车削圆锥面时产生加工误差 $BCDE$，当采用刀尖圆弧半径补偿时，车削出的工件轮廓是加工要求的轨迹。

2. 实现刀尖圆弧半径补偿功能的准备工作

加工之前，要把刀尖圆弧半径补偿的有关数据输入到存储器中，以使数控系统对刀尖的圆弧半径所引起的误差进行自动补偿。

（1）刀尖半径设置。工件的加工误差与刀尖半径的大小有直接关系，加工之前要把刀尖圆弧半径输入到寄存器中。

（2）刀位点与刀尖方位。根据车刀形状和实际安装位置，把刀尖方位用数字代码表示，如图 9.26 所示。加工之前必须把刀尖方位代码正确输入到刀具数据寄存器中，显示屏车刀补偿参数如图 9.27 所示。

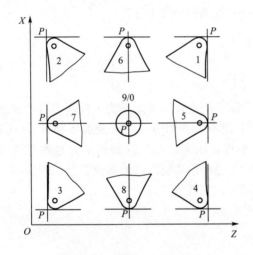

图 9.26　车刀刀尖方位

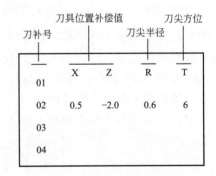

图 9.27　显示屏车刀补偿参数

（3）刀具数据寄存器参数输入。与每个刀具补偿号相对应有一组 X 和 Z 的刀具长度补偿值、刀尖圆弧半径 R 及刀尖方位 T 值，输入刀尖圆弧半径补偿值时，就是要将参数 R 和 T 输入到寄存器中。

例如某程序段如下：

```
N100 G00 G42 X100 Z3 T0202;
```

此时输入刀具补偿号为 02 的参数，屏幕显示如图 9.27 所示的内容。在自动加工工件的过程中，数控系统将按照 02 刀具补偿栏内的 X、Z、R、T 的数值，自动修正刀具的位置误差和自动进行刀尖圆弧半径补偿。

3. 建立刀尖圆弧半径补偿

格式：G41(G42) G00 X(U)_Z(w)_T_;

　　　G41(G42) G01 X(U)_Z(w)_T_F_;

G41 为刀尖圆弧半径左补偿；G42 为刀尖圆弧半径右补偿；X_Z_为终点坐标；U_W_为终点相对于起点的增量坐标；F_为进给速度；T_为刀具功能刀具号和刀补号。

4. 取消刀尖圆弧半径补偿

格式：G40 G00 X(U)_Z(w)_T_;

　　　G40 G01 X(U)_Z(w)_T_F_;

G40 为取消刀尖圆弧半径补偿；X_Z_为终点坐标；U_W_为终点相对于起点的增量坐标；F_为进给速度；T_为刀具功能刀具号和刀补号。

说明：

（1）刀尖圆弧半径补偿的建立或取消必须在移动指令 G00、G01 中进行。T 代表刀具功能，包括刀具号和刀补号，如 T0202 表示用 02 号刀并调用 02 号补偿值，用 G00 编程时 F 值可省略。G41、G42、G40 均为模态指令。

（2）如果指令刀具的刀尖圆弧半径大于零件圆弧半径，并且刀具在零件的圆弧内侧运动，则程序将出错。

（3）顺着刀尖运动方向看，刀具在工件的右侧为刀尖圆弧半径右补偿，用 G42 指令，如图 9.28 所示。刀具在工件的左侧为刀尖圆弧半径左补偿，用 G41 指令。取消刀尖圆弧半径补偿用 G40 指令，如图 9.29 所示。

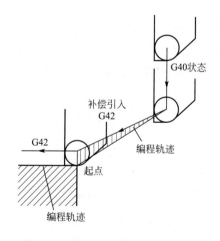

图 9.28　建立刀尖圆弧半径右补偿

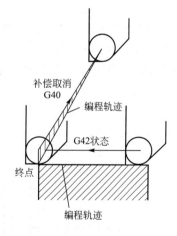

图 9.29　取消刀尖圆弧半径补偿

【例 9-10】　车削如图 9.30 所示的零件，采用刀尖圆弧半径补偿指令编程。

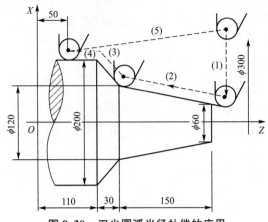

图 9.30 刀尖圆弧半径补偿的应用

程序如下：

```
%
O0080;
N10 G50 X300 Z300
N20 M04 S800 T0101;
N30 G00 X60 Z295 M08;        快进接近工件
N050 G42 G01 Z290 F0.1;      建立刀尖圆弧半径右补偿
N060 X120 W- 150;            车削圆锥面
N070 X200 W- 30;             车削圆锥台阶面
N080 Z50;                    车削 φ200mm 外圆面
N090 G40 G00 X300 Z300;      退刀并取消刀具补偿
N090 M02;
%
```

【例 9 - 11】 形状尺寸相同部位加工的子程序调用，如图 9.31 所示，已知毛坯直径 $\phi32$mm，长度 $L=80$mm，材料为 45 钢，T0101 为外圆车刀，T0202 为刀宽 2mm 的切断刀。工件坐标原点设定在零件右端中心，01 号刀作为基准刀具，刀位点位置是 $X=280$（直径量），$Z=260$。

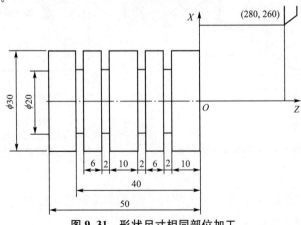

图 9.31 形状尺寸相同部位加工

程序如下：

```
%
O0090;                          主程序
N010 G50 X280 Z260;
N020 M04 S800 T0100;
N030 G00 X35 Z0 M08;
N040 G01 X0 F0.08;
N050 G00 X30 Z2;
N060 G01 Z-53 F0.1;
N070 G28 U2 W2;
N080 M04 S400 T0200;
N090 G00 X32 Z-12;
N100 M98 P10003;
N110 G00 Z-32;
N120 M98 P10003;
N130 G00 Z-52;
N140 G01 X0 F0.1;
N145 G00 X32;
N150 G00 X40 T0200 M09;
N160 G28 U2 W2;
N170 M30;
%
%
O0003;                          子程序
N010 G01 X20 F0.1;
N020 G04 P2000;
N030 G00 X32;
N040 G00 W-8;
N050 G01 X20 F0.1;
N060 G00 X32;
N070 M99;
%
```

【例 9 - 12】 零件尺寸如图 9.32 所示，以工件右端中心点 O 为编程原点，刀尖的起始位置为 (200，150)，编写其精加工程序。

解：（1）基点计算。取点 O 为编程原点，计算出如下坐标 $A(40，-69)$、$B(38.76，-99)$、$C(56，-154.09)$。

（2）螺纹实际牙顶尺寸及小径。

$$d' = d - 0.2165P = (30 - 0.2165 \times 2)\text{mm} = 29.567\text{mm}$$

$$d_1 = d' - 1.299P(29.567 - 1.299 \times 2)\text{mm} = 26.969\text{mm}$$

（3）选择切削用量。背吃刀量：粗车取 $a_p = 2\text{mm}$；精车取 $a_p = 0.2\text{mm}$。

M30 螺纹共分 5 次车削，查表 9 - 1 背吃刀量依次为 0.9mm、0.6mm、0.6mm、0.4mm、0.1mm。

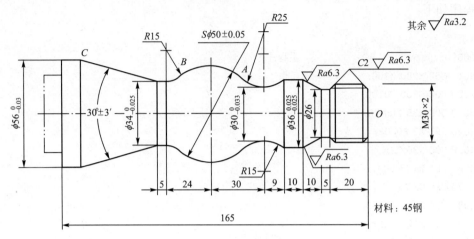

图 9.32 轴类零件

主轴转速，查表取粗车 $v=90\text{m/min}$，精车 $v=120\text{m/min}$，由 $n=1000v/(\pi D)$ 计算，并结合机床说明书选取：粗车时主轴转速 $n=500\text{r/min}$，精车时主轴转速 $n=1200\text{r/min}$。

车螺纹时主轴转速，由式(9-4)

$$n \leqslant \frac{1200}{P} - K$$

计算后选取 $n=320\text{r/min}$。

进给速度：粗车取 $f=0.3\text{mm/r}$，精车取 $f=0.05\text{mm/r}$。车螺纹取 $f=2\text{mm/r}$。

毛坯选 $\phi60\text{mm}$ 棒料。

精加工程序如下：

```
%
O3000;
N010 G50 X200 Z150;                建立工件坐标系
N020 M04 S1200 T0100;              启动主轴,换 01 号刀
N030 G00 X26 Z3 M08;              快速接近工件,并打开切削液
N040 G42 G01 Z0 T0101 F0.05;       建立刀尖圆弧半径右补偿
N050 X29.567 Z-2;                  倒角
N060 Z-18;                        车螺纹外表面ϕ29.567mm
N070 X26 Z-20;                     倒角
N080 W-5;                         车ϕ26mm 槽
N090 U10 W-10;                     车锥面
N100 W-10;                        车ϕ36mm 圆柱面
N110 G02 U-6 W-9 R15;              车 R15mm 圆弧
N120 G02 X40 Z-69 R25;            车 R25mm 圆弧
N130 G03 X38.76 Z-99 R25;         车 Sϕ50mm 球面
N140 G02 X34 W-9 R15;             车 R15mm 圆弧
N150 G01 W-5;                      车ϕ34mm 圆柱面
N160 X56 Z-154.05;                车锥面
N170 Z-165;                        车ϕ56mm 圆柱面
```

N180 G40 G00 U10 T0100 M05 M09;　　　　取消刀具补偿,并关闭切削液
N190 G28 U2 W2;　　　　　　　　　　　　返回参考点
N200 M04 S320 T0200;　　　　　　　　　　主轴换速,换 02 号螺纹刀
N210 G00 X40 Z3 T0202 M08;　　　　　　　刀具定位并建立位置补偿
N220 G92 X28. 667 Z-22 F2;　　　　　　　螺纹循环第一刀
N230 X28. 067;　　　　　　　　　　　　　螺纹循环第二刀
N240 X27. 467;　　　　　　　　　　　　　螺纹循环第三刀
N250 X27. 067;　　　　　　　　　　　　　螺纹循环第四刀
N260 X26. 969;　　　　　　　　　　　　　螺纹循环第五刀
N270 G00 X45 T0200 M09;　　　　　　　　取消刀具长度补偿,并关闭切削液
N280 G28 U2 W2;　　　　　　　　　　　　返回参考点
N290 M30;　　　　　　　　　　　　　　　程序结束
%

思考与练习

1. 图 9.33 所示零件的毛坯为 Q235 钢,规格为 $\phi40\text{mm}\times60\text{mm}$,试编写加工程序。

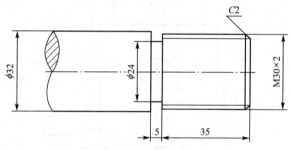

图 9.33　习题 9-1 图

2. 图 9.34 所示零件的毛坯为 Q235 钢,规格为 $\phi50\text{mm}\times80\text{mm}$,试编写加工程序。

3. 图 9.35 所示零件的毛坯为 45 钢,规格 $\phi60\text{mm}\times80\text{mm}$,试编写加工程序。

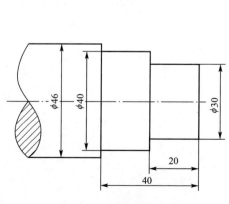

图 9.34　习题 9-2 图

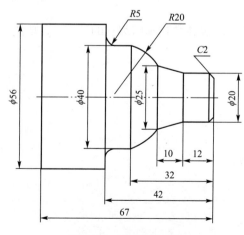

图 9.35　习题 9-3 图

4. 加工图样、刀具布置及刀具安装尺寸如图 9.36 所示，编写加工程序。

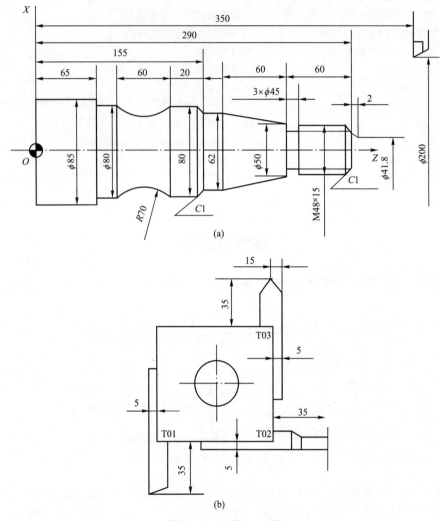

图 9.36 习题 9 - 4 图

5. 试述数控车床编程的特点，S 功能、T 功能、M 功能及 G 功能代码的含义及用途。

第 10 章
Mastercam X 数控编程基础

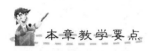 本章教学要点

知识要点	掌握程度	相关知识
Mastercam X 简介	了解 Mastercam X 的主要功能； 了解刀具路径； Mastercam X 编程步骤； 熟悉工作界面	计算机辅助制造； 三维造型； 数控自动编程
Mastercam X 数控 编程实例	了解进入 Mastercam X 加工模块； 了解设置毛坯； 熟悉选择刀具； 掌握设置加工参数； 掌握加工仿真生成 NC 程序	初始平面； 安全平面； 参考平面； 模拟加工； NC 程序生成

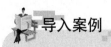

计算机集成制造系统

计算机集成制造系统(Computer Integrated Manufacturing Systems，CIMS)又称计算机综合制造系统，在这个系统中，集成化的全局效应更为明显。在产品生命周期中，各项作业都已有了其相应的计算机辅助系统，如计算机辅助设计(CAD)、计算机辅助工艺规划(CAPP)、计算机辅助制造(CAM)、计算机辅助测试(CAT)、计算机辅助质量控制(CAQ)等。这些单项技术都是生产作业上的"自动化孤岛"，单纯地追求每一单项技术上的最优化，不一定能够达到企业的总目标：缩短产品设计时间，降低产品的成本和价格，改善产品的质量和服务质量，提高产品在市场的竞争力。计算机集成制造系统(图10.01)就是将技术上的各个单项信息处理与制造企业管理信息系统集成在一起，将产品生命周期中所有的有关功能，包括设计、制造、管理、市场等的信息处理全部予以集成。其关键是建立统一的全局产品数据模型和数据管理及共享机制，以保证正确的信息，在正确的时刻以正确的方式传递到所需的地方。计算机集成制造系统的进一步发展方向是支持"并行工程"，即力图使那些为产品生命周期各阶段服务的专家尽早地并行工作，从而使全局优化，并缩短产品开发周期。

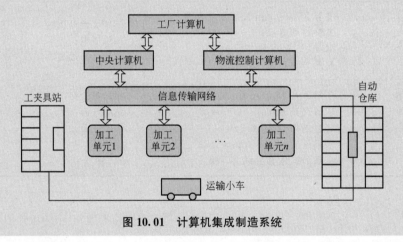

图 10.01 计算机集成制造系统

10.1 Mastercam X 简介

Mastercam X 共包含 5 个模块，Design(设计模块)、Mill(铣削模块)、Lathe(车削模块)、Wire(线切割模块)和 Router(雕刻模块)。Design 模块用于被加工零件的造型设计，Mill 模块主要用于生成铣削加工刀具路径，Lathe 模块主要用于生成车削加工刀具路径，Wire 模块主要用于线切割。Router 模块主要用于雕刻。

10.1.1 Mastercam X 主要功能

1. 二维或三维造型

Mastercam X 可以非常方便地完成各种二维平面图形的绘制工作，并能方便地对它们进行尺寸标注、图案填充等操作。同时它也提供了多种方法创建规则曲面（圆柱面、球面等）和复杂曲面（波浪形曲面、鼠标状曲面等）。在三维造型方面，Mastercam X 采用目前流行的功能强大的 Parasolid 核心。用户可以随意地创建各种基本实体，再联合各种编辑功能创建出任意复杂程度的实体。创建出来的三维模型可以进行着色、赋材质和设置光照效果等渲染处理。

2. 生成刀具路径

Mastercam X 的终极目标是将设计出来的模型进行加工。加工必须使用刀具，只有被运动着的刀具接触到的材料才会被切除，刀具的运动轨迹实际上就决定了零件加工后的形状，因而设计刀具路径是至关重要的。在 Mastercam X 中，凭借加工经验，利用系统提供的功能选择合适的刀具、材料和工艺参数，完成刀具路径设计，这个过程实际上就是数控加工中最重要的部分。

3. 模拟加工与生成数控程序

完成刀具路径的规划以后，在数控机床上正式加工，还需要一份对应于机床控制系统的数控程序。Mastercam X 可以在图形和刀具路径的基础上，进一步自动和迅速地生成加工程序，并允许用户根据加工的实际条件和经验修改，数控机床采用的控制系统不一样，则生成的程序也有差别，Mastercam X 可以根据用户的选择生成符合要求的程序。

为便于观察加工过程、判断刀具轨迹和加工结果的正确性，Mastercam X 提供了一个功能齐全的模拟器，从而使用户可以在屏幕上预见实际的加工效果。生成的数控程序还可以直接与机床通信，数控机床将按照程序进行加工，加工的过程和结果与屏幕上显示相同。

10.1.2 刀具路径

在铣床编程中 Mastercam X 支持二轴、三轴和多轴加工，可供选择的刀具路径有二维加工、三维曲面粗加工、三维曲面精加工、线框加工和多轴加工五大类加工模块。在加工模块中，Mastercam X 通过针对加工对象三维模型、设置刀具参数和加工方法，生成刀具路径文件（即 NCI 文件）。下面以数控铣床为例介绍目前常用的刀具路径功能。

1. 二维加工

（1）基于特征的铣削加工。根据 3D 实体模型特征，自动进行工艺规划和钻铣削的编程加工。该功能简单易学，只需提供 3D 实体模型特征。使用时，操作者可以根据需要进行相关参数的设置或直接由 Mastercam X 根据零件的特征信息自动给出最适合的加工策略。

（2）外形铣削加工。生成沿二维或三维曲线移动的刀具路径，通常用于工件的外形加工。可实现在料外进刀，但下刀点应避开曲线的拐角处。该刀具路径可以加工简单的工件，也可以加工很复杂的工件，可实现粗、精加工。

（3）钻孔加工。主要用于加工钻孔、攻螺纹等，以点确定加工位置。

（4）挖槽加工。将开放或封闭曲线边界所包围的材料进行加工，从而获得所需的形状，可实现粗、精加工，操作方便简单。对封闭凹槽粗加工时，要注意设置好刀具在坯料上进刀，下刀时选用螺旋或斜线下刀，其走刀方式首先选择双向铣削。

（5）平面铣削加工。主要用于同一深度内生成铣削加工的刀具路径，常用于平面精加工。用外形铣削和二维挖槽加工可达到相同效果。

（6）二维高速加工。生成二维高速加工刀具路径，相比外形轮廓铣削具有高速高效的特点。

（7）雕刻加工。用于生成文字雕刻的刀具路径，是挖槽加工的一种特殊形式。

2. 三维曲面粗加工

（1）平行粗加工。生成分层平行铣削的粗加工刀具路径，加工后工件表面刀具路径呈平行条纹状。刀具路径生成时间长，提刀较多，粗加工效率低，故较少采用。

（2）放射状粗加工。生成以定点为径向中心的放射状粗加工刀具路径，加工后工件表面呈放射状。生成的刀具路径在靠近中心位置的地方重叠多，但是离中心位置越远的地方刀具路径间的间距就会越大，往往造成余量过多，而且提刀次数多，刀具路径生成时间长，效率低，故较少采用。

（3）投影粗加工。将几何图素或已有的刀具路径数据投影到曲面上形成新的加工刀具路径。

（4）曲面流线粗加工。刀具依据构成曲面的横向或纵向结构线方向进行加工。

（5）等高外形粗加工。刀具沿曲面进行等高曲线加工，对复杂曲面的加工效果显著，加工后的工件表面呈梯田状。

（6）残料清除粗加工。对已加工或因刀具较大所残留的材料作进一步修整加工，达到清除残料的目的，刀具路径生成时间长，较少采用。

（7）曲面挖槽粗加工。根据曲面形态在 Z 方向分层切除位于曲面与加工边界之间的所有材料，加工后的工件表面呈梯田状。设置操作简单，刀具路径生成时间短，刀具切削负荷均匀，几乎能清除曲面所需切除的全部材料，相比其他粗加工，效率是最高的，常作为粗加工首选方案，其走刀方式一般选择双向铣削。

（8）插削式粗加工。在曲面与凹槽边界材料之间生成类似于钻孔方式的刀具路径，加工效率高，但是对机床和刀具的性能要求高，加工成本高。

3. 三维曲面精加工

（1）平行精加工。与平行粗加工类似，但无深度方向的分层控制，加工较平坦的曲面时能取得较好的效果，对陡斜面的效果不明显，此时需注意加工角度的控制。精加工时应用广泛，粗加工时也可使用。

（2）平行陡斜面精加工。生成清除曲面斜坡上残留材料的精加工刀具路径。一般作为加工陡斜面效果不佳时的补充方案，和其他加工方法配合使用，可达到良好效果。

（3）放射状精加工。与放射状粗加工类似，适用于如球类特征的曲面精加工，当加工范围不大时能取得较好的效果。

（4）投影精加工。与投影粗加工类似，将几何图素或已有的刀具路径数据投影到曲面上形成新的加工刀具路径，一般作为补充加工方案。

（5）曲面流线精加工。与曲面流线粗加工类似，刀具依据构成曲面的横向或纵向结构线方向进行加工。

（6）等高外形精加工。与等高外形粗加工类似，广泛应用于直壁或陡峭面精加工，应用广泛。

（7）浅平面精加工。与等高外形加工相似，适合于加工小坡度的曲面，加工范围由角度限制，加工效果好，可作为等高外形加工效果不佳时的补充方案。

（8）交线清角精加工。在曲面相交处生成刀具路径以清除残料，是比较实用的清角方法，作为补充加工。

（9）残料清除精加工。用于因使用较大直径刀具加工所残留材料的精加工。刀具路径生成时间长。

（10）环绕等距精加工。生成以等步距环绕工件曲面加工的刀具路径，加工坡度不大的曲面时可取得良好效果，适用范围广泛。

以上主要介绍了一些刀具路径的特点和适用范围，实践中要针对零件不同的特征信息，采用不同的刀具路径，并对零件划分加工区域，有时甚至划分区域后仍需再次进行细分区域。实际工作中应掌握的刀具路径有外形铣削、钻孔加工、挖槽加工、曲面挖槽粗加工、曲面平行精加工、曲面等高外形精加工和环绕等距精加工，这7种刀具路径足可完成90%以上的加工任务，其他曲面加工刀具路径一般作为补充加工用。

10.1.3 Mastercam X 数控编程内容与步骤

熟练掌握 Mastercam X 软件数控编程的流程，可以有效减少在加工过程中的出错率，提高加工效率，Mastercam X 加工软件因其操作便捷，容易掌握，在国内广泛应用。Mastercam X 软件数控编程包括如下内容。

1. 获得 CAD 模型

CAD 模型是 Mastercam X 进行数控编程的前提和基础，任何 Mastercam X 的程序编制必须有 CAD 模型作为加工对象，才能进行编程。CAD 模型可以由 Mastercam X 软件自带的 CAD 功能直接造型获得，也可由其他软件建立，通过数据转换获得。目前很多 CAM 软件都集成有这两种功能，如 Mastercam、UG、Catia、Cinmatron、Pro/E 等。Mastercam X 可以直接读取其他 CAD 软件所做的模型，如 PRT、DWG 等文件。通过 Mastercam X 的标准接口可以转换并读取 IGES、STEP 等文件。

2. 分析 CAD 模型和确定加工工艺

1) 分析 CAD 模型

对 CAD 模型进行分析是确定加工工艺的首要工作，要细致地分析模型的几何特点、形状与位置公差要求、表面粗糙度要求、毛坯形状、材料性能要求、生产批量大小等。其中，进行几何特点分析时应根据方便编程和加工的原则确定工件坐标系。为使生成的刀具路径规范化，对一些特殊的曲面，确定是否要进行曲面修补或其他编辑，是否作一些辅助线作为加工轨迹用或限定加工边界等。

2) 确定加工工艺

（1）选择加工设备。根据模型几何特点，确定数控加工的部位及各工序内容，以充分发挥数控设备的功用。因为并不是所有的部位都可以采用数控铣床或加工中心完成加工任务，如有些方孔或细小尖角部位，应使用线切割或电火花加工。

（2）选择夹具。确定采用的装夹工具与方法，装夹时应考虑在加工过程中防止工件与夹具发生干涉。

（3）划分加工区域。针对不同的区域进行规划，可以起到事半功倍的加工效果。

（4）加工顺序和走刀方式。根据粗、精加工的顺序及加工余量的分配，确定加工顺序和走刀方式，缩短加工路线，减少空走刀，确定采用顺铣或逆铣。

（5）确定刀具参数。选好刀具的种类和规格，设置合理的进给速度、主轴转速和背吃刀量，同时采用合理的冷却方式，以充分发挥机床和刀具的性能。

根据以上内容填写数控加工工序单，作为数控编程的技术指导文件。

3．自动编程

结合加工工艺确定的内容，设置相关参数后，Mastercam X 系统将根据设置结果，生成刀具路径。

4．程序检验

编制好的刀具路径必须进行检验，以免因个别程序出错影响加工效果或造成事故，主要检查是否过切、欠切或夹具与工件之间的干涉。可通过刀具路径重绘，查看刀具路径有无明显的不正常现象，如有些圆弧或直线形状不正常，显得杂乱等，也可利用实体模拟加工检验切削效果。

5．后处理

将生成的刀具路径文件转化为 NC 程序代码并导出，通过对 NC 文件进行一定的编辑后传输到数控机床进行实际加工。Mastercam X 数控编程步骤如图 10.1 所示。

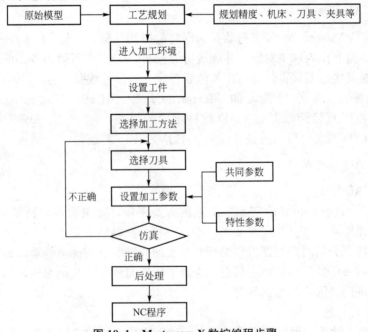

图 10.1 Mastercam X 数控编程步骤

10.1.4　工作界面

当启动 Mastercam X 时，会出现图 10.2 所示的工作界面。

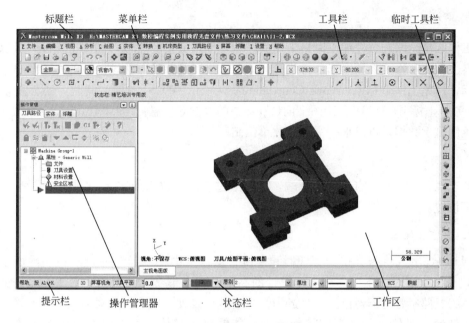

图 10.2　Mastercam 工作界面

1. 标题栏

与其他 Windows 应用程序一样，Mastercam X 的标题栏在工作界面的最上方。标题栏不仅显示 Mastercam X 图标和名称，还显示了当前所使用的功能模块。可以通过选择【机床类型】菜单命令，进行功能模块的切换。对于【铣削】、【车削】、【线切割】、【雕刻】，可以选择相应的机床，进入相应的模块，而对于【设计】则可以直接选择【机床类型】→【设计】命令切换至该模块。

2. 菜单栏

显示软件所有的主菜单，包含软件当前模块的所有命令，各个模块整合为一体，不管哪个模块，菜单栏都相同。可以通过菜单栏获取大部分功能。主菜单栏包括文件、编辑、视图、分析、绘图、实体、转换、机床类型、刀具路径、屏幕、浮雕、设置、帮助。

3. 工具栏

工具栏是为了提高绘图效率，提高命令的输入速度而设定的命令按钮的集合，工具栏提供了比命令更加直观的图标符号。用鼠标单击这些图标按钮就可以直接打开并执行相应的命令，这比通过菜单方式更加直接、方便。和菜单栏一样，工具栏也是按照按钮的功能进行划分的。工具栏包含了 Mastercam X 的绝大多数功能。

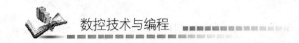

4．临时工具栏

在操作过程中最近所使用的 10 个命令都逐一记录在此操作栏中，这样当再次使用该命令时可以直接从操作命令记录栏中选择，提高选择命令的效率。

5．工作区

工作区是绘图和数控加工时最常用的区域，也是最大的区域，利用工作区，可以方便地观察、创建和修改几何图形、拉拔几何体和定义刀具路径。在该区域的左下角显示有一个图标，这是工作坐标系（Work Coordinate Systern，WCS）图标。同时，还显示了视角（Gview）、坐标系（WCS）和绘图平面（Cplane）的设置等信息。Mastercam X 应用默认的公制或英制显示数据，可以根据需要修改单位制。

6．状态栏

状态栏显示在绘图窗口的最下端，可以通过它来修改当前实体的颜色、层别、群组、方位等设置。

7．操作管理器

Mastercarn X 将刀具路径管理器和实体管理器集中在一起，并显示在主界面上，充分体现了新版本对加工操作和实体设计的高度重视，事实上这两者也是整个系统的关键所在。刀具路径管理器对已经产生的刀具参数进行修改，如重新选择刀具大小及形状、修改主轴转速及进给率等，而实体管理器则能够修改实体尺寸、属性及重排实体构建顺序等。

8．提示栏

当用户选择一种功能时，在绘图区会出现一个小的提示栏，它引导用户按照提示一步步实现刚选择的功能。例如，当用户执行【绘图】→【任意线】→【绘制任意线】命令时，在绘图区会弹出【指出第一个端点】提示栏。

10.2　Mastercam X 数控编程实例

Mastercam X 的加工模块提供了非常方便、实用的数控加工功能，本节将通过一个简单零件的加工来说明数控加工操作的一般过程。通过学习，了解数控加工的一般流程及操作方法和基本原理。

10.2.1　进入 Mastercam X 加工模块

在进行数控加工操作之前，首先进入 Mastercam X 数控加工环境。打开计算机，选择【开始】→【所有程序】→【Mastercam X】，进入 Mastercam X 工作界面。获得 CAD 模型，可以由 Mastercam X 软件自带的 CAD 功能直接造型，也可以通过【文件】→【汇入目录】命令读取其他 CAD 软件生成的零件模型，通过 Mastercam X 的标准转换接口可以转换并读取如 IGES、STEP 等文件。

1. 打开原始模型

选择菜单栏的【文件】→【打开文件】命令，系统弹出图 10.3 所示的打开对话框。

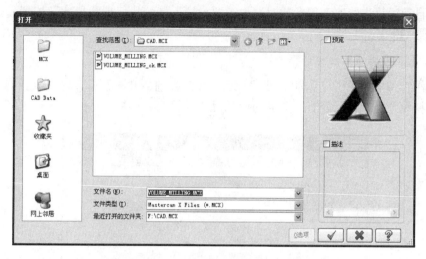

图 10.3　打开 mcx 模型文件

在"查找范围"下拉列表中选择存放 CAD 模型文件的文件夹，如 F：\CAD.MCX\，在列表框中选择要打开的文件，如 art1.mcx，单击 ✓ 按钮，系统打开模型，并进入 Mastercam X 的建模环境。

2. 进入加工环境

选择下拉菜单【M 机床类型】→【M 铣床】→【默认】命令，如图 10.4 所示，系统进入数控铣床加工环境。

图 10.4　进入数控铣床加工环境

10.2.2　设置毛坯

毛坯是加工零件的坯料，为了模拟加工的仿真效果更加真实，需要在模型中设置毛坯。系统自动运算进给速度等参数时，也需要设置毛坯的几何形状尺寸及位置参数。设置毛坯的步骤如下。

1. 打开机器群组属性对话框

在操作管理器中单击【属性- Mill Default MM】前的"＋"号，将该节点展开，然后单击【材料设置】，系统弹出图 10.5 所示的【机器群组属性】对话框。

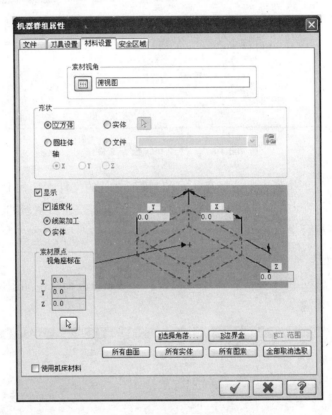

图 10.5　弹出【机器群组属性】对话框

2. 设置毛坯的形状与尺寸

在【机器群组属性】对话框的形状区域中选中立方体单选项，设置工件毛坯形状为立方体。并单击【边界盒】按钮，系统弹出图 10.6 所示的【边界盒选项】对话框，把【延伸】区域 X、Y、Z 均设为【2】，单击【边界盒选项】对话框中的 ✓ 按钮，返回到【机器群组属性】对话框，如图 10.7 所示，显示工件毛坯尺寸为 124×60×29。单击【机器群组属性】对话框中的 ✓ 按钮，完成毛坯设置，可以观察到零件的边缘多了红色的双点画线，该双点画线围成的图形即为零件毛坯。

图 10.6 边界盒选项

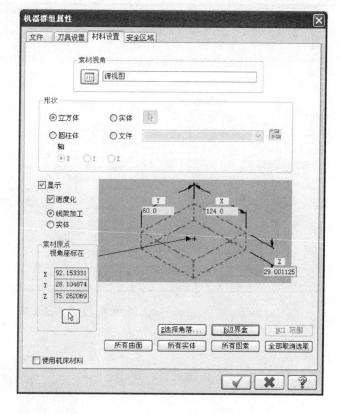

图 10.7 返回【机器群组属性】对话框

10.2.3 选择加工方法

Mastercam X 为用户提供了很多种加工方法，对不同的零件，选择合适的加工方式，才能提高加工效率和加工质量，并通过生成 CNC 加工刀具路径，获取控制机床自动加工的 NC 程序。在编制零件数控加工程序时，还要仔细考虑成型零件公差、形状特点、材料性质及技术要求等因素，进行合理的加工参数设置，才能保证依据编制的数控程序可以高效、准确地加工出质量合格的零件。因此，加工方法的选择非常重要。

1. 选择刀具路径

选择下拉菜单【T 刀具路径】→【R 曲面粗加工】→【K 粗加工挖槽加工】命令，如图 10.8 所示，系统弹出图 10.9 所示的【输入新 NC 名称】对话框，采用系统默认的 NC 名称或输入新命名的 NC 名称，单击 ✓ 按钮，弹出图 10.10 所示界面，提示选择加工面。

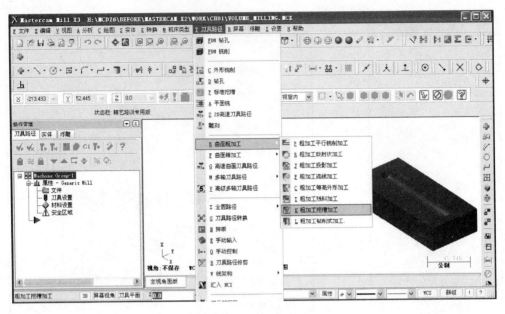

图 10.8　刀具路径选择

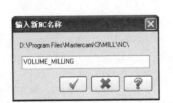

图 10.9　输入新 NC 名称

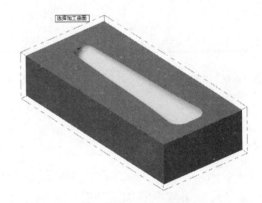

图 10.10　加工面选择

2. 加工面选择

在工作区中选取图 10.10 所示的凹槽的全部曲面（共 7 个小曲面），然后按 Enter 键，系统弹出图 10.11 所示的【刀具路径的曲面选取】对话框。在【刀具路径的曲面选取】对话框中单击 ✓ 按钮，系统弹出图 10.12 所示的【曲面粗加工挖槽】对话框。

10.2.4　选择加工刀具

在 Mastercam X 生成刀具路径之前，需选择加工所使用的刀具。一个零件从粗加工到精加工可能要分成若干步骤，需要使用若干把刀具，而刀具的选择直接影响加工的成败和效率。在选择刀具之前，要先了解加工零件的特征、机床的加工能力、工件材料的性能、加工工序、切削用量及其他相关的因素，然后选用合适的刀具。下面紧接着上节的操作说明选择刀具的一般步骤。

图 10.11 刀具路径的曲面选取

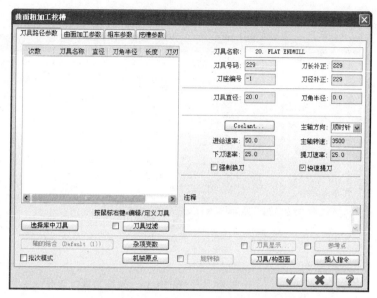

图 10.12 弹出【曲面粗加工挖槽】对话框

1. 确定刀具类型

在【曲面粗加工挖槽】对话框中，单击【刀具过滤】按钮，系统弹出图10.13所示的【刀具过滤设置】对话框。单击该对话框"刀具类型"中的【全关】按钮后，在【刀具类型】区域选中【圆鼻刀】，然后单击 按钮，关闭【刀具过滤设置】对话框，系统返回到【曲面粗加工挖槽】对话框。

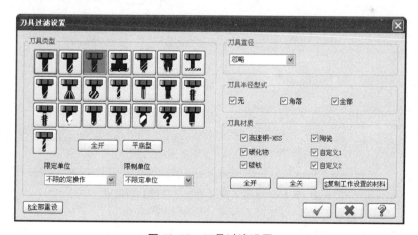

图 10.13 刀具过滤设置

2. 选择刀具

在【曲面粗加工挖槽】对话框中，单击【选择库中刀具】按钮，系统弹出图10.14所示的【选择刀具】对话框。在该对话框的列表区域中选择图10.14所示的刀具，单击

按钮，关闭【选择刀具】对话框，系统返回【曲面粗加工挖槽】对话框，如图 10.15 所示。

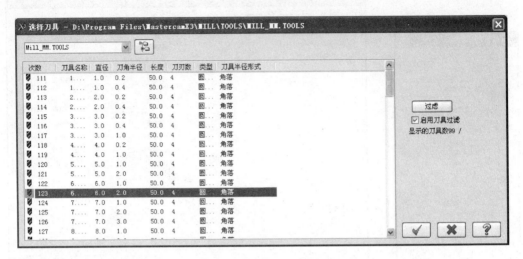

图 10.14　选择刀具对话框

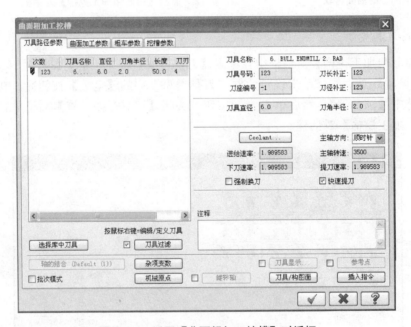

图 10.15　返回【曲面粗加工挖槽】对话框

3. 设置刀具参数

（1）在图 10.15 所示的【曲面粗加工挖槽】对话框中，选中【刀具路径参数】选项卡，列表框中显示出上步选取的刀具。双击该刀具，系统弹出图 10.16 所示的【定义刀具- Machine Group - 1】对话框。

（2）设置刀具号。在【定义刀具- Madnine Group - 1】对话框中，把【刀具号码】文本框中原有的数值"123"改为"1"。

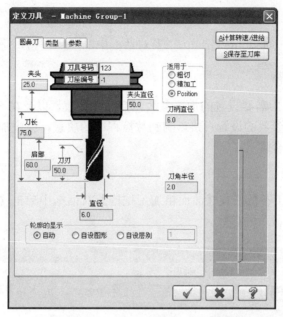

图 10.16　定义刀具-机床群组-1 对话框

（3）设置刀具的加工参数。单击【定义刀具- Machine Group - 1】对话框的【参数】选项卡，设置如图 10.17 所示的参数。

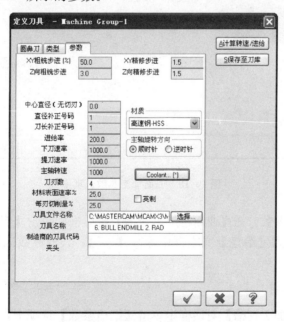

图 10.17　定义刀具参数选项卡

（4）设置冷却方式。在【参数】选项卡中单击【Coolant】按钮，系统弹出【Coolant...】对话框，在【Flood】(切削液)下拉列表中选择【on】，单击 ✓ 按钮，关闭【Coolant...】对话框。

4. 完成刀具设置

单击【定义刀具-Madnine Group-1】对话框中的 ✓ 按钮，完成刀具设置。

10.2.5 设置加工参数

在 Mastercam X 中需要设置的加工参数包括共性参数，以及在不同的加工方式中所采用的特性参数。这些参数的设置直接影响到数控程序的质量，程序加工效率的高低取决于加工参数设置的是否合理。

1. 设置共性参数

（1）设置曲面加工参数。在【曲面粗加工挖槽】对话框中单击【曲面加工参数】选项卡，设置如图 10.18 所示的参数。

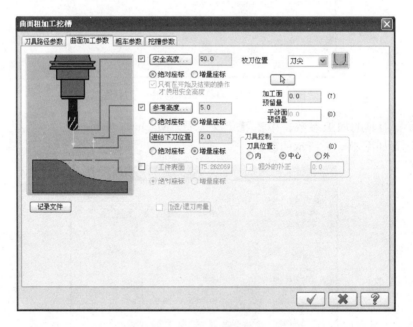

图 10.18　曲面加工参数选项卡

（2）设置粗加工参数。在【曲面粗加工挖槽】对话框中单击【粗车参数】选项卡，设置参数。在【Z轴最大进给量】文本框中输入【0.5】，其他参数采用系统默认设置，如图 10.19 所示。

2. 设置挖槽加工特性参数

（1）在【曲面粗加工挖槽】对话框中单击【挖槽参数】选项卡，设置如图 10.20 所示的参数。

（2）选中【粗切】复选框，并在【切削方式】列表框中选择【平行环切】。

（3）在【曲面粗加工挖槽】对话框中单击 ✓ 按钮，完成加工参数的设置，系统自动生成刀具路径。

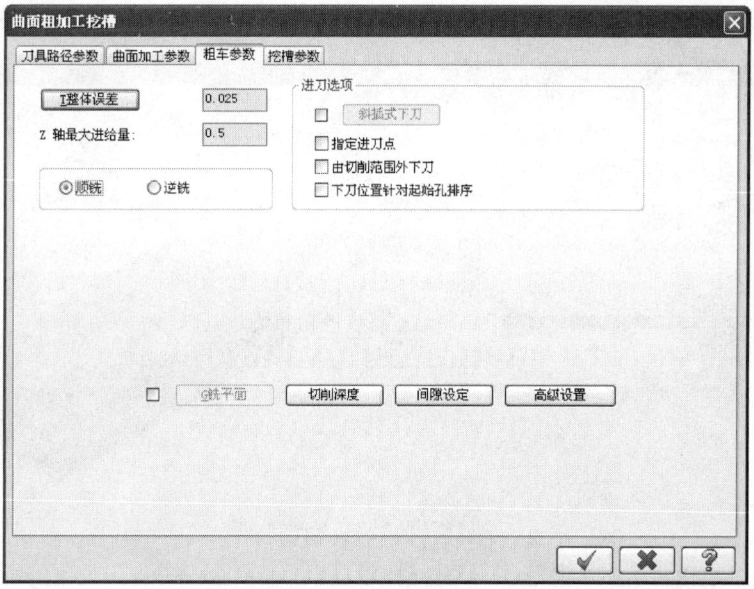

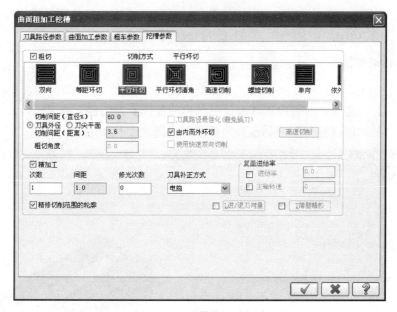

图 10.19　粗车参数选项卡

图 10.20　挖槽参数选项卡

10.2.6　加工仿真生成 NC 程序

加工仿真是用实体切削的方式来模拟刀具路径。对于已生成的刀具路径，可在图形窗口中以线框形式或实体形式模拟刀具路径，直接观察刀具切削工件的过程，以验证各操作定义的合理性。加工仿真的一般步骤如下。

1. 路径模拟

（1）在【操作管理】对话框中单击【刀具路径-205.5-VOLUME_MILLING.NC-程序

号码 O】节点，系统弹出如图 10.21 所示的【刀路模拟】对话框及【刀路模拟】操控板。

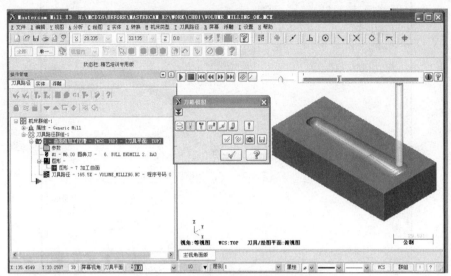

图 10.21 刀 路模拟对话框及操控板

（2）在"刀路模拟"操控板中单击 ▶ 按钮，系统将开始对刀具路径进行模拟，在【刀路模拟】对话框中单击 ✓ 按钮，关闭【刀路模拟】对话框及操控板。

2. 实体切削验证

（1）在【操作管理】对话框中确认【1-曲面粗加工挖槽-［WCS：俯视图］-［刀具平面：俯视图］】被选中，然后单击【验证已选择的操作】按钮 🔘，如图 10.22 所示，系统弹出图 10.23 所示的【验证】对话框，零件模型也随之变化为毛坯形状。

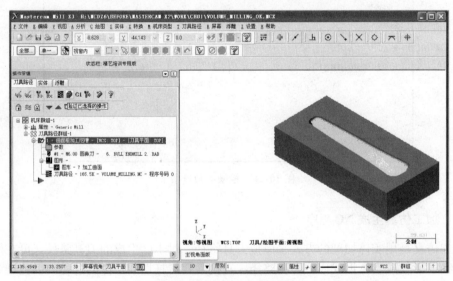

图 10.22 验证已选择的操作

（2）在【验证】对话框中单击 ▶ 按钮，系统将开始进行实体切削仿真，实体验证结果如图 10.24 所示，单击 ✓ 按钮，关闭对话框。

图 10. 23　验证对话框

图 10. 24　实体验证结果

3. 生成 NC 程序

经过路径模拟和实体切削验证无误后，进行后处理。后处理由 NCI 刀具路径文件转换成 NC 文件，数控机床可以读取 NC 文件实现自动加工。利用后处理器生成 NC 程序的一般步骤如下。

（1）在"操作管理"中单击【G1】按钮，系统弹出图 10.25 所示的【后处理程序】对话框。

（2）设置如图 10.25 所示的参数，单击 ✓ 按钮，系统弹出【另存为】对话框，选择存放文件夹位置，为 NC 程序文件命名，单击 ✓ 按钮，系统弹出图 10.26 所示的 Mastercam X 编辑器窗口。

（3）在 Mastercam X 编辑器窗口，可以观察到系统已经生成了 NC 程序。适当修改并保存程序，完成编程工作。

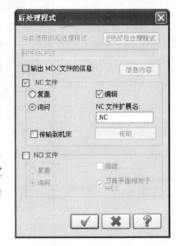

图 10.25　后处理程序

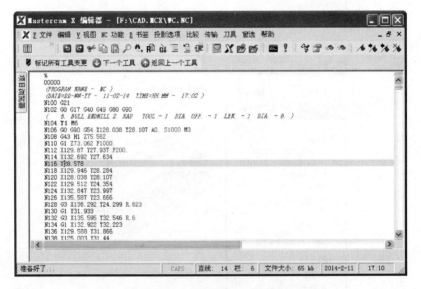

图 10.26　Mastercam X 编辑器

思考与练习

1. Mastercam X 软件提供的二维加工方法有哪几种？
2. Mastercam X 软件提供的粗加工方法有哪些？

参 考 文 献

[1] 李郝林，方键. 机床数控技术 [M]. 北京：机械工业出版社，2007.

[2] 毕毓杰. 机床数控技术 [M]. 北京：机械工业出版社，2013.

[3] 卢红，王三武，黄继雄. 数控技术 [M]. 北京：机械工业出版社，2010.

[4] 杜国臣，王士军. 机床数控技术 [M]. 北京：北京大学出版社，2006.

[5] 王永章，杜君文，程国全. 数控技术 [M]. 北京：高等教育出版社，2006.

[6] 王怀明，程广振. 数控技术及应用 [M]. 北京：电子工业出版社，2011.

[7] 李莉芳，周克媛，黄伟. 数控技术及应用 [M]. 北京：清华大学出版社，2012.

[8] 林其骏，数控技术及应用 [M]. 北京：机械工业出版社，2013.

[9] 王仁德，张耀满，赵春雨. 机床数控技术 [M]. 沈阳：东北大学出版社，2007.

[10] 张洪江，侯书林. 数控机床与编程 [M]. 北京：北京大学出版社，2009.

[11] 叶凯. 数控编程与操作 [M]，北京：机械工业出版社，2008.

[12] 朱晓春. 数控技术 [M]. 2版. 北京：机械工业出版社，2006.

[13] 廖兆荣，杨旭丽. 数控机床电气控制 [M]. 2版. 北京：高等教育出版社，2008.

[14] 王令其，张思弟. 数控加工技术 [M]. 北京：机械工业出版社，2007.

[15] 田春霞. 数控加工工艺 [M]. 北京：机械工业出版社，2006.

[16] 杨伟群. 数控工艺培训教程（数控铣部分）[M]. 2版. 北京：清华大学出版社，2006.

[17] 王爱玲，孙旭东. 数控编程技术 [M]. 北京：机械工业出版社，2006.

[18] 杨志义. Master CAM X3 数控编程案例教程 [M]. 北京：机械工业出版社，2009.

[19] 詹友刚. Master CAM X6 数控编程教程 [M]. 北京：机械工业出版社，2012.

[20] 王瑞东. Mastercam X4 造型设计基础与实践 [M]. 北京：机械工业出版社，2011.

[21] 胡仁喜，刘昌丽，董荣荣. Mastercam X4 标准实例教程 [M]. 北京：机械工业出版社，2010.

[22] 汤振宁，段晓旭，关崎炜. 数控技术 [M]. 北京：清华大学出版社，2010.

[23] 陈志雄. 数控机床与数控编程技术 [M]. 北京：电子工业出版社，2003.

[24] 张导成. 三维 CAD/CAM——MasterCAM 应用 [M]. 北京：机械工业出版社，2003.

[25] 张超英. 数控加工综合实训 [M]. 北京：化学工业出版社，2003.

[26] 周晓宏. 数控加工技能综合实训 [M]. 北京：机械工业出版社，2010.

[27] 郑晓峰. 数控技术及应用 [M]. 2版. 北京：机械工业出版社，2013.

[28] 赵玉刚. 数控技术 [M]. 北京：机械工业出版社，2013.

[29] 王彪，张兰. 数控加工技术 [M]. 北京：北京大学出版社，2006.

[30] 董玉红. 数控技术 [M]. 北京：高等教育出版社，2004.

[31] 胡占齐，杨莉. 机床数控技术 [M]. 2版. 北京：机械工业出版社，2002.

[32] 严育才，张福润. 数控技术（修订版）[M]. 北京：清华大学出版社，2012.

[33] 苏子林. 工程材料与机械制造基础 [M]. 北京：北京大学出版社，2009.

[34] 刘军. CAD/CAM 技术基础 [M]. 北京：北京大学出版社，2010.

[35] 刘志东. 特种加工 [M]. 北京：北京大学出版社，2013.

[36] 田明，冯进良. 精密机械设计 [M]. 北京：北京大学出版社，2010.

[37] 刘璇，冯凭. 先进制造技术 [M]. 北京：北京大学出版社，2012.

北京大学出版社教材书目

◆ 欢迎访问教学服务网站 www.pup6.com，免费查阅已出版教材的电子书(PDF 版)、电子课件和相关教学资源。

◆ 欢迎征订投稿。联系方式：010-62750667，童编辑，13426433315@163.com，pup_6@163.com，欢迎联系。

序号	书 名	标准书号	主 编	定价	出版日期
1	机械设计	978-7-5038-4448-5	郑 江，许 瑛	33	2007.8
2	机械设计	978-7-301-15699-5	吕 宏	32	2013.1
3	机械设计	978-7-301-17599-6	门艳忠	40	2010.8
4	机械设计	978-7-301-21139-7	王贤民，霍仕武	49	2014.1
5	机械设计	978-7-301-21742-9	师素娟，张秀花	48	2012.12
6	机械原理	978-7-301-11488-9	常治斌，张京辉	29	2008.6
7	机械原理	978-7-301-15425-0	王跃进	26	2013.9
8	机械原理	978-7-301-19088-3	郭宏亮，孙志宏	36	2011.6
9	机械原理	978-7-301-19429-4	杨松华	34	2011.8
10	机械设计基础	978-7-5038-4444-2	曲玉峰，关晓平	27	2008.1
11	机械设计基础	978-7-301-22011-5	苗淑杰，刘喜平	49	2013.6
12	机械设计基础	978-7-301-22957-6	朱 玉	38	2014.12
13	机械设计课程设计	978-7-301-12357-7	许 瑛	35	2012.7
14	机械设计课程设计	978-7-301-18894-1	王 慧，吕 宏	30	2014.1
15	机械设计辅导与习题解答	978-7-301-23291-0	王 慧，吕 宏	26	2013.12
16	机械原理、机械设计学习指导与综合强化	978-7-301-23195-1	张占国	63	2014.1
17	机电一体化课程设计指导书	978-7-301-19736-3	王金娥 罗生梅	35	2013.5
18	机械工程专业毕业设计指导书	978-7-301-18805-7	张黎骅，吕小荣	22	2015.4
19	机械创新设计	978-7-301-12403-1	丛晓霞	32	2012.8
20	机械系统设计	978-7-301-20847-2	孙月华	32	2012.7
21	机械设计基础实验及机构创新设计	978-7-301-20653-9	邹 旻	28	2014.1
22	TRIZ 理论机械创新设计工程训练教程	978-7-301-18945-0	删苏苏，马履中	45	2011.6
23	TRIZ 理论及应用	978-7-301-19390-7	刘训涛，曹 贺等	35	2013.7
24	创新的方法——TRIZ 理论概述	978-7-301-19453-9	沈萌红	28	2011.9
25	机械工程基础	978-7-301-21853-2	潘玉良，周建军	34	2013.2
26	机械 CAD 基础	978-7-301-20023-0	徐云杰	34	2012.2
27	AutoCAD 工程制图	978-7-5038-4446-9	杨巧绒，张克义	20	2011.4
28	AutoCAD 工程制图	978-7-301-21419-0	刘善淑，胡爱萍	38	2015.2
29	工程制图	978-7-5038-4442-6	戴立玲，杨世平	27	2012.2
30	工程制图	978-7-301-19428-7	孙晓娟，徐丽娟	30	2012.5
31	工程制图习题集	978-7-5038-4443-4	杨世平，戴立玲	20	2008.1
32	机械制图(机类)	978-7-301-12171-9	张绍群，孙晓娟	32	2009.1
33	机械制图习题集(机类)	978-7-301-12172-6	张绍群，王慧敏	29	2007.8
34	机械制图(第 2 版)	978-7-301-19332-7	孙晓娟，王慧敏	38	2014.1
35	机械制图	978-7-301-21480-0	李凤云，张 凯等	36	2013.1
36	机械制图习题集(第 2 版)	978-7-301-19370-7	孙晓娟，王慧敏	22	2011.8
37	机械制图	978-7-301-21138-0	张 艳，杨晨升	37	2012.8
38	机械制图习题集	978-7-301-21339-1	张 艳，杨晨升	24	2012.10
39	机械制图	978-7-301-22896-8	臧福伦，杨晓冬等	60	2013.8
40	机械制图与 AutoCAD 基础教程	978-7-301-13122-0	张爱梅	35	2013.1
41	机械制图与 AutoCAD 基础教程习题集	978-7-301-13120-6	鲁 杰，张爱梅	22	2013.1
42	AutoCAD 2008 工程绘图	978-7-301-14478-7	赵润平，宗荣珍	35	2009.1
43	AutoCAD 实例绘图教程	978-7-301-20764-2	李庆华，刘晓杰	32	2012.6
44	工程制图案例教程	978-7-301-15369-7	宗荣珍	28	2009.6
45	工程制图案例教程习题集	978-7-301-15285-0	宗荣珍	24	2009.6
46	理论力学（第 2 版）	978-7-301-23125-8	盛冬发，刘 军	38	2013.9
47	材料力学	978-7-301-14462-6	陈忠安，王 静	30	2013.4

序号	书名	标准书号	主编	定价	出版日期
48	工程力学(上册)	978-7-301-11487-2	毕勤胜，李纪刚	29	2008.6
49	工程力学(下册)	978-7-301-11565-7	毕勤胜，李纪刚	28	2008.6
50	液压传动（第2版）	978-7-301-19507-9	王守城，容一鸣	38	2013.7
51	液压与气压传动	978-7-301-13179-4	王守城，容一鸣	32	2013.7
52	液压与液力传动	978-7-301-17579-8	周长城等	34	2011.11
53	液压传动与控制实用技术	978-7-301-15647-6	刘　忠	36	2009.8
54	金工实习指导教程	978-7-301-21885-3	周哲波	30	2014.1
55	工程训练（第3版）	978-7-301-24115-8	郭永环，姜银方	38	2014.5
56	机械制造基础实习教程	978-7-301-15848-7	邱兵，杨明金	34	2010.2
57	公差与测量技术	978-7-301-15455-7	孔晓玲	25	2012.9
58	互换性与测量技术基础(第3版)	978-7-301-25770-8	王长春等	35	2015.6
59	互换性与技术测量	978-7-301-20848-9	周哲波	35	2012.6
60	机械制造技术基础	978-7-301-14474-9	张　鹏，孙有亮	28	2011.6
61	机械制造技术基础	978-7-301-16284-2	侯书林　张建国	32	2012.8
62	机械制造技术基础	978-7-301-22010-8	李菊丽，何绍华	42	2014.1
63	先进制造技术基础	978-7-301-15499-1	冯宪章	30	2011.11
64	先进制造技术	978-7-301-22283-6	朱　林，杨春杰	30	2013.4
65	先进制造技术	978-7-301-20914-1	刘　璇，冯　凭	28	2012.8
66	先进制造与工程仿真技术	978-7-301-22541-7	李　彬	35	2013.5
67	机械精度设计与测量技术	978-7-301-13580-8	于　峰	25	2013.7
68	机械制造工艺学	978-7-301-13758-1	郭艳玲，李彦蓉	30	2008.8
69	机械制造工艺学(第2版)	978-7-301-23726-7	陈红霞	45	2014.1
70	机械制造工艺学	978-7-301-19903-9	周哲波，姜志明	49	2012.1
71	机械制造基础(上)——工程材料及热加工工艺基础(第2版)	978-7-301-18474-5	侯书林，朱　海	40	2013.2
72	制造之用	978-7-301-23527-0	王中任	30	2013.12
73	机械制造基础(下)——机械加工工艺基础(第2版)	978-7-301-18638-1	侯书林，朱　海	32	2012.5
74	金属材料及工艺	978-7-301-19522-2	于文强	44	2013.2
75	金属工艺学	978-7-301-21082-6	侯书林，于文强	32	2012.8
76	工程材料及其成形技术基础（第2版）	978-7-301-22367-3	申荣华	58	2013.5
77	工程材料及其成形技术基础学习指导与习题详解	978-7-301-14972-0	申荣华	20	2013.1
78	机械工程材料及成形基础	978-7-301-15433-5	侯俊英，王兴源	30	2012.5
79	机械工程材料（第2版）	978-7-301-22552-3	戈晓岚，招玉春	36	2013.6
80	机械工程材料	978-7-301-18522-3	张铁军	36	2012.5
81	工程材料与机械制造基础	978-7-301-15899-9	苏子林	32	2011.5
82	控制工程基础	978-7-301-12169-6	杨振中，韩致信	29	2007.8
83	机械制造装备设计	978-7-301-23869-1	宋士刚，黄　华	40	2014.12
84	机械工程控制基础	978-7-301-12354-6	韩致信	25	2008.1
85	机电工程专业英语(第2版)	978-7-301-16518-8	朱　林	24	2013.7
86	机械制造专业英语	978-7-301-21319-3	王中任	28	2014.12
87	机械工程专业英语	978-7-301-23173-9	余兴波，姜　波等	30	2013.9
88	机床电气控制技术	978-7-5038-4433-7	张万奎	26	2007.9
89	机床数控技术（第2版）	978-7-301-16519-5	杜国臣，王士军	35	2014.1
90	自动化制造系统	978-7-301-21026-0	辛宗生，魏国丰	37	2014.1
91	数控机床与编程	978-7-301-15900-2	张洪江，侯书林	25	2012.10
92	数控铣床编程与操作	978-7-301-21347-6	王志斌	35	2012.10
93	数控技术	978-7-301-21144-1	吴瑞明	28	2012.9
94	数控技术	978-7-301-22073-3	唐友亮　余　勃	45	2014.1
95	数控技术与编程	978-7-301-26028-9	程广振　卢建湘	36	2015.8
96	数控技术及应用	978-7-301-23262-0	刘　军	49	2013.10
97	数控加工技术	978-7-5038-4450-7	王　彪，张　兰	29	2011.7
98	数控加工与编程技术	978-7-301-18475-2	李体仁	34	2012.5
99	数控编程与加工实习教程	978-7-301-17387-9	张春雨，于　雷	37	2011.9
100	数控加工技术及实训	978-7-301-19508-6	姜永成，夏广岚	33	2011.9
101	数控编程与操作	978-7-301-20903-5	李英平	26	2012.8
102	现代数控机床调试及维护	978-7-301-18033-4	邓三鹏等	32	2010.11
103	金属切削原理与刀具	978-7-5038-4447-7	陈锡渠，彭晓南	29	2012.5
104	金属切削机床(第2版)	978-7-301-25202-4	夏广岚，姜永成	42	2015.1

序号	书　名	标准书号	主　编	定价	出版日期
105	典型零件工艺设计	978-7-301-21013-0	白海清	34	2012.8
106	模具设计与制造(第2版)	978-7-301-24801-0	田光辉, 林红旗	56	2015.1
107	工程机械检测与维修	978-7-301-21185-4	卢彦群	45	2012.9
108	特种加工	978-7-301-21447-3	刘志东	50	2014.1
109	精密与特种加工技术	978-7-301-12167-2	袁根福, 祝锡晶	29	2011.12
110	逆向建模技术与产品创新设计	978-7-301-15670-4	张学昌	28	2013.1
111	CAD/CAM 技术基础	978-7-301-17742-6	刘　军	28	2012.5
112	CAD/CAM 技术案例教程	978-7-301-17732-7	汤修映	42	2010.9
113	Pro/ENGINEER Wildfire 2.0 实用教程	978-7-5038-4437-X	黄卫东, 任国栋	32	2007.7
114	Pro/ENGINEER Wildfire 3.0 实例教程	978-7-301-12359-1	张选民	45	2008.2
115	Pro/ENGINEER Wildfire 3.0 曲面设计实例教程	978-7-301-13182-4	张选民	45	2008.2
116	Pro/ENGINEER Wildfire 5.0 实用教程	978-7-301-16841-7	黄卫东, 郝用兴	43	2014.1
117	Pro/ENGINEER Wildfire 5.0 实例教程	978-7-301-20133-6	张选民, 徐超辉	52	2012.2
118	SolidWorks 三维建模及实例教程	978-7-301-15149-5	上官林建	30	2012.8
119	UG NX 9.0 计算机辅助设计与制造实用教程(第2版)	978-7-301-26029-6	张黎骅, 吕小荣	36	2015.7
120	CATIA 实例应用教程	978-7-301-23037-4	于志新	45	2013.8
121	Cimatron E9.0 产品设计与数控自动编程技术	978-7-301-17802-7	孙树峰	36	2010.9
122	Mastercam 数控加工案例教程	978-7-301-19315-0	刘　文, 姜永梅	45	2011.8
123	应用创造学	978-7-301-17533-0	王成军, 沈豫浙	26	2012.5
124	机电产品学	978-7-301-15579-0	张亮峰等	24	2015.4
125	品质工程学基础	978-7-301-16745-8	丁　燕	30	2011.5
126	设计心理学	978-7-301-11567-1	张成忠	48	2011.6
127	计算机辅助设计与制造	978-7-5038-4439-6	仲梁维, 张国全	29	2007.9
128	产品造型计算机辅助设计	978-7-5038-4474-4	张慧姝, 刘永翔	27	2006.8
129	产品设计原理	978-7-301-12355-3	刘美华	30	2008.2
130	产品设计表现技法	978-7-301-15434-2	张慧姝	42	2012.5
131	CorelDRAW X5 经典案例教程解析	978-7-301-21950-8	杜秋磊	40	2013.1
132	产品创意设计	978-7-301-17977-2	虞世鸣	38	2012.5
133	工业产品造型设计	978-7-301-18313-7	袁涛	39	2011.1
134	化工工艺学	978-7-301-15283-6	邓建强	42	2013.7
135	构成设计	978-7-301-21466-4	袁涛	58	2013.1
136	设计色彩	978-7-301-24246-9	姜晓微	52	2014.6
137	过程装备机械基础（第2版）	978-301-22627-8	于新奇	38	2013.7
138	过程装备测试技术	978-7-301-17290-2	王毅	45	2010.6
139	过程控制装置及系统设计	978-7-301-17635-1	张早校	30	2010.8
140	质量管理与工程	978-7-301-15643-8	陈宝江	34	2009.8
141	质量管理统计技术	978-7-301-16465-5	周友苏, 杨　飒	30	2010.1
142	人因工程	978-7-301-19291-7	马如宏	39	2011.8
143	工程系统概论——系统论在工程技术中的应用	978-7-301-17142-4	黄志坚	32	2010.6
144	测试技术基础(第2版)	978-7-301-16530-0	江征风	30	2014.1
145	测试技术实验教程	978-7-301-13489-4	封士彩	22	2008.8
146	测控系统原理设计	978-7-301-24399-2	齐永奇	39	2014.7
147	测试技术学习指导与习题详解	978-7-301-14457-2	封士彩	34	2009.3
148	可编程控制器原理与应用(第2版)	978-7-301-16922-3	赵　燕, 周新建	33	2011.11
149	工程光学	978-7-301-15629-2	王红敏	28	2012.5
150	精密机械设计	978-7-301-16947-6	田　明, 冯进良等	38	2011.9
151	传感器原理及应用	978-7-301-16503-4	赵　燕	35	2014.1
152	测控技术与仪器专业导论(第2版)	978-7-301-24223-0	陈毅静	36	2014.6
153	现代测试技术	978-7-301-19316-7	陈科山, 王燕	43	2011.8
154	风力发电原理	978-7-301-19631-1	吴双群, 赵丹平	33	2011.10
155	风力机空气动力学	978-7-301-19555-0	吴双群	32	2011.10
156	风力机设计理论及方法	978-7-301-20006-3	赵丹平	32	2012.1
157	计算机辅助工程	978-7-301-22977-4	许承东	38	2013.8
158	现代船舶建造技术	978-7-301-23703-8	初冠南, 孙清洁	33	2014.1

　　如您需要免费纸质样书用于教学，欢迎登陆第六事业部门户网(www.pup6.com)填表申请，并欢迎在线登记选题以到北京大学出版社来出版您的大作，也可下载相关表格填写后发到我们的邮箱，我们将及时与您取得联系并做好全方位的服务。